设施草莓气象灾害及风险评估

杨再强　张　琪　著

气象出版社
China Meteorological Press

内 容 简 介

　　草莓是重要的设施作物,其果实含有丰富的营养物质。本书主要介绍了我国设施草莓主栽品种,设施草莓栽培主要田间管理技术及设施小气候模拟模型,系统阐明了高温和低温寡照等气象灾害对设施草莓生长发育及生理参数的影响,构建了气象灾害对设施草莓生长发育的影响模型和气象灾害风险评估模型,最后简要介绍了设施草莓生长监测及环境调控主要技术。

　　本书可作为应用气象学和设施园艺专业的广大师生、气象服务业务人员及科研工作者的参考用书。

图书在版编目（ＣＩＰ）数据

　　设施草莓气象灾害及风险评估 / 杨再强，张琪著
. -- 北京 ： 气象出版社，2022.8
　　ISBN 978-7-5029-7779-5

　　Ⅰ．①设… Ⅱ．①杨… ②张… Ⅲ．①草莓－果树园
艺－设施农业－气象灾害－风险评价 Ⅳ．①S668.4

　　中国版本图书馆CIP数据核字(2022)第152442号

设施草莓气象灾害及风险评估
Sheshi Caomei Qixiang Zaihai ji Fengxian Pinggu

出版发行:气象出版社

地　　址:北京市海淀区中关村南大街 46 号	**邮政编码**:100081	
电　　话:010-68407112(总编室)　010-68408042(发行部)		
网　　址:http://www.qxcbs.com	**E-mail**：qxcbs@cma.gov.cn	
责任编辑:杨　辉　高菁蕾	**终　　审**:吴晓鹏	
责任校对:张硕杰	**责任技编**:赵相宁	
封面设计:艺点设计		
印　　刷:北京中石油彩色印刷有限责任公司		
开　　本:787 mm×1092 mm　1/16	**印　　张**:12.25	
字　　数:300 千字		
版　　次:2022 年 8 月第 1 版	**印　　次**:2022 年 8 月第 1 次印刷	
定　　价:80.00 元		

前　言

　　草莓果实含有丰富的营养物质,富含蛋白质、粗纤维、维生素 C 及矿物质,深受各国人们喜爱。2018 年中国草莓总产量为 296.43 万 t,占世界草莓总产量的 35.6%,总产量和总面积位居世界第一。设施栽培是草莓主要栽培方式之一,约占草莓种植面积的 80%。随全球气候变化,草莓的生长季节气象灾害如高温、低温、寡照重发频发,严重影响设施草莓安全生产。由于栽培设施主要以塑料大棚为主,设施结构简单,防灾及调控能力弱。一些地方盲目开展设施草莓生产,造成设施草莓生长差、单产低、果实品质差、生产效率低下。因此,开展设施草莓气象灾害致灾机理和风险评估研究对拓展设施草莓气象服务、提高草莓生产效率具有重要意义。

　　本书依托国家重点研发计划、国家自然科学基金项目及江苏省科技支撑计划,针对设施草莓生产中气象灾害(高温、低温、寡照)监测预警中关键技术问题,开展设施草莓气象灾害机理、影响模型、风险评估及生长监测研究。全书归纳总结了我国主要设施草莓栽培品种、育苗及栽培技术和田间管理技术,分析了设施小气候的形成机理及特征,构建了设施小气候模拟模型,为开展设施小气候预报提供模型工具。在此基础上,根据人工环境控制试验及设施温室栽培试验,模拟实际生产栽培中高温、低温、寡照及复合灾害的天气过程,研究气象灾害对设施草莓的生长发育和品质的影响,并通过测定关键生理参数(光合参数、叶绿素荧光动力参数、叶片保护酶系统、冠层反射光谱),揭示了气象灾害影响草莓生长发育的光合机理及抗性机理,构建了气象灾害对设施草莓生长发育的影响模型,利用多年的气象观测数据,开展设施草莓的风险评估,最后论述了设施草莓生长和环境监测技术。本书第一章系统介绍了草莓栽培历史、全球和中国的草莓分布及生产状况、草莓的生物学特性及草莓栽培意义;第二章主要介绍草莓的主栽品种、育苗及栽培技术和田间管理技术;第三章主要介绍设施小气候形成机理、草莓大棚小气候特征及设施小气候模拟方法;第四章介绍高温胁迫对设施草莓叶片的光合特性、叶绿素荧光参数和保护酶系统的影响规律,分析不同高温下设施草莓冠层的反射光谱特征;第五章介绍了高温胁迫对草莓生育期、草莓生长指标和品质指标的影响特征;第六章介绍低温、寡照对设施草莓叶绿素含量、光合特性及衰老特性的影响机理;第七章介绍了低温、寡照对设施草莓果实生长、产量和品质的影响特征;第八章介绍高温环境下设施草莓植株的生育期模拟模型、叶面积指数模型、干物质生产模型和果实内在品质模型;第九章介绍气象灾害风险评估理论,设施草莓低温寡照和高温灾害的风险评估;第十章介绍了设施草莓生长监测、发育监测和叶片叶绿素含量的监测,以及设施环境监测预警和调控主要技术。

　　本书由杨再强、张琪编写,杨再强执笔第一章到第八章和第十章内容并统稿,张琪编写第九章内容。本书编写过程中得到南京信息工程大学徐超博士,龙宇芸、徐若涵、郑芊彤、赵子浩、罗靖、张馨宇等硕士的大力支持,他们在开展控制试验、数据收集、模型构建等方面做了大量工作。部分内容为博士和硕士学位论文内容,在此一并表示衷心感谢。由于作者水平有限,书中难免存在错误和不足,恳请读者批评指正。

作　者

2022 年 1 月于南京

目　　录

第一章　绪　　论

第一节　草莓生产栽培历史

　　草莓(*Fragaria×ananassa Duch.*)属于蔷薇科草莓属,多年生草本植物。草莓果实营养价值高,含有多种营养物质,且有保健功效,深受世界各国人们喜爱。草莓原产南美,在中国各地及欧洲广为栽培,其栽培历史悠久。欧洲第一本关于草莓种植的文献是在 1300 年的法国。1368 年,法国国王查尔斯五世命人将大约 1200 株野草莓栽植在卢浮宫皇家花园,勃艮第公爵花园的四块土地上,当时这位国王不但专注于野草莓的颜值,还将其用于观赏和药用。1500年,野草莓(*Fragaria vesca L.*)在全欧洲广泛种植,主要品种包括来自法国的'弗雷巴哥蒙特'(Fraisier de Bargemont)、德国的'哈贝尔'(Haarbeer)和'波斯凯斯林'(Brosling Cpressling)、比利时的'凯普顿'(Capiton),这些品种的果实均为灰色,果型较大。到 1600 年,起源于欧洲的草莓已得到广泛种植,许多现代栽培技术那时就已形成,如为了保持长势,经常更换苗床,排水不良的地区采用高垄,冬季采用覆盖保护技术等。通过早定植、适宜密度、疏除第一个花序、每花序留 3~4 朵花等措施,从而增大草莓果实,欧洲人已经变成草莓专家。1714 年,Amedee Francois Frezier 从南美将智利草莓(*F. chiloensis*)引入法国,发现智利草莓与最先引入的弗吉尼亚草莓(*F. virginiana*)混植栽培能很好结实,因而发展了这种间栽的栽培制度,并很快进行推广。1750 年生产了至今仍在栽培的杂交种凤梨草莓(*F. ananassa Duch.*),由于此杂交种风味果型均与凤梨相似,故定名为凤梨草莓。由弗吉尼亚草莓与智利草莓杂交而产生的杂交种凤梨草莓是近代草莓品种的祖先。18 世纪,凤梨草莓出现后,得到广泛传播,品种改良与栽培工作也逐步遍及世界各地。

一、早期引入与零星栽培阶段

　　我国栽培凤梨草莓开始于 1915 年,至今已有 100 多年历史。在大果凤梨草莓传入我国前,我国各地只是采食野生草莓,生产上并未栽培,自大果凤梨草莓引入后,我国才开始有草莓栽培。1915 年一个俄罗斯侨民从莫斯科引入 5000 株草莓到黑龙江省亮子坡栽培,1918 年又有人从高加索引种到一面坡栽培,同期还有一些传教士把凤梨草莓引种栽培在上海。在河北,此期也有法国神父从法国引入草莓品种到正定天主教堂栽培,后由天主教徒传到定县(今定州市)王会同村及献县一带,新中国成立前后的'保定鸡心''正定大丰屯鸡心'均来源于正定天主教堂。在 19 世纪末至 20 世纪初,西方国家的传教士以及旅居山东青岛的日本人带来了一些草莓品种在青岛栽培。在山东,据称旅居朝鲜的华侨引入品种到黄县一带栽培,进而在烟台、威海栽培。后来,全国各地通过教堂、教会学校、大使馆等渠道也有少量引入。新疆由苏联引进了'红草莓',中国台湾从日本引进了'福羽'等品种。20 世纪 40 年代前,原南京中央大学和金陵大学农学院试验场均从国外引进草莓品种,进行筛选和栽培,但一直未形成商品生产。北京阜城门外的阜丰果园、西直门外的万生园、西南郊的三路居和原北京大学农学院芦沟桥农场、东郊的八王村和大兴黄村等地也有小面积栽培,但都是露地零星粗放栽培,产品只在初夏短期供应市场。其后,在全国出现少数个体经营者利用风障、阳畦和土温室进行保护地栽培。当时,草莓作为一种奢侈品,以高价运至城市繁华街头出售。因此,新中国成立前我国草莓一直仅在大城市市郊零星栽培,未能得到重视,没有形成商品化栽培。

二、中期缓慢发展阶段

20 世纪 50 年代中期,我国高校和科研院所开始从国外引入草莓品种,如沈阳农学院 1959 年从苏联两次共引入 26 个世界各国品种。我国草莓生产在大城市附近已开始作为经济作物栽培,主要在上海、南京、杭州、青岛、保定、沈阳等城市近郊。随着新果园的建立,各地出现大面积成片发展,尤以江苏、上海、浙江一带较盛,东北地区也多有栽培,有的地方已形成较集中的产区。随着栽培技术的提高,草莓单产也有所提高。如南京市晓庄林场在 1958 年大面积栽培,平均亩产已达 662.5 kg。草莓的发展一直延续到 20 世纪 60 年代中期,当时仅上海的栽培面积一度达到 50 hm²,年产量约 250 t。1966—1976 年,我国引入的草莓品种资源丧失殆尽,只有少量品种散失在农家。到 20 世纪 70 年代中后期,我国草莓生产降到了最低谷,如当时上海栽培面积仅 2 hm²,年产量 12.5 t。1978 年,河北省满城县栽培面积仅 33 hm²,总产量不足 300 t,当时全国栽培面积也不过 300 hm² 左右,总产量不足 2000 t。

此期还开展了一些实生选种和品种间杂交育种工作,华东地区农业科学研究所(现江苏省农业科学院)在原有引进草莓的基础上于 1953 年选育出了产量、外形、品质较优的 3 个草莓品种,即耐贮性好的'华东 4 号',成熟期较早的'华东 8 号'和'华东 9 号',并于 1952 年推广 1 万株苗至南京、上海、武汉等地进行生产栽培。1957—1960 年,沈阳农学院利用国内引入的品种开展草莓实生选种和品种间杂交育种,选出'绿色种子''沈农 l01''沈农 102''大四季'4 个品种在沈阳市郊区推广栽培。20 世纪 50—70 年代,我国的草莓栽培形式为露地,面积小,产量低。

三、快速发展阶段

20 世纪 80 年代开始至今是我国草莓生产真正规模化快速发展时期。随着我国改革开放政策的实施和农村经济体制的改革,各级政府及科研单位开始重视草莓生产,使草莓生产发展非常迅速,栽培面积逐年扩大,栽培形式也由原来的单一露地栽培转变为露地与多种保护地形式并存,经济效益大大提高,从而刺激草莓在我国的快速兴起和蓬勃发展,使草莓成为我国果树生产中发展速度最快的树种之一。随着草莓多种形式的栽培成功,很快就迅速发展并遍及全国各地,北至黑龙江,南至海南,东至浙江,西至新疆均有草莓的商品化栽培。20 世纪 80 年代,全国草莓栽培面积迅速增加。据全国草莓研究会统计,1980 年全国草莓面积约 666 hm²,总产量 3000 t 左右。1985 年全国草莓栽培面积大约为 3300 hm²,总产量约 2.5 万 t。1995 年,全国草莓栽培面积约为 3.67 万 hm²,总产量约 37.5 万 t。1998 年全国草莓栽培总面积已达到 5.8 万 hm²,总产量逾 70 万 t。2003 年全国草莓栽培总面积约 7.6 万 hm²,年产量约 134 万 t,总面积和总产量均居世界第一位。中国草莓产量自 1994 年以来一直位居世界首位。2018 年中国草莓总产量为 296.43 万 t,占世界草莓总产量的 35.6%。2019 年全国草莓栽培总面积约 12.613 万 hm²,年产量约为 322.19 万 t,总面积和总产量仍居世界第一位。自 2003 年以来,我国草莓生产总量和规模均超过美国,居世界第一位。2003 年全国草莓栽培面积是 1985 年的 23 倍,产量是 1985 年的 53.6 倍,其中,河北、山东、辽宁、甘肃、安徽、河南、江苏、上海、四川、浙江、陕西等地成为全国草莓的主产区。2019 年,全球草莓播种面积为 39.64 万 hm²,其中我国的播种面积占比为 31.82%。与 2010 年相比,全球草莓播种面积增量为 9.511 万 hm²,增幅为 31.57%,年均复合增长率约为 3.10%。

第二节　草莓分布和生产状况

一、世界草莓分布与生产

草莓的分布范围很广,全球五大洲均有草莓生产。其中,亚洲草莓产量最高,占全世界产量的 49%,其次是美洲占 27%,欧洲占 18%,非洲占 5%,大洋洲只占 1%。从产量分布看,世界草莓的种植中心从欧洲转移到了亚洲,其中中国的比例最大,占全世界的 38%(2012 年)。美洲的草莓主要集中在美国和墨西哥,且美国过去一直是世界上生产草莓最多的国家,年产量超过 6.4×10^4 t,平均单产为 30 t/hm²。加利福尼亚州是美国最大的草莓主产区,栽培面积占全国的 38%,年产量占全国的 74%。美国草莓生产主要以大型农场为主,实行集约化经营、规模化生产、专业化管理和机械化操作,如加利福尼亚州每个农户的经营面积都在 25 hm² 以上,对于整个生产过程如育苗、定植、病虫害、采收、保鲜等都有具体的操作流程,而且由于相关专用机械的使用,用工很少,生产效率很高。由于加利福尼亚州的草莓生产集中,所以草莓采收后立即强制预冷到 5 ℃ 以下,然后用 CO_2 处理,并装入冷藏车(船)运往各地,可保证品质和风味在 2 周内不受影响。过去欧洲一直是草莓生产最集中的地区,草莓栽培面积在很长的时间内都占全世界的 2/3 以上,近二三十年来由于受到很多新产区的冲击和劳动力成本提高的影响,草莓栽培规模有一定萎缩,但草莓生产水平一直很高,而且像法国、西班牙、波兰、意大利、德国等一直都把草莓生产当作主导产业之一,国家给予大量的补贴以支持传统产业发展。另外,这些国家也很重视新品种的研发,欧洲的草莓产量过去大致占世界总产量的一半,'卡姆罗莎''弋雷拉'和'森加森加那'是栽培最普遍的品种。目前,意大利、比利时和荷兰等国正广泛试栽新品种,'阿尔比'目前已替代'卡姆罗莎'成为世界栽培面积第一的品种。在比利时和荷兰等国,设施栽培规模很大,在温室或大棚中采用无土栽培技术,将冷藏苗栽在填充了泥炭的袋或桶中,从 3 月到翌年 1 月持续收获。由于每年更换新泥炭,不再需要土壤消毒,也有效防治了依靠土壤传播的线虫及根腐病、黄萎病等病害。亚洲草莓生产在中国的带领下已经成为了世界草莓生产的重心,除中国外,日本和韩国也是草莓生产大国。两国以发展温室或塑料大棚栽培为主,生产规模虽小,但果农大多精耕细作。如两国 70% 以上的草莓都是采用组织培养技术生产的无病毒苗。日本草莓主产区是关东、关西、四国、九州和东海,这些地区多集中在气候较温暖的地方。日本和韩国用于加工的冷冻草莓主要来自中国。

全球总的草莓种植面积如图 1-1 所示,2000—2017 年,全球草莓种植面积由 31.4 万 hm² 到 40.3 万 hm²。各大洲的种植面积见表 1-1,在 2016 年以前,欧洲种植面积较大,其次是亚洲。到 2017 年,亚洲种植面积达到 168412 hm²,欧洲 164354 hm²,大洋洲种植面积最小。

中国草莓产量自 1994 年以来一直位居世界首位。2018 年世界草莓年产量 833.71 万 t,2018 年草莓产量最多的几个国家如图 1-2 所示,中国草莓总产量为 2964263 t,占世界草莓总产量的 35.6%,其次为美国(1296272 t)、墨西哥(653639 t)、土耳其(440968 t)等。目前世界各国草莓单产最高的国家为美国(65.1 t/hm²),其次为西班牙(49.0 t/hm²)、墨西哥(47.9 t/hm²)、以色列(44.2 t/hm²)及摩洛哥(43.8 t/hm²),中国草莓单产为 26.7 t/hm²,稍高于世界平均水平,但与前几位差距较大。

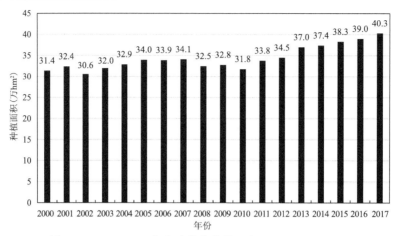

图 1-1　2000—2017 年全球草莓种植面积(Shatu0123,2018)

表 1-1　2000—2017 年全球各大洲的草莓种植面积(hm²)(Shatu0123,2018)

年份	非洲	美洲	亚洲	欧洲	大洋洲	总计
2000	6427	36345	96426	173904	1084	314186
2001	6133	34338	101916	180463	1303	324153
2002	5108	35877	108068	155624	1297	305974
2003	6374	37083	113669	161329	1770	320225
2004	7537	38314	115463	166795	1219	329328
2005	7951	37749	116705	177006	1084	340495
2006	13925	39333	108658	175836	1421	339173
2007	18909	39159	112567	169362	1456	341453
2008	9379	41133	110741	162644	1527	325424
2009	10004	41908	114951	159985	1440	328288
2010	9233	40662	122688	143422	1616	317621
2011	9158	41783	128901	155963	2443	338248
2012	10298	44517	133991	154761	1782	345349
2013	10662	45949	145433	165505	2157	369706
2014	11173	47447	148035	164978	2379	374012
2015	12589	49695	153841	163687	2729	382541
2016	13056	50236	158985	164858	3002	390137
2017	14217	52047	168412	164354	3548	402578

二、中国草莓分布与生产状况

中国栽培草莓历史较短,目前产量虽不大,但是野生草莓资源十分丰富,主要分布在东北、西北和西南地区,天山山脉、长白山山脉、大兴安岭、小兴安岭、秦岭山脉、青藏高原、云贵高原是天然的野生草莓基因库,蕴藏着种类和数量丰富的野生草莓。目前中国自然分布的野生草莓种有 11 个,此外,还有一个从国外引入的八倍体栽培种——凤梨草莓。11 个野生种包括 8 个二倍体种:森林草莓、黄毛草莓、五叶草莓、纤细草莓、西藏草莓、绿色草莓、裂萼草莓、东北草

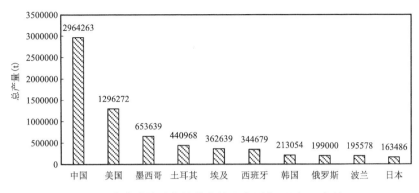

图 1-2　世界草莓栽培总产量较多的几个国家（温室 G 商城,2021）

莓,3 个四倍体种:东方草莓、西南草莓和伞房草莓。此外,我国还发现吉林、黑龙江分布有五倍体野生草莓群体。

20 世纪 80 年代以后,随着种植业结构的调整,草莓的保护地栽培发展较快,从单一的露地栽培,发展成 90 年代中后期小拱棚、中棚、钢管大棚等多种设施栽培方式;草莓鲜果供应期由 20 多天(4 月下旬至 5 月上旬)延长至 6 个月(11 月下旬至翌年 5 月下旬),草莓作为应时鲜果填补了淡季果品市场的空白。草莓的多种栽植方式为节日的供应、满足人们的需求提供了保障。同时,也为农民的增收、农业的增效开辟了新的途径。从全国范围来看,草莓栽培面积前几位的分别是江苏、山东、辽宁、河南、安徽、河北、四川、浙江等省(表 1-2),草莓产量前几位的分别是山东、江苏、辽宁、河北、安徽、河南、浙江、四川等省(表 1-3)。据不完全统计,2017 年全国草莓种植面积逾 230 万亩[*],产量逾 400 万 t,总产量和总面积位居世界第一,成为世界草莓生产大国。我国草莓栽培主要分布在山东、辽宁、河北、江苏、上海、浙江等东部沿海地区。近几年,四川、安徽、新疆、北京等地发展也较快。其中,山东草莓种植面积约为 48 万亩,约占全国种植面积的 19.2%,草莓加工出口占全国的 80.0%,产业规模位居全国第一。

表 1-2　2014—2018 年中国主要省份草莓种植面积(hm²)

省(区、市)	2018 年	2017 年	2016 年	2015 年	2014 年
北京市	770	700	670	690	620
天津市	140	250	190	0	0
河北省	7960	7670	7760	7750	7650
山西省	420	420	310	300	200
内蒙古自治区	640	710	630	430	340
辽宁省	10690	10070	10810	11440	9610
吉林省	980	390	390	360	380
黑龙江省	720	1310	1330	2580	2550
上海市	1160	1080	1100	1280	1000
江苏省	20180	19850	18130	17210	13910
浙江省	6130	5990	6030	5670	4910

---

* 1 亩≈0.067 hm²,下同。

续表

省(区、市)	2018 年	2017 年	2016 年	2015 年	2014 年
安徽省	9130	8970	8450	17410	16200
福建省	920	660	680	540	470
江西省	1710	1480	1240	1100	780
山东省	14380	13090	13290	13290	12540
河南省	9760	9250	7710	6400	5200
湖北省	4940	3200	2790	2980	3020
湖南省	6310	3890	3510	3710	3380
广东省	1740	1630	1390	1130	1000
广西壮族自治区	1170	690	640	530	430
海南省	30	30	40	40	50
重庆市	2360	2070	1870	1620	1370
四川省	7180	5510	5150	4660	4100
贵州省	2650	2820	2270	2090	1500
云南省	2810	1620	1450	1470	680
陕西省	3140	2830	2790	2630	2150
甘肃省	520	290	290	280	320
青海省	90	40	50	40	40
宁夏回族自治区	340	220	200	30	20
新疆维吾尔自治区	950	1040	1230	610	410

表 1-3　2014—2018 年中国主要省份草莓产量(万 t)

省(区、市)	2018 年	2017 年	2016 年	2015 年	2014 年
北京市	1.55	1.24	1.19	1.35	1.22
天津市	0.31	0.75	0.54	0	0
河北省	28.16	28.05	25.52	26.95	25.32
山西省	0.80	0.99	0.82	0.77	0.50
内蒙古自治区	0.99	1.21	1.07	0.78	0.64
辽宁省	39.83	38.33	40.23	39.00	34.41
吉林省	1.28	0.47	0.48	0.51	0.62
黑龙江省	1.44	2.84	2.85	5.64	5.44
上海市	2.58	2.12	1.94	2.21	1.93
江苏省	52.38	53.76	45.88	43.11	37.01
浙江省	14.01	13.87	13.58	13.13	11.29
安徽省	22.70	22.51	20.59	41.88	38.89
福建省	2.02	1.35	1.44	1.15	0.98
江西省	2.18	1.97	1.92	1.59	1.14

续表

省(区、市)	2018 年	2017 年	2016 年	2015 年	2014 年
山东省	54.85	50.37	51.29	51.21	47.79
河南省	22.68	22.08	20.05	17.66	14.00
湖北省	7.58	5.80	4.81	4.02	3.52
湖南省	9.48	4.95	4.78	4.12	3.24
广东省	3.42	3.17	2.36	2.01	1.82
广西壮族自治区	2.60	0.91	0.79	0.61	0.50
海南省	0.09	0.05	0.06	0.04	0.07
重庆市	2.88	1.90	1.72	1.44	1.08
四川省	13.29	9.26	8.88	7.99	6.82
贵州省	3.04	3.82	3.27	3.45	2.34
云南省	3.17	2.15	1.60	1.81	1.28
陕西省	9.14	7.74	6.81	6.13	5.36
甘肃省	0.60	0.49	0.50	0.43	0.50
青海省	0.18	0.09	0.11	0.09	0.15
宁夏回族自治区	0.62	0.21	0.17	0.05	0.05
新疆维吾尔自治区	2.14	2.31	2.76	1.21	0.73

第三节 草莓的生物学特性

一、草莓的植物学特性

草莓植株矮小,为多年生草本植物,植株寿命通常为 5 年,最长可达 10 年,因品种、生长环境及气候的影响,植株在生物学性状表现上都存在一定差异。完整的草莓植株是由根、茎、叶、花、果实、种子等器官组成的。草莓是须根系浅根性植物,70%的根分布在地面20 cm 深的土层范围内,因而容易受到干旱、高温和低温等环境因素的影响。草莓的根系是由根冠上发出来的初生根、侧根和根毛组成,凭借初生根上生长出的侧根及侧根的根毛吸收草莓生长所需要营养及水分,并通过短缩茎输送到地上部分,而初生根则担负着贮藏养分的功能。

草莓植株的茎分为新茎、根状茎、匍匐茎。新茎和根状茎为短缩的地下茎,是草莓贮藏营养物质的器官。匍匐茎是草莓地面延伸的一种特殊的地上茎,是草莓无性繁殖的主要器官,偶数节上可产生不定根,并逐步发育成子株,在使用匍匐茎繁殖植株时,必须先获得足够的低温,然后在满足长日照和高温的条件下,才能促进匍匐茎的发生。

草莓的叶为三出复叶,由托叶鞘、叶柄和叶片组成,密生于短缩的新茎上,呈螺旋状排列。托叶明显,叶柄细长且密布茸毛,叶缘有锯齿状缺刻。

草莓的花大多数为完全花,由花萼、花瓣、雄蕊、雌蕊构成,花萼呈绿色,花瓣为白色,它们依次从外到内排列在花托上。雄蕊多数环形排列在花托基部。雌蕊多数离生,着生在凸起的花托上。花序为聚伞花序或多歧聚伞花序。

草莓的果实为假果,是由花托肥大发育而成的,其柔软多汁,又称为浆果。瘦果是真正的果实,也叫种子,是由大量的离生雌蕊在肉质花托上受精后形成的小瘦果。着生许多瘦果的肉质花托总体在生物学上被称为聚合果。

草莓的种子密生于花托的雌蕊,受精后形成一个瘦果,即为草莓的种子。根据种子嵌于浆果表面的深度分三种类型:与果平面、凸出果面(较耐贮运)、凹入果面(不耐贮运)。

二、生长发育周期

萌芽生长期:春季地温稳定在 2～5 ℃时,草莓根系开始生长,越冬叶开始进行光合作用,随后新叶出现,越冬叶枯萎。

开花期:当新叶展开 3～4 叶时,花序在第四片叶的托叶鞘内长出来,花朵出现至第一朵花开约 15 d,花期约 20 d。

结果期:草莓果实多数品种从花开到成熟需 30～35 d。

匍匐茎发生期:开花期间匍匐茎少量发生,果实采收后匍匐茎大量抽生。

花芽分化期:在低温和短日照条件下开始花芽分化,以日照 8～9 h,温度 14～17 ℃最适宜。

休眠期:晚秋气温降低,日照变短,草莓进入休眠状态。此时新叶变小,叶柄变短,新茎和匍匐茎停止生长,整个植株呈矮化形状。

三、草莓果实营养品质

草莓果实含有丰富的营养物质(表 1-4),每 100 g 新鲜果实内含有蛋白质 1 g、粗纤维(膳食纤维素)1.1 g、维生素 C 47 mg,比苹果和葡萄等水果高出 10 倍以上,并含有丰富的磷、钙、铁、锌等矿物质,其中锌含量比香蕉高出 4 倍以上,比柑橘高 6 倍以上,是苹果的 40 倍以上。草莓是天然抗氧化剂的良好来源,含有丰富的花青素、类胡萝卜素、类黄酮和酚类物质,具有较高水平的清除自由基活性和抗氧化能力。水果中含有的抗氧化化合物能抑制细胞内氧化反应的发生,减轻体内自由基对脂、脂蛋白和 DNA 的氧化损伤,从而减少机体损伤和疾病的发生,草莓的总抗氧化能力与总酚含量有着显著的相关性。由于不同采摘时期果实中酚类物质含量不同,因而草莓果实的抗氧化活性也随着果实采摘时期的不同而发生改变。据报道,草莓的抗氧化能力是苹果、番茄、桃、梨等园艺作物的 2～11 倍。草莓中含有的抗氧化物质花青素具有提高视觉灵敏性、抗衰老、预防糖尿病的作用,对皮肤也有一定的保健作用。此外,草莓果实中还含一定量的叶酸,可促进骨髓中幼细胞的成熟,对孕妇尤为重要。

表 1-4　草莓的主要营养成分及含量

所含营养素	含量(每 100 g)	所含营养素	含量(每 100 g)	所含营养素	含量(每 100 g)
热量	30 kcal *	蛋白质	1 g	碳水化合物	7.10 g
膳食纤维素	1.10 g	VA	5 μg	胡萝卜素	30 μg
VB1	0.02 mg	VB2	0.03 mg	烟酸	0.30 mg
VC	47.00 mg	VE	0.71 mg	Ca	18.00 mg
P	27.00 mg	K	131.00 mg	Na	4.20 mg
Mg	12.00 mg	Fe	1.80 mg	Zn	0.14 mg
Se	0.70 μg	Cu	0.04 mg	Mn	0.49 mg

* 1 kcal≈4185.85 J,下同。

四、草莓果实感官品质

草莓感官品质主要从果实的果形、果色、风味、肉质和硬度这几方面运用评分法进行评定，包括视觉鉴别法、嗅觉鉴别法、味觉鉴别法和触觉鉴别法。草莓的品质特性在栽培过程中受不同的环境影响导致其品质特性水平也出现一定的变化。草莓的产量在 $15\sim20$ ℃的温度范围内可以达到最高，当日均气温超过 25 ℃时，即使昼夜平均气温保持在 20 ℃以下，草莓产量仍然会降低。提高二氧化碳含量可增加每株植物的总果实数、平均水果鲜重、干物质含量、总糖和糖/酸比例，从而显著提高草莓的产量和果实品质。在二氧化碳浓度升高的情况下，总酚含量和抗氧化酶活性均会下降。在低温和低氮供应的条件下提高二氧化碳浓度会降低草莓果实中花青素和总酚的含量，使得果实的抗氧化物含量和总抗氧化活性降低。在低温下，二氧化碳浓度升高通过增加果实数量和果实重量来提高果实产量；而在高温下，二氧化碳浓度升高会降低果实产量。红光能促进草莓果实的发育，使草莓增产，红光和蓝光的比值较高时可以提高草莓的耐阴性，这种光合特性针对设施栽培的弱光环境，解决了设施栽培中因光照不足引起作物产量降低的问题，因而设施栽培中的补光措施应以红光补充为主。光强可以明显影响草莓的总糖含量、维生素 C 含量和果胶含量，光强区间在 $452.8\sim566.0$ $\mu mol \cdot m^{-2} \cdot s^{-1}$ 内可有效促进维生素 C 合成，光强区间在 $339.6\sim566.0$ $\mu mol \cdot m^{-2} \cdot s^{-1}$ 内可有效促进糖分的积累，光强为 226.4 $\mu mol \cdot m^{-2} \cdot s^{-1}$ 左右时最适宜果胶合成。

第四节 草莓栽培意义

一、草莓栽培的社会意义

近年来，在各个大中小城市郊区兴起了自助式的草莓观光旅游业，在草莓成熟时，果农开放草莓园，消费者支付一定的费用即可在园内自由采摘草莓，并可在园内享受生态旅游、餐饮等服务。这种观光、休闲基地，对引导农业向第三产业发展，增加农民收入具有重要意义，草莓种植的未来依旧向生态农业与生态旅游业两者结合和谐发展。随着消费者收入水平的提高、健康意识的增强和对食品安全的重视，许多无公害绿色有机产品在中国逐渐快速发展。无公害绿色草莓以及有机草莓目前在中国属于高端草莓，有机草莓的营养价值也高于普通草莓，根据相关研究机构的研究数据，有机草莓比传统草莓更加营养、美味，有机草莓营养成分包括抗氧化剂和维生素 C，这不仅比一般草莓营养丰富，而且保存期限也较长，同时种植有机草莓还有利于改善土壤。中国目前有机草莓种植依旧处于发展阶段，种植户相对较少，主要是受到有机草莓种植技术投入较大，资金投入高，同时生长时间较长等因素影响，但是随着消费者对于高品质草莓需求的不断增加，高品质草莓市场未来发展潜力较大。

二、草莓栽培的经济意义

目前，草莓主要分为新鲜草莓、冷冻草莓以及草莓干。新鲜草莓是最常见的消费形态，根据中国园艺协会草莓分会的统计，草莓生鲜在零售市场上的零售量大约占总量的 85%。冷冻草莓以及草莓干主要作为原材料，用于加工草莓果酱、果冻、糖果以及调味乳制品等，其用量大约占总产量的 15%。目前，我国草莓消费以鲜果消费为主，出口规模较小。我国主要大中城市对草莓鲜果消费需求旺盛，除鲜果消费外，部分草莓会加工制成草莓酱、草莓酒、草莓汁、草莓罐头以及冷冻草莓等加工制品，进而投入国内外市场。其中，冷冻草莓是我国草莓制品出口的主要品种。由于草莓的鲜果消费更有营养，同时受加工技术、加工成本以及加工过程中草莓营养价值损耗较大等限制影响,草莓产品深加工发展空间相对有限。中国草莓出口的数量比较少,大部分的草莓主要针对国内市场。2012 年第七届世界草莓大会在北京市昌平区兴寿镇举办,大会共吸引近两百多家国内外企业参展,参展人数约 12.5 万,采摘草莓逾 50 万斤*,实现产值约 2410 万元。鲜果草莓的流通主要以"产地—超市—消费者""产地—批发市场—零售终端—消费者"以及"草莓种植户—消费者"等流通模式来实现;此外,许多生产基地也通过建立无公害、绿色采摘园等方式吸引消费者在草莓丰收期进行采摘消费,在这种消费模式下草莓的价格比零售相对更高,如草莓丰收期市场中草莓零售价格通常为 10～12 元/kg,而采摘园设施大棚里草莓的价格则可以达到 35～80 元/kg 的水平,利用采摘园的经营模式能为生产基地带来更高的经济利润。随着消费者收入的不断上升,他们对生活品质的要求不断提高,对于食材的要求也不断提高,草莓作为营养价值较高的水果一直深受消费者喜爱,而且消费者对于草莓品质的要求也在不断上升,特别是无公害种植的草莓、有机草莓以及新品种的草莓,如牛奶草莓等深受消费者喜爱。2013 年,中国草莓零售市场持续稳步上升,新鲜草莓零售额达到 194.8 亿元人民币,比 2012 年零售额上升了 9%,主要是由于消费者健康意识不断加强,对于高营养成分的产品需求不断增加,特别是水果生鲜,而草莓生鲜一直深受欢迎。同时,随着有机农业在中国的逐渐发展,越来越多的无公害、绿色以及有机草莓进入市场,虽然单位价格普遍高于普通草莓,但是由于收入水平的普遍提高,中国消费者对于这类高品质生鲜产品的购买力也不断提升。此外,许多地方政府鼓励当地农户发展草莓种植,不仅仅只是种植草莓,同时还鼓励发展与草莓相关的产业以此来增加农民的收入,如快速发展的生态旅游项目、举办地方性的草莓采摘节等来吸引更多的消费者。

---

* 1 斤＝0.5 kg,下同。

第二章　设施草莓栽培技术

第一节　草莓主要栽培品种

一、章姬

'章姬'属日本杂交育成的早熟品种,我国最早是在 1996 年辽宁省首次引进并培育的。该品种长势较强,株型开张,休眠期浅。果实为长圆锥形,淡红色,大如鸡蛋,单果平均重 40 g,最大达 130 g,少畸形果,可溶性固形物含量为 9%～14%,味浓甜、芳香,柔软多汁,具有特殊的奶香味。每亩产量 2 t 以上,可以有效地抵抗炭疽病和白粉病,适宜短距离运销的温室栽培。

二、丽红

'丽红'是日本草莓早熟品种,适合促成栽培。该品种植株生长势强,较直立,叶柄长,叶片大,为椭圆形且叶片薄,花序斜生且低于叶面,两性花。果实大,一级序果平均重 13 g,最大 50 g。果实为长圆锥形,果面红色,具光泽,果肉红色,质地细,果汁多,风味甜酸,有香气,品质优良。在北京 5 月初采收,如在保护地中栽培,则可提早成熟。由于其果肉硬度较大,且果皮韧性强,所以耐储运性强。该品种幼苗期遇高温,如适当遮阴,有利于苗健壮生长。对蚜虫的抗性差,在保护地栽培中,应注意及时防治蚜虫。保护地栽培中栽植株行距不宜过密。低温期间'丽红'果实肩部不易着色而影响外观,温度管理应比其他品种略高。适合于我国南北方保护地早熟栽培,北方也适合露地栽培,南方高温干旱季节应加强灌溉等措施。

三、静宝

'静宝'是日本草莓早熟品种,适合促成栽培。该品种植株生长势强,株冠大,植株直立。叶片大,椭圆形。叶面平展,深绿色,有光泽。每株有 2 个花序,每序有 6 朵花,花序直立且低于叶面,两性花。果实大,一级序果平均重 16 g,最大 30 g。果实为长圆锥形,果面红色,有光泽。果肉白色,果肉质地细,果汁多,风味浓,甜有香味,品质好。每亩产 1500 kg,适宜中国南北方栽培。

四、秋香

'秋香'是日本草莓品种,属于早熟品种,适合促成栽培。植株长势强,株形开展。叶片长椭圆形,浅绿色。每株有 3～5 个花序。花序低于叶面,两性花。果实中大,长圆锥形,鲜红色,有光泽。果肉淡红色,髓心小,肉质细密,果品质好。一级序果平均重 16 g,最大 22 g,丰产性好,每亩产 1500 kg。在中国南北方均可栽培。

五、静香

'静香'从日本引进,属于早熟品种,适合促成栽培。植株长势强,株形半开展。叶片椭圆形,中等大小,深绿色。每株有 7 个花序。果实中大,长圆锥形,大小整齐,一级序果平均重

15 g,最大 20 g。果红色,具光泽。果肉浅红色,髓心小,质地细。果风味香甜,品质优。丰产,每亩产量在 1500～2000 kg,该品种均适于我国南北方栽培。

六、新明星

'新明星'由石家庄果树研究所从'全明星'品种中选育而成,属中熟品种,适合半促成栽培。植株生长势强,株冠大。叶椭圆形,深绿色,叶厚。花序低于叶面,两性花。果实个大,一级序果平均重 25 g,最大 56 g。果实楔形,果面红色,有光泽。果肉橙红色,汁多,风味甜酸,果肉硬度好。每株产量 200 g,丰产性好。

七、丰香

'丰香'是日本草莓品种,属极早熟品种。该品种植株生长势强,株冠开展。叶片大,绿色,较厚。每株有 2～3 个花序,每花序有 6～7 朵花,花序斜生,低于叶面。果实大,圆锥形,平均果重 18 g,最大 50 g。果面红色,有光泽,外观好。果肉白色,质地细,甜酸适口。有香气,品质好,耐储运。一般亩产量 1600 kg。适于鲜食,不适合加工制酱。在中国南北方均可栽培。该品种生长后期老叶易贴于地面、滋生病虫,应适当摘除老叶,对白粉病抗性较差,应注意防治。

八、女峰

'女峰'是日本草莓品种,属早熟品种。该品种植株生长势强,株冠开展。叶圆形,叶片大,绿色,较薄,叶面平展。每株花序 2～3 个,每花序有 6～8 朵花。花序斜生并低于叶面,两性花。果实大,一级序果平均重 17 g,最大 25 g。果实圆锥形,果面红色,果肉红色,质地细,味甜酸,品质好。耐储运性好,适合鲜食,也适合于加工制酱。每亩产量可以达 1500 kg 以上,中国南北方均适于栽培。该品种温室栽培 12 月至翌年 1 月开始成熟,不加温的保护地 3 月份成熟。植株行距应适当加宽,加强通风透光。不宜单一过多施用氮肥,否则植株过于繁茂,影响果实生长。苗期应注意轮斑病的防治,保护地栽培中则特别要注意蚜虫、红蜘蛛的防治。若出现无雄蕊的雌性花,会影响早期产量,应进行人工授粉。

九、爱莓

'爱莓'是日本草莓品种,属早熟品种,适合促成栽培。该品种植株生长势较强,平均株高 16 cm 左右,株冠开展。叶片圆形,叶较大,绿色,较薄,叶面平展。每株花序 1～3 个,每序有 11～21 朵花。花序斜生,且比叶面低,两性花。果实大,果柄长,果实短圆锥形,平均单果重 12 g,最大 30 g。果肉质地细,甜酸适度,品质好,香味浓。平均单株产量 180 g。

十、甜查理

'甜查理'是美国草莓品种,属早熟品种。该品种植株健壮,生长势强,植株较紧凑,株型半开张。叶色深绿,椭圆形,叶片大而厚,光泽度强。果实圆锥形,大小整齐,表面深红色有光泽,平均果重 25～28 g,最大果重 60 g 以上,每亩产量高达 2800～3000 kg,果实商品率达 90%～95%,鲜果含糖量 8.5%～9.5%,品质稳定。该品种育苗、栽培管理容易,不足之处是果肉密度稍小,要注意适时采收。

十一、宝交早生

'宝交早生'是日本品种,属早熟品种。该品种植株生长势中,株姿开展。叶片大,长圆形,叶绿色,叶面平展,每株有 3 个花序,花序斜生,平于或高于叶面,每序有 6 朵花,两性花。果实大,一级序果平均重达 17 g,最大 30 g。果实圆锥形,鲜红色,有光泽,果肉白色,质地细,风味甜酸,可溶性固形物 9%～10%,品质优。耐储运性强,适合鲜食,也可以加工制酱。一般每亩产量 1000～1500 kg,最高达 2000 kg,我国南北方均适于栽培。该品种对灰霉病抗性弱,特别要注意通风,降低棚内温度,减少病害发生。

十二、全明星

'全明星'是美国品种,属早中熟品种。该品种植株生长势强,植株直立,株冠大。叶形大,圆形叶,深绿,叶面平。花序低于叶面,每株有 3 个花序,每序有 6 朵花,两性花,果实大,一级序果平均重 30 g,最大 45 g。果橙红色,长椭圆形。果形不规则。果肉硬度好。果肉淡红色,汁多,可溶性固形物含量 10%。甜酸可口,有香味,丰产,一般每亩产 1500～2000 kg。适合我国北方栽培。该品种每亩栽植株数不宜超过 7000 株。花序和果数都较多,要求肥水充足。繁殖能力偏弱,最好采用专门母株进行繁殖。生长势强,对枯萎病、白粉病及红中柱病的部分生理小种抗性强,对黄萎病也有一定的抗性。

十三、美香莎

'美香莎'是美国草莓品种。该品种植株生长势强,匍匐茎抽生较多。果实长圆锥形,果形端正,花萼向后翻卷。果个大,最大单果重达 100 g,一级果平均单果重 55 g。果面鲜红,有光泽,果肉红色,果实硬度大。保质期长,储运期果不褐变,适合长途运输。果实香甜,风味好。果实连续采收期长达 6～7 个月。该品种抗旱,耐高温,对多种重茬连作病害如灰霉病和白粉病具有高度抗性,适合栽培地区广泛。花芽分化容易,花量大。休眠浅,果实极早熟,坐果率高。北方日光温室栽培可收果 2～3 次,丰产性能好,每亩年产量 4000 kg 以上,适合露地栽培及日光温室促成栽培。

十四、红颊

'红颊'又称'红颜',为目前日本优良大果型品种。该品种适应性强,产量高,长势旺,果实大,品质优,口感佳,商品性好,耐低温,果硬,耐储藏运输。该品种植株生长旺盛,株形直立高大。叶片长,叶色嫩绿,叶数少。匍匐茎粗壮,花茎粗壮,直立花茎数少,单株花序数 3～5 个,花量较少,顶花序 8～10 朵、侧花序 5～7 朵,生产上植株整理和疏花疏果的工作量较小。花穗大,花轴长而粗壮,花序抽生连续,结果性好,畸形果少。单果重 15 g 左右,果实呈长圆锥形,表面和内部色泽均呈鲜红色,着色均匀,外形美观,富有光泽。酸甜适口,耐储运性好。香味浓,口感好,品质极佳。该品种较抗白粉病,但耐热耐湿能力弱,易感炭疽病、灰霉病和叶斑病。该品种根系生长能力和吸收能力强,休眠浅,可抽发 4 次花序,各花序可连续开花结果,中间无断档。8 月下旬至 9 月上旬定植幼苗,10 月中下旬始花,11 月下旬果实开始成熟。每亩种植 6500 株,产量达 2800～3000 kg。

第二节　育苗及栽培技术

一、育苗

1. 苗圃建设

在实际进行苗圃选择时需要求土壤疏松肥沃,排灌方便。草莓忌重茬,长期连作会导致黄萎病、根腐病、枯萎病等土传病害发生严重,草莓移栽前先做好土壤的消毒工作。在母株定植前 20 d 左右需要实现有效的冬前深翻,首先浇透水,晾晒后施腐熟过筛的猪粪和鸡粪

30000 kg/hm²、史丹利150～300 kg/hm²,将有机肥和化肥均匀混合后犁施于土壤内,耙耱平整,同时用50％辛硫磷乳油7.5 kg/hm²拌细砂制毒土防治地下害虫。做畦宜应做成南北向高畦,畦面上宽40 cm、底宽60 cm、畦高20～25 cm,相邻畦底间距20 cm。畦面应整平,便于浇水、施肥。及时除草可有效防止杂草对草莓营养的争夺,草甘膦是除草的有效药剂,定植前14 d根据实际情况适宜喷洒即可。

2. 母株栽植

种苗可以选择母株的匍匐茎,每个母株可以培育50～80株种苗。建议移栽的种苗具有4～5片健全的完整三出复叶叶片,茎粗1.0～1.5 cm,直径1 mm以上的健康根系20条以上,植株矮壮,单株质量为25～30 g,顶花完成花芽分化。最好采用脱毒苗,不建议选择生产苗作为种苗进行移栽。

一般春季3月下旬至4月上旬栽植,栽植密度为10500～12000株/hm²,栽植2行,离沟边50 cm各栽1行,株距60～80 cm。根系是植株生存与成长的支撑部分,带土移植是母株移植时必须遵守的原则,将根系湿润程度保持在一定范围内,最后在畦中间对母株进行定植,结合实际情况与草莓生长习性将株距定为80 cm左右,根据草莓品种特性以及当地实际状况进行调整。“上不埋心,下不露根”是母株移植必须遵守原则,是实现对母株成活率的保证。浇透水是母株定植后必须及时完成的工作,在母株完全成活后开始进行一系列的田间管理,其中主要包括灌水抗旱、施肥以及除草防虫等。在日常生活中要注意观察,当母株长势较弱时,可以适当追肥。除此之外,在母株生长过程中一定要保持土壤湿润,以便于提供母株生长所需要的水分。如果比较干燥,应该及时浇水。如果下雨天太多,就要做好排水工作。另外,草莓从叶片发育到出芽的过程中,应喷施赤霉素,使赤霉素能在一定程度上促进草莓母株的持续生长,从而提高苗期产量。

3. 育苗田的管理

母株成活后结合松土浇水,少量多次,松土中耕。摘除花蕾,促发匍匐茎和健壮子株苗形成,随时整理、捋顺茎蔓,将子株苗及连同近前的匍匐茎挖穴压埋,子株苗苗心(子株苗生长点)露出地面,穴深3～5 cm、穴宽2～3 cm,用湿土压埋,使子株苗尽快扎根土壤。子株苗扎根成活后浇1次水,促使子株苗快速健康生长。育苗数量控制在45万株/hm²左右为宜。

二、栽培技术

1. 适时定植

在草莓进入休眠前定植,一般在9月上中旬进行移栽,定植要选择生长了5片叶以上的子苗,一般在09:00前、16:00以后或阴天定植好。栽培前在整理好的种植畦上铺设滴灌带,栽植前2～3 d浇水造墒。栽培过早气温较高,幼苗成活率易受影响,栽培过晚产量不稳定。采用开穴定植,每畦定植2行,在畦面上按小行距25 cm,株距15 cm,每亩栽8000～10000株。为了确保栽后成活和高产,要选择无病虫害、茎粗而短、新根多、叶柄短的壮苗,在早晨或傍晚移栽,尽量带土团,减少伤根。栽培深度6～7 cm,做到深不埋心、浅不露根。栽苗时可定向栽植,即把苗茎的弓背朝向两侧畦沟,将来果穗抽向畦两侧,有利于通风和采收。为减少叶面蒸发,栽前将过多叶片剪除,每株留3～4片心叶即可。栽后应将植株周围的土压实,种植后高畦浇透水,2～3 d后再灌1次透水,保持土壤湿润,以提高移栽成活率。栽植后的最初几天如遇晴天高温,可在棚上覆盖1层遮阳网,以利于幼苗成活。

2. 适时覆盖地膜及闭棚保温

地膜覆盖能防止泥土沾污果实,可提高鲜果商品价值,降低田间湿度,减轻病害,减少病果、烂果。地膜覆盖时间以白天温度低于 20 ℃为宜。为了防止杂草生长,可采用不透明的黑色地膜覆盖。选择晴天将地膜平铺于苗上,地膜要与畦铺平拉紧,与畦面紧贴,用土把膜的四周压严,在地膜上挖洞,将苗提到地膜上面,叶子全部放出,防止高温烤苗并用细土将口与植株底部封实。适时闭棚保温是温室草莓栽培成功的关键。扣棚的适宜温度是外界的夜温降为10～12 ℃(夜温 6～7 ℃是保温期的临界温度)。一般在 10 月中旬至 11 月上旬进行。扣棚不宜过早,否则温度过高,侧花芽分化受到影响;扣棚也不宜过迟,过迟则会明显推迟侧花序的开花结果,低温时草莓叶片变黄、茎节缩短、养分倒流。日光温室建议 10 月上中旬开始覆膜,外部可以覆盖草苫。大拱棚扣棚保温时间一般在 11 月上旬到 12 月上旬,大雪之前进行。小拱棚建议在土壤封冻前覆膜,扣棚前 3～5 d,破膜提苗。

第三节 田间管理技术

一、田间管理

1. 施肥管理

(1)施足基肥。草莓施基肥要以有机肥为主,辅以氮、磷、钾复合肥。基肥的施用量以每亩施充分腐熟的有机肥 2000～3000 kg,同时加入复合肥 30～40 kg 及过磷酸钙为宜。基肥的施用结合土壤翻耕时进行,深度应掌握在 20 cm 左右,保证肥料均匀分布。

(2)巧施追肥。草莓追肥与栽培方式有密切关系,棚室促成栽培的开花结果期长,对养分吸收与消耗量大,应增加施肥次数。棚室促成栽培追肥次数可达 7～10 次,分别在定植成活、开始保温、开花坐果及采收初期各追肥 1 次,此后在整个开花结果期视植株长势追肥 3～6 次,追肥以尿素和复合肥为主,应与灌水结合进行,尽量少量多次施肥。草莓苗期肥水管理主要以促根壮苗为要,追肥总量每亩施以纯氮 10 kg、纯磷 5～6 kg 和纯钾 7～8 kg,配施易溶性强的钙、铜、锰、锌等微量元素,每亩用水 2～3 m³,将化肥和微肥均匀混合陆续置于溶肥器中充分溶解后,将池水过滤注入溶肥器中通过滴管输送到草莓根部。依据棚内土壤墒情和草莓苗期需肥规律,分期、定量、多次追施。草莓进入花期后,既要确保草莓植株健康生长,又要开花坐果,所以需水肥量较苗期要大,追施肥总量为每亩纯氮 12 kg、纯磷 5～6 kg、钾 5～6 kg,配施易溶性强的微量元素钙、铜、锰、锌等,每亩用水总量为 50～60 m³,施肥水方法同上,需分期、多次通过滴管输送到草莓根部。果实彭大期的肥水管理以促使果实迅速膨大、提升果品风味及着色度为要。追施总量每亩施以纯氮 6～8 kg、纯磷 5～6 kg、钾 7～8 kg,配施易溶性强的微肥,水总量为 60～65 m³。施肥水方法同上,分期、多次通过滴管输送到草莓根部。

(3)根外喷肥。草莓花期前后叶面喷施 0.3%尿素或 0.3%磷酸二氢钾 3～4 次或 0.3%硼砂,可提高坐果率,并可改善果实品质,增加单果重。初花期和盛花期喷 0.2%硝酸钙加0.05%硫酸锰,可提高产量及果实储藏性能。一般根外喷肥应选择较为湿润和无风的天气进行,在一天内以早晨露水未干和傍晚时进行为好。喷肥量以肥液在叶片上呈欲滴未滴状为准。

2. 水分管理

草莓为须根系浅根植物,叶面蒸腾量大,对水分要求高,耐旱性差。因此,在草莓整个生长季节均应注意保持土壤湿润,在定植后越冬前,以及次年开花期及果实膨大期更应注意及时补充土壤水分,以免影响草莓生长发育。就灌水方法而言,目前主要有漫灌、沟灌、喷灌和滴灌等。有条件的应提倡后两种方法,喷灌是草莓生长和良种繁育圃繁育最好的灌水形式。每灌一次水后就要中耕一次,以保持土壤疏松和提高地温,有利于幼苗扎根。草莓不耐涝,大雨过后要及时排除积水防涝。草莓基质苗定植后,需每天早晚滴灌清水 3~4 m³/亩,时间 5~7 d,保证种苗根系长期保持湿润,草莓苗第一片新叶展开后,保持土壤见干见湿。在草莓开花前,要严格控制灌溉水量;若定植裸根苗,每天早晚滴灌清水时间延长 2~3 d,保证种苗根系长期保持湿润。

3. 温湿度管理

温度是影响草莓生长的因素之一。最佳温度在 20~28 ℃,高低温会影响草莓的生长。冬季,棚内温度白天控制在 25~28 ℃,晚上控制在 5 ℃以上。低于 5 ℃时,棚内应覆盖塑料薄膜。同时,要及时保持通风,避免高温高湿引起的疾病。入春后,当气温越来越高、越来越暖时,应逐渐揭去温室地膜,通风降温,增强采光,避免高温高湿,延长果实生长期,从而影响果实品质。

在草莓定植完成后,由于外界温度持续降低,需要每天做好通风工作,特别是在 12 月至次年 3 月,该阶段大棚内部的湿度有所升高,特别是在清晨或雨雪天后,大棚湿度可以达到 95%以上,该期间容易出现病虫害问题,所以在去除地膜外,还要在土面覆盖一层稻草,减少土壤中的水分蒸发量。在晴朗天气下,09:00 后在边膜开一道小缝隙,用于通风,保证大棚内部湿度在 75%即可。通风换气时间不宜过长,否则容易造成冻害,在天气逐渐回暖之后,可以在晴朗天气 10:00 后卷起边膜通风,大棚内部温度不得超过 30 ℃。

4. 光照管理

草莓喜光,为防止草莓进入休眠,使花芽继续分化,光照时间不应短于 16 h。有条件可人工补充光照,在傍晚日落后人工补充光照 4~6 h,具体操作:每 20~30 m² 挂 1 盏 100 W 的白炽灯,灯离畦面 1.5~1.8 m,可有效促进草莓开花结果。加盖草帘后棚膜易脏,要注意定期清洗,增加透光率。

5. 植株管理

在草莓植株生长过程中,需要做好营养生长与生殖生长调控,确保花茎数量、叶面面积符合标准,做好植株整理工作。将老叶、无用叶子摘除,减少营养消耗,也可以提高透光率、空气流动力,降低病虫害的发生概率,提高光合作用能力。通常每株草莓留 8~10 叶即可,保证营养供给;随植株的旺盛生长,匍匐茎会大量生出,及时摘除多余的匍匐茎,以改善通风透光条件,减少营养消耗。在采收完后需要摘除采集完毕的花茎,促进新花序抽生。通常在 4 月份匍匐茎即可抽生,需要第一时间摘除,确保果实正常发育,避免出现畸形果。其次,加强疏花疏果管理。温室栽培的草莓将有一些低级次花和高级次花,低水平的二次花会导致雄性不育,高水平的二次花会导致雌性不育。因此,工作人员必须将高水平的二次花摘除,这样才能有效减少畸形果的数量。该处理能有效地浓缩草莓的营养成分,提高草莓的品质。

草莓在栽培过程中,通常在冬季开花,而且由于气候原因昆虫较少,不能进行天然授粉。这一系列的因素都会导致草莓花粉不能分散,从而不能保证授粉。同时,受不同方面的影响,草莓在冬季容易出现许多异常果实,使得草莓的产量和质量得不到保证。因此,在草莓大棚栽培过程中,利用蜜蜂授粉,大大提高授粉率,提高产量和品质,有效减少畸形果的数量。通常每个大棚放1箱蜜蜂即可。

为防止植株休眠,定植后7 d左右喷洒5～10 mL/L的赤霉素液750 kg/hm² 左右。一般于12月中下旬植株进入现蕾结果期,花蕾出现30%以上时,在中午高温期进行喷雾处理,可促进开花,加快结果。喷施后保持棚温在28～30 ℃,有利于赤霉素发挥作用,间隔10～15 d再处理1次。

草莓的果期一般为35～40 d,通常约90%的果实是表面着色的。采摘草莓时,我们通常选择在晴天采摘。一天中采摘的时机也有选择,早晨露水干燥后,中午或晚上温度较低时进行果实的采摘。温度较低时果皮相对较硬,采摘时不容易伤到果实,因此,可以保证果实表面完全不会被破损。采摘时用拇指和食指握住并折断果柄,但是在采摘过程中不要用力拉扯果实,以免果皮被手指意外划伤,出现破损。当果实采摘下来后将果实轻放入容器中,避免果实的碰撞,以免果实出现破损影响口感。当然草莓果实不需等到其完全成熟再采摘,因为当草莓完全成熟后再进行采摘,会大大缩短其保存时间。因此,当草莓达到成熟条件后,需要把握采摘的时机适时采摘。

二、主要病害

1. 白粉病

草莓白粉病主要危害草莓叶、花、果梗和果实,如图2-1所示。叶片发病初期在叶背面长出薄薄白色菌丝,后期菌丝密集成粉状层,病菌逐渐蔓延扩展,严重时叶片正面也滋生菌丝。随病情加重,叶缘逐渐向上卷起呈汤匙状,叶片上发生大小不等的暗色污斑,后期呈红褐色病斑,叶缘开始萎缩,最终整个叶片焦枯死亡。花和花蕾受侵害后,花萼萎蔫,授粉不良,幼果被菌丝包裹,不能正常膨大而干枯。果实后期受害时,果面覆有一层白粉,着色缓慢,果实失去光泽并硬化,严重时整个果实形同一个白粉球,完全不能食用。

图2-1 白粉病

防治方法:①消灭病原:移栽前,草莓田要深耕翻土,并进行大棚、土壤、移栽苗等消毒,以减少初菌源;覆地膜前应除草,以减少杂草作为白粉病中间寄主的作用;草莓生长期间应及时摘除老叶、病叶和病果,及时拔除病株,并清除边腐枝烂叶,避免病菌随雨水和气流再侵染。②加强管理:培育壮苗,适时移栽,合理密植,保证适宜株、行距,施肥要施足腐熟有机肥作基肥,增施磷钾肥,提高植株抗病性;高畦种植,合理密植,有利于通风透光,开好排水沟,降低田间湿度,合理使用肥水,增强植株生长势,提高抗病力;雨后注意排水,降低田间湿度,减少病菌侵染;保护地栽培要适当控制浇水量,晴天尽量开棚通风换气,阴天也应适当短时间开棚换气降湿,中午闷棚升温至 35 ℃,有助于抑制病害发展,防止病害流行。③药剂防治:药剂防治要抓住 4 个关键时期,适时喷药进行防治。一是育苗期。此时正值 7、8 月份的高温期,受高温的影响,病害发生受到抑制。此时应及时摘除老、残、病叶,减少菌源,并喷 1 次保护性杀菌剂,确保幼苗不受白粉病及其他病菌的侵染,保证健株进棚。二是缓苗后。草莓缓苗后,生长速度较快,叶片幼嫩,易感染发病,应及时喷药保护,使植株表面形成一层致密的保护膜,以阻止病菌的入侵危害。三是开花现蕾期。开花后,草莓由营养生长转为营养和生殖生长并进阶段。叶片营养较以前差,植株抗病能力减弱,易感染白粉病,应及时喷杀菌剂,以防止病害发生蔓延。四是草莓采收盛期。草莓采收盛期,植株吸收的大部分养分被果实带走,降低了植株的抗病能力。同时,浇水次数较多,棚内湿度较大,适于白粉病的发生。这期间应加强病情调查,根据病情发展情况,及时喷药防治,并补充养分,以延长叶片的寿命,提高产量。合理选用药剂。在草莓生长前期,未感染白粉病时,可用 80% 代森锰锌 800 倍液、75% 百菌清 600 倍液、15% 三唑酮可湿性粉剂 1500 倍液、12.5% 烯唑醇可湿性粉剂 2000 倍液、10% 世高水分散粒剂2000～3000 倍液、40% 福星乳油 8000～9000 倍或 12.5% 腈菌唑乳油 2000 倍液等保护性强的杀菌剂喷雾,具有长期的预防保护效果。在草莓生长中、后期,白粉病发生以后,可用 10% 苯醚甲环唑水分散粒剂 2000 倍液、40% 氟硅唑 4000 倍液、40% 福星乳油 4000～5000 倍液、62.25% 仙生可湿性粉剂 600 倍液、75% 百菌清 600 倍液、5% 高渗腈菌唑乳油 1500 倍、40% 达科宁悬浮剂 600～700 倍液、47% 加瑞农可湿性粉剂 800 倍液、10% 世高水溶性颗粒剂 1000～1200 倍液、12.5% 腈菌唑乳油 2000 倍液等内吸性强的杀菌剂喷雾防治。25% 阿米西达悬浮剂不仅具有强烈的保护作用,而且内吸效果也非常显著。

2. 灰霉病

草莓灰霉病是由灰葡萄孢菌(*Botrytis cinerea Pers*)引起的真菌性病害。该病菌属于腐生菌,广泛存在于土壤和植物病死体中,病菌产生的分生孢子主要通过气流传播扩散,喜低温(0～25 ℃)高湿(92%～95%),在环境温度 0～35 ℃、空气相对湿度 80% 以上时,开始其侵染过程,侵入口多在植株的伤口以及衰弱枯死部位,如花瓣脱落后的伤口,摘除叶片和果实形成的伤口、虫伤口、衰败的老叶和花器、过熟的果实,受到冻害、高温烫伤、肥害、药害和有毒气体伤害等其他受伤害植株部位等。灰霉病主要危害草莓叶片、花器、果实,也可侵染叶柄、果柄。叶片受害大多从基部老叶的边缘侵染,形成“V”字形黄褐色病斑,湿度较高时,叶片背部会出现稀疏灰霉。花器侵染一般先从萼片基部开始,萼片及花托形成红色斑块,进而花瓣出现浅褐色病斑,花器无法正常发育,严重时产生浓密的灰色霉层。果实侵染一般从花器开始,先是柱头被侵染,进而影响果实生长发育;幼果主要是果柄、果面被侵染,严重时变褐干枯,形成僵果;成熟果实发病初期果实呈水渍状,后颜色加深,果实腐烂,表面产生浓密的灰色霉层。叶柄、果柄被侵染时,初期为暗黑色油渍状病斑,常环绕一周,严重时病斑颜色逐渐加深,直至萎蔫干枯,而果柄病斑可通过萼片蔓延到果实,严重时果柄枯死(图 2-2)。

防治方法:①物理防控。注意观察,及时摘除老叶、病叶、病果,减少菌源。为防止孢子发散,摘除病叶、病果时使用小塑料袋将病叶、病果轻轻套住,封住袋口,再摘下,系好袋口放入工具篮中,之后集中处理。摘除老叶、病叶、病果等操作应集中人力在一个棚内操作,当天操作结

灰霉病初期　　　　　　　　　　　　　灰霉病果实

图 2-2　灰霉病

束后如棚内空气湿度较大且有菌原时,当天应喷施保护型杀菌剂,封闭伤口,以防病菌通过伤口再次感染。②药物防控。病虫害发生严重时,如不是在较多的果实成熟期,可以使用药物防控。一般优先使用生物农药,以下药物毒性极低微,残留很少。可使用 5% 异菌脲粉剂 1 kg直接喷粉,5 d 用药 1 次,连续用药 2 次,可有效控制病情,使病害症状消失(病部干枯、无霉层),一般 7~10 d 内不再出现危害症状。也可使用 0.3% 丁子香酚油液剂 150 mL 用弥雾机超低容量喷雾防治。同时,常规喷雾使用水作载体,会加大棚中空气湿度,为灰霉病发生流行创造更适合的条件。使用喷粉机直接喷粉剂(高浓度农药用量较少时可混和高岭土)则可避免这一现象。有些农药是油液剂,用量又很少,可以用弥雾机超低容量喷雾(微喷)法,避免用水或减少用水量,达到控制大棚湿度的目的。

3. 炭疽病

草莓炭疽病病原菌为半知菌亚门毛盘孢属草莓炭疽病菌真菌,有性阶段为子囊菌亚门小丛壳属。草莓炭疽病病菌分为 3 种,分别为胶孢炭疽菌、尖孢炭疽菌、草莓炭疽菌,其中胶孢炭疽菌分布最广,寄主最多,除危害草莓外,还可危害林木、果树、蔬菜等作物,据报道,胶孢炭疽菌还可侵染我国北方的苹果和南方的木瓜。草莓炭疽病主要发生在草莓的叶片、叶柄、匍匐茎、根茎、花和果实上。侵染草莓叶部有 2 种炭疽病菌:一种是炭疽叶斑病,也叫黑斑病,由草莓炭疽菌和胶孢炭疽菌引起;另一种是不规则叶斑病,由尖孢炭疽菌引起。夏季苗圃中正在展开的新叶为草莓炭疽病的初侵染源。病原菌在病斑上产生孢子,侵染定植后幼苗新长出的第1~3 片叶。发生在匍匐茎和叶柄上的病斑起初很小,有红色条纹,之后迅速扩展为深色、凹陷和硬的病斑。环境潮湿,病斑中央清晰可见粉红色的孢子团。根茎病斑通常在近叶柄基部的一侧开始产生,然后以水平的“V”形扩展到根茎,病株在水分胁迫期间午后表现萎蔫,傍晚恢复,反复 2~3 d 后死亡。大多数草莓品种的花对炭疽病菌非常敏感,被侵染的花朵迅速产生黑色病斑,病斑延伸至花梗下面距花萼处。开花期间环境温暖潮湿,整个花序都可能死亡,植株呈枯萎状。即将成熟的果实对炭疽病菌也非常敏感,尤其是上一年采用塑料薄膜覆盖栽种的高垄草莓,炭疽病发生尤其严重,先在果实上形成淡褐色、水渍状斑点,随后迅速发展为硬的圆形病斑,并变成暗褐色至黑色,有些为棕褐色的圆形病斑,并变成暗褐色至黑色,有些为棕褐色。发病植株如图 2-3 所示。

图 2-3　炭疽病

防治方法:①加强田间管理。草莓育苗期主要在 3—8 月,正值雨季,应筑高苗床,便于排水、降低田间湿度;合理轮作密植,采用膜下滴灌,加强通风透光,降低草莓株间湿度,可有效降低病害发生;施足优质基肥,促进草莓健康生长,增强植株抗病能力。②化学防治。不同草莓品种对药剂的敏感度不同,且各地炭疽病菌的种类也不一样,因此同种药剂在不同地区的药效有差异,应经常轮换用药,以提高药效。目前防治草莓炭疽病的药剂有苯醚甲环唑、嘧菌酯、吡唑嘧菌酯、多抗霉素、溴菌腈、氟啶胺、二氰蒽醌、咪鲜胺、克菌丹等,也可选用复配药剂,如咪鲜胺加嘧菌酯、吡唑嘧菌酯加苯醚甲环唑等。预防用药选用已配制好的复配制剂,治疗用药最好选用单剂自行配制。定植前可用苗根蘸药剂预防草莓炭疽病,可兼顾预防草莓根腐病和线虫,蘸根药剂可用阿米西达(嘧菌酯)2500 倍液加瑞苗清(甲霜恶霉灵)3000 倍液加 1.8%阿维菌素 2500 倍液;缓苗后可用药剂灌根预防草莓炭疽病,灌根药剂可用 25%嘧菌酯 1500 倍液加亮盾(6.25%精甲霜灵加咯菌腈)1500 倍液,化学药剂灌根后 15 d,可用 EM 菌(有效微生物群)或枯草芽孢杆菌类结合腐殖酸冲施、滴灌或灌根;缓苗后至覆盖地膜前,可选用 25%溴菌腈 1500 倍液、阿米西达 1500 倍液、22.7%二氰蒽醌 1000 倍液、45%咪鲜胺 1000 倍液加 3%多抗霉素 800 倍液防治。喷药时,地面、匍匐茎、叶面、叶片背面均应喷到,药剂应浸润主茎接触的周围土壤。选择在雨前和雨后用药,一般 7～10 d 喷 1 次,封垄前 15 d 连续喷药 3 次,劈叶、疏苗后立即用药。如发现病苗,应摘除病叶后立即喷药 2～3 遍,每次间隔 3～5 d。

4. 枯萎病

草莓枯萎病病原为镰孢霉属(Fusarium)的真菌,病菌可以通过或借助种苗、灌溉水、土壤、农具等进行传播,该菌的生态适应性强,分布广,营养方式既能寄生又能腐生,能在土中草莓残体中生长繁殖,在土壤中能存活多年,是一种较难防治的顽固性病害。草莓枯萎病在草莓定植后 3 周开始发病,多在苗期或开花至收获期发病。感病植株心叶不能正常抽长,簇生在心部,与具有细长叶柄的老叶形成鲜明对比,心叶初期为黄绿或黄色,3 片小叶中有 1～2 片畸形,质地变硬,叶色变黄,表面粗糙无光泽,叶缘变褐,病株矮化,严重的萎蔫、枯死。根部染病后,根量减少,根变黑褐色,甚至腐烂,有时植株的一侧发病,另一侧健康。切开被害植株根茎,可见叶柄、果柄横切面维管束呈褐色,但中柱不变色。发病植株如图 2-4 所示。

图 2-4　枯萎病

防治方法:①加强田间管理。可与水稻轮作,防止病原菌和有害物质的积累;发病较重的要间隔 3～4 年以上才能再次种植草莓。可利用太阳能高温消毒土壤,每茬作物收获后及时犁翻晒田,并于草莓种植前 3 周按每亩撒施石灰 100～150 kg,腐熟鸡粪等有机肥 1000 kg,之后翻地起垄,覆盖薄膜,并向薄膜内土壤灌水,然后在烈日下曝晒 2 周以上,可杀灭土壤中的病原菌和线虫;也可采用合适的杀菌剂进行消毒。施肥要合理,施用充分腐熟的有机肥,增施磷、钾肥,避免偏施氮肥,提高植株抗病力。灌水要科学,要小水浅灌,严禁大水漫灌,避免灌后积水,有条件的可进行滴灌或渗灌。果园要清洁,发现病株应及时拔除并销毁,同时孔穴用石灰和杀菌剂进行消毒,减少病菌的进一步扩散,草莓收获后及时清除、销毁病残体,防止病原菌的积累。②化学防治。定植后用 50% 多菌灵可湿性粉剂 500 倍液或 70% 甲基托布津可湿性粉剂 500 倍液浇根,并在成活后再用上述药剂喷施全株,每隔 7～10 d 再喷 1 次,连喷 3 次,可减轻病害的发生。发病初期喷药,常用药剂有 50% 多菌灵可湿性粉剂 600～700 倍液,70% 代森锰锌干悬粉 500 倍液,50% 苯菌灵可湿性粉剂 1500 倍液喷淋茎基部。每隔 15 d 左右防治 1 次,共防 5～6 次。

5. 病毒病

该病具有潜伏侵染特性,植株不能很快表现症状,因此生产上常被忽视。病毒病为害面广,全株均可发生,主要表现为花叶、皱叶、黄边和斑驳,其中花叶最为常见。单一病毒侵染,往往症状不明显。复合侵染后,主要表现长势衰弱、退化,叶片变小、褪绿变黄、皱缩扭曲,植株矮化,匍匐茎数量减少,坐果少、果实变小。在我国草莓主栽区有 4 种病毒,即草莓斑驳病毒、草莓轻型黄边病毒、草莓镶脉病毒和草莓皱缩病毒。

(1)草莓斑驳病毒。草莓单独被该病毒侵染时,无明显症状,但病株长势衰退且与其他病毒复合侵染时,可致草莓植株严重矮化,叶片变小,产生褪绿斑,叶片皱缩扭曲。

(2)草莓轻型黄边病毒。草莓被该病毒侵染时,幼叶黄色斑驳,边缘褪绿,后逐渐变为红色,植株矮化,叶缘不规则上卷,叶脉下弯或全叶扭曲,终至枯死。

（3）草莓镶脉病毒。草莓受该病毒侵染时，植株生长衰弱，匍匐茎抽生量减少。复合侵染后叶脉皱缩，叶片扭曲，同时沿叶脉形成黄白色或紫色病斑，叶柄也有紫色病斑，植株极度矮化，匍匐茎数量减少。

（4）草莓皱缩病毒。草莓受该病毒侵染时，植株矮化，叶片产生不规则黄色斑点，扭曲变形，匍匐茎数量减少，繁殖率下降，果实变小，与斑驳病毒复合侵染时，植株严重矮化。

防治方法：①加强田间管理。在草莓种植前，对土壤进行消毒翻耕土壤后撒入石灰（用量为 750 kg/hm²，烈日下晒 7～10 d，然后作畦，并用氯化苦（用量为 300 kg/hm² 药液）或溴甲烷等进行土壤消毒，施药后即行畦面覆膜；对于发病的地块：栽前每亩用 65％可湿性代森铵 1 kg，掺细土 15 kg 进行沟或穴施。要充分利用夏季高温闲茬时期，在施肥翻地后盖严塑料薄膜，关好大棚门和放风口，闷棚 5～15 d，使棚温尽可能高，可有效预防根腐病、黄萎病、枯萎病等土传病害发生，同时高温也可以杀死线虫及其他虫卵。②化学防治。用嘧呔酶素 300 倍液治根或定植时浇根，用消毒分 1000 倍液栽植或苗期喷雾；在掐匍匐茎或摘病叶后，要及时喷 2 种防病毒药。用 25％的阿克泰水分散颗粒剂 2500～5000 倍液、10％吡虫啉可湿性粉剂 1000 倍液、10％的抗蚜丁可湿性粉剂 1000 倍液、2.5％绿色功夫水剂 1500 倍液、1.5％的植病灵乳油 1000 倍液、30％病毒星可湿性粉剂 500 倍液进行喷施，对于草莓病毒病都有一定的控制作用。发病植株如图 2-5 所示。

图 2-5　病毒病

6. 根腐病

草莓根腐病是由多种病原物和环境相互作用引起草莓根部腐烂症状的土传病害的总称。草莓根腐病主要为害草莓植株的根系，一般表现为全株系统性为害症状。不同的病原菌引起的草莓根腐的症状有相似之处，也各自具有不同的特点。根据为害症状和病原菌的不同，可将草莓根腐病分为炭疽根腐病、红中柱根腐病和黑根腐病。

（1）草莓炭疽根腐病。发病前期症状不明显，植株无明显矮化。侵染部位较广，匍匐茎、叶片、叶柄、根茎均可受害，地上部位受害时有明显的黑色斑点。发病开始时心叶先萎蔫，当病情发展迅速时，叶片迅速萎蔫呈青枯状。根茎部受害时的典型特征是从侧面由外向内侵染发展，根茎部横切面观察，可以发现由外向内发生局部褐变，呈坚硬的腐烂状，有时横切面有红褐色条纹，病株根系完整、不易拔起。

（2）草莓红中柱根腐病。草莓全生长周期都可以发生，主要侵染植株根茎部，易造成植株早衰，无明显的斑点状，呈矮化萎缩状。由下部老叶逐渐向心叶扩展，表现为叶缘发黄、变褐、坏死甚至蜷缩，最后整株枯死。根茎部受到侵染发病时，侵染从内向外发展。病株根茎部中柱变红是红中柱根腐病最为典型的侵染特征。根茎部纵剖切开后，从根尖到根茎的中柱都变红。侵染初期的红中柱与邻近的健康白色皮层组织有明显的界限，到腐烂后期，皮层全部腐烂变褐，中柱将变得不明显。另一个典型特征是病株根系腐烂、易拔起，拔出后根脱落。

（3）草莓黑根腐病。总体发病特点是植株矮小，易早衰，坐果率低；正常根的数量明显减少，被侵染的根部由外到内颜色逐渐变为暗褐色，不定根数量明显减少。

防治措施：加强田间管理。在具备种植条件的地区，实行轮作倒茬的栽培模式进行预防，使寄主专化型的病原物找不到适宜生长和繁殖的寄主，从而减少病原菌的数量。其中，与禾本科植物或十字花科植物轮作是解决草莓连作病害的有效方法。科学合理施肥，提高植株的抗病力能预防病害发生。在栽培过程中，施用充分腐熟的有机肥，可有效改良土壤结构及养分组成，抑制土壤中病原菌的生长。在施用化肥时，应合理施用氮肥，以硫酸铵做氮肥有利于降低病害发生，同时应多施磷钾肥。在栽培模式上，采用高垄覆膜与膜下滴灌相结合，避免病原在田间通过水流传播，也避免积水对根部生长的影响。当发现病株后，要及时拔除并带出田外高温堆沤处理。还可以进行化学防治。草莓根腐病的化学防治主要采用病株拔除与病穴消毒相结合，或者重点病株灌根处理的方法。定植前，可以根据当地主要发生病害的种类，对种苗进行蘸根消毒。定植后，发现病株应首先将病株拔除，然后用药剂灌根，防止病害在田间蔓延。当发生炭疽根腐病，可以选用咪鲜胺、代森锰锌、苯醚甲环唑、氟啶胺、嘧菌酯、吡唑醚菌酯等进行灌根。当发生红中柱根腐病时，可以选用甲霜灵、烯酰吗啉、烯酰·锰锌、霜脲·锰锌、氟吗啉等进行灌根。当发生尖孢镰刀菌引起的黑根腐病时，可以选用多菌灵、百菌清与腈菌唑等进行防治。当发生立枯丝核菌引起的黑根腐病时，可以选用吡唑醚菌酯、噻呋酰胺、戊唑醇、咯菌腈进行防治。同时发现地上部也表现明显的症状时，采用对应的药剂进行喷雾与病株穴灌根相结合的方法进行防治。发病植株如图 2-6 所示。

图 2-6　根腐病

7. 叶斑病

叶斑病发病初期，草莓叶片背面形成红褐色水浸状斑点，扩散过程中，病斑表现出流动性，会随着草莓叶片的纹路改变边缘形状。在光照状态下，叶斑病病斑透明，若以反射光照射则呈现出深绿色。随着病情加重,感病植株叶片上病斑逐渐扩大最终相互融合,使叶片整体呈现出红褐色,最后枯死。若大棚内湿度较高,病斑处还会出现溢脓现象,干燥时脓包变为薄膜。叶斑病的发生多从叶片边缘处开始,若病情较严重,草莓植株会变黑并枯死。叶斑病的感染源在草莓种子及土壤上,上茬种植残留的带病植株是感染源之一,带病的草莓种子在播种后无法正常生长,即便出土成苗,存活期也非常有限。叶斑病的蔓延渠道为灌溉作业、自然雨水侵蚀及其他行为导致的物理伤害,造成植株叶片边缘受损,感染病菌。当棚内温度在 25～30 ℃时,发病速度较快。发病植株如图 2-7 所示。

图 2-7　叶斑病

防治措施:草莓幼苗移栽之前,使用 70％的甲基托布津可湿性粉剂 500 倍液浸泡种苗 15 min,晾干后再进行移植。进行整地工作时,用 50％的福美双可湿性粉剂或 40％的拌种灵,每公顷使用药剂 11.25 kg、清水 150 kg、细土 1500 kg,均匀施撒到种植穴当中对叶斑病进行预防。发病阶段,用 30％的碱式硫酸铜悬浮剂 500 倍液进行喷洒防治。

三、主要虫害

1. 蚜虫

蚜虫是草莓上的常见虫害之一,俗称腻虫,危害草莓的蚜虫有多种,主要是桃蚜和棉蚜,是传播病毒病的主要媒介。其传播草莓病毒病造成的危害远远大于直接危害。蚜虫成虫会聚集在植株叶片、嫩心、叶柄等位置,吸食植株汁液并分泌出蜜露,吸引蚂蚁在植株周围聚集。因此,蚂蚁是判断草莓蚜虫病害发病的一大依据。受蚜虫损害的草莓叶片卷缩、扭曲,阻碍植株生长,严重影响光合作用的进行。发病植株如图 2-8 所示。

防治措施:①及时摘除老叶,铲除杂草,清洁田园,减少蚜虫的越冬虫源和场所。②在设施内放养七星瓢虫、食蚜蝇、草蛉等红蜘蛛的天敌,防治效果较好。③在繁苗期,应加强喷药防治,减少蚜虫的病毒病传播概率。④草莓开花期前喷药防治 1～2 次,可用 50％的敌敌畏溶液 1000 倍,也可用 40％乐果乳油 1000～1500 倍液、50％辟蚜雾 2500～3000 倍液。一般采果前 15 d 停止用药。⑤在蚜虫发生期可用 10％蚜虱净或施可净 20 g/亩等防治。叶片背面和嫩叶需重点防治。避免大量使用某一种药剂,多种药剂科学复配交替使用。利用黄板诱蚜或在棚室门口悬挂银灰色塑料薄膜小旗避蚜。

图 2-8　蚜虫危害

2. 红蜘蛛

在大棚草莓常见虫害中,红蜘蛛为主要类型,多发于植株开花着果阶段,严重时会导致草莓大面积减产。诱发红蜘蛛虫害的原因是大棚内少有其天敌存在,且温湿度适宜。受损害的叶片背面出现灰白色病斑,叶片变黄,严重时叶片变为锈红色并枯萎。若在植株开花期遭受红蜘蛛虫害,草莓成果会畸形变硬,品质及产量严重下降。由于红蜘蛛的体型较小,且多聚集在叶片背面,若不仔细观察很难被发现。当叶片出现病斑时,表示虫害已经较为严重。发病植株如图 2-9 所示。

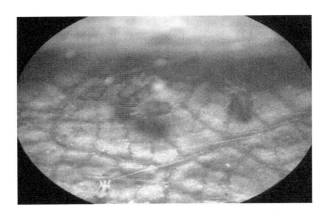

图 2-9　受红蜘蛛侵害的植株

防治措施:红蜘蛛在草莓老叶背面过冬,将这部分老叶清除可有效减少红蜘蛛虫源。育苗期间应及时清理周边杂草、枯萎植株等,以免种苗携带红蜘蛛虫卵。草莓植株开花后,向棚内引入捕食螨,对红蜘蛛进行生物防治。草莓着果后,可选择药性残留程度低、触杀性能强的20%增效杀灭菊酯6000倍液、45%联苯肼酯悬浮剂2000倍液或1.8%阿维菌素乳油3000倍液,根据虫害发生程度,每4～7 d喷施一次,草莓成果采收之前2周停止药剂喷施。

3. 蓟马

蓟马可危害多种作物,其虫体微小,不易被人肉眼发现,一旦田间出现症状,一般都已造成了难以挽回的损失。蓟马因虫体较小,且主要在花内危害,容易引起管理者的疏忽,对这些蓟马造成的症状,误认为是缺素或由病害造成,而不能及时加以防治,因此,在设施草莓的栽培中,蓟马危害有逐年加重之势。蓟马的发生规律和防治适期与蚜虫大体一致,但由于蓟马隐蔽性强,防治难度大。草莓生产上,危害的主要蓟马有瓜蓟马、西花蓟马等。成虫、若虫多隐藏于花内或植株的幼嫩部位,以锉吸式口器锉伤花器或嫩叶等,主要危害草莓花蕾、花瓣和幼果,造成授粉不良,形成僵果或畸形果。蓟马危害后,草莓花朵变褐不能结实,受害叶片出现灰白色条斑或皱缩不展,使植株矮小,生长停滞,棚室草莓果实难以着色,无法正常膨大或畸形,即使膨大果皮也呈茶褐色,使草莓的产量和质量均受到严重的影响。另外,蓟马还是病毒的传播媒介,会引发草莓病毒病。发病植株如图 2-10 所示。

图 2-10　蓟马危害

防治措施:①加强田间管理。加强棚室草莓的水分管理,提高草莓的抗逆性;控制和调节棚室的温湿度。冬季晴天上午注意放风,将棚内湿度控制在 75% 以下,然后紧闭棚室,棚温上升到 30 ℃后放小风,将温度控制在 28 ℃,下午加大通风量,将湿度控制在 70% 以下。棚室草莓采用物理措施控制蓟马,作用比较显著。蓟马具有趋蓝色的习性,在田间或棚室内设置蓝色黏虫板,可以诱杀蓟马成虫。黏虫板的高度与草莓植株持平。也可在棚室通风口设置防虫网阻隔,对蓟马有一定的防效。及时清除棚室内杂草及枯枝落叶,可消灭部分成虫和若虫。②药剂防治。针对蓟马隐蔽性强的特性,药剂防治时,应选择具有内吸性强的药剂,或在药剂中加入有机硅助剂,尽量在苗期与现蕾开花前选择持效期长的农药。可优先使用生物农药 1.3% 苦参碱水剂 1500 倍液,推荐使用的化学农药有 60 g/L 乙基多杀菌素悬浮剂 1500 倍液,或 24 g/L 螺虫乙酯悬浮剂 1500 倍液,或 25% 噻虫嗪水分散粒剂 1000 倍液,或 50% 吡蚜酮可湿性粉剂 3000 倍液,或 40% 氟虫·乙多素水分散粒剂 4000~6000 倍液或 50% 氟啶虫胺腈水分散粒剂 5000 倍液,或 50% 啶虫脒可湿性粉剂 2500 倍液喷雾。选择以上药剂交替使用,以防止抗药性的产生。在用药防治时应注意,因为蓟马成虫能飞善跳、扩散速度快,使用农药防治时应从外围四周开始向中间为好,以便集中消灭。同时蓟马有昼伏夜出活动的习性,在下午用药效果好。采果期必须用药时,一定要使用生物农药,在采收前 15 d 停止用药。在大棚盖棚后可以进行熏蒸防治,每亩 10% 异丙威烟剂 250~300 g,在大棚内分散成 10~12 处,或者每亩用 30% 敌敌畏烟剂 250~300 g,分别放置 5~6 处,在傍晚时点燃烟剂,闭棚过夜熏蒸。

4. 斜纹夜蛾

斜纹夜蛾成虫卵产于草莓中下部叶片的背面,卵呈块状多层排列,且卵块上有黄棕色绒毛。初孵幼虫群集,昼夜为害,啃食叶肉,仅留叶脉和表皮,被害叶片呈网状。3 龄后昼伏夜出分散取食,5、6 龄进入暴食为害期,取食叶片,仅留主脉。发病植株如图 2-11 所示。

图 2-11　受斜纹夜蛾侵害的植株

防治措施:要及时摘除卵块和初孵幼虫,清除田间杂草,收获后翻耕土地或大水灌溉。用黑光灯诱杀成虫,或用性诱剂诱杀成虫。保护天敌或用斜纹夜蛾核型多角体病毒和球孢白僵菌等生物药剂进行防治。在卵孵化高峰期或低龄幼虫期用锐劲特悬浮剂、丙溴辛硫磷、氰戊菊酯等药剂进行化学防治。

第三章　设施小气候模拟模型

第一节　设施小气候形成机理

　　小气候是指在小范围的地表状况和性质不同的条件下，由于下垫面的辐射特征及空气的交换过程的差异而形成的局部气候特征。它一般只表现在个别气象要素的数值上，而在大尺度过程的天气特征上表现并不明显。设施小气候是指温室（大棚）设施与设施作物生产活动环境内的气候。设施小气候直接影响设施作物的生长发育和果实品质形成，设施小气候与设施农业生产和设施农业生物有着密切的关系，主要表现为它们之间物质和能量的交换。设施小气候的形成与外界气象条件、设施大棚结构紧密相关，因此研究设施内小气候的变化规律、形成机理和建立设施小气候模拟模型，对于温室结构设计、设施作物生长发育模拟和设施环境优化管理具有极其重要的意义。

一、设施内的热量平衡关系

　　设施温室是用覆盖材料和围护结构包围起来的一个空间。这个空间及其内部包含的空气、作物、设备、土壤等物质组成了一个系统，这个系统不断与周围环境进行着热量和物质交换。在正常条件下，温室获得热量的途径有：太阳辐射热量，人体、照明、设备运行的散热量，进入室内热物体的散热量，加温系统的供热量。温室散失热量的途径有：经过围护结构传导和辐射出的热量，经过围护结构缝隙渗出的热量，加热进入温室内冷物体所需要的热量，温室内水分蒸发消耗的热量，通风耗热量，转换为作物生物能的热量，土壤传导放热量。从设施温室整体来看，根据能量守恒原理，设施内蓄积的热量为：

$$\Delta Q = Q_{in} - Q_{out} \tag{3-1}$$

式中，Q_{in} 为进入室内的热量，Q_{out} 为散失的热量。当 $Q_{in} > Q_{out}$ 时，室内蓄积热量而升温；当 $Q_{in} < Q_{out}$ 时，室内失热而降温；当 $Q_{in} = Q_{out}$ 时，室内热量收支达到平衡，此时温度不发生变化。设施内热量收支平衡总是有条件的、暂时的和相对的，不平衡是经常的和绝对的。根据上述热量平衡原理，人们可以采取增温、保温、加温和降温等措施，来调控设施内的温度。通常设施内的热量来源包括进入室内的太阳总辐射（包括直射光和散射光，用 Q_r 表示）和设施加热量（Q_g）两方面，即：

$$Q_{in} = Q_r + Q_g \tag{3-2}$$

　　设施内的热量支出主要取决于贯流放热量 Q_t、换气放热量 Q_v、室内土壤的热传导量 Q_s 三方面，即：

$$Q_{out} = Q_t + Q_v + Q_s \tag{3-3}$$

　　设施内蓄积的热量主要用于潜热交换（Q_L）、固体材料（如墙体、土壤、骨架、作物、架材及其他材料）的热交换（Q_c）、空气的热交换（Q_a）以及作物光合和呼吸作用的能量交换（Q_p）4 个

方面,即:

$$\Delta Q = Q_L + Q_c + Q_a + Q_p \tag{3-4}$$

设施内的热量收支平衡可用下式表示:

$$Q_r + Q_g = Q_t + Q_v + Q_s + Q_L + Q_c + Q_a + Q_p \tag{3-5}$$

式中,Q_r 主要取决于太阳总辐射、设施的透光率和透光面积以及光照时间;Q_g 主要取决于加温设备容量、散热面积和加温时间等。

Q_t 是指通过设施覆盖材料和结构材料所放出的热量,它是辐射、对流、传导三种传热方式共同发生作用的结果。设施覆盖材料和结构材料的传热过程可以分为 3 个阶段,即室内的热量先以对流和辐射的方式传到覆盖材料或结构材料的内表面,然后以传导方式将其放到外表面,最后在外表面又次以对流和辐射方式将其放至外界。透过覆盖材料或围护结构的热量叫作温室表面的贯流传热量,热流流率是指每平方米的覆盖材料面积上,在室内外温差为 1 ℃ 的情况下每小时放出的热量。热贯流率与覆盖材料(或结构材料)的热传导率及内外表面的辐射传热系数和对流传热系数成正比,而与覆盖材料的厚度成反比,不同材料的热贯流率见表 3-1。即材料的导热率、辐射传热系数和热贯流率越大,材料越薄,则热贯流量就越大,而热贯流率和室内外温差以及放热面积越大,贯流放热量也就越大。不加温温室通过贯流放热占总耗热 75%~80%。

表 3-1 各物质的热贯流率

种类	规格(mm)	热贯流率 (kJ・m^{-2}・h^{-1}・℃)	种类	规格(cm)	热贯流率 (kJ・m^{-2}・h^{-1}・℃)
玻璃	2.50	20.92	木条	厚8	3.77
玻璃	3.00~3.50	20.08	砖墙(面抹灰)	厚38	5.77
聚氯乙烯	0.10~0.12	23.01	钢管		47.84~53.97
聚氯乙烯	0.20~0.24	12.55	土墙	厚50	4.18
聚乙烯	0.10~0.12	24.29	草苫		12.55
合成树脂板	0.08~0.10	20.92	钢筋混凝土	厚5	18.41
合成树脂板	0.16~0.20	14.64	钢筋混凝土	厚10	15.90

Q_v 是指由于室内外空气交换所导致的热量损失。温室内自然通风或强制通风,建筑材料的裂缝,覆盖物的破损,门、窗缝隙等,都会导致室内的热量流失。北方的温室由于密封性好,占总耗热量的 5%~6%。

Q_s 是指设施内土壤上下层垂直方向或室内外水平方向存在温差而导致的热量传导。它与土壤的导热率、土壤中的温差及土壤面积成正比,而与具有温差的土壤两点间的厚度成反比。此外,由于室内地表温度白天大于地中温度,而在夜间又小于地中温度,因此,土壤中热量白天向下传导,Q_s 取正值,夜间向上传导,Q_s 取负值。土壤横向热传导占总耗热量 13%~15%。

Q_L 是指由于物质相变所引起的热量交换。在自然情况下,设施内热量交换主要是由水汽相变所造成的,即室内温度高时,水分大量吸热而被汽化,从而抑制了室内升温;室内温度低时,水汽大量放热而凝结,从而抑制了室内快速降温。水吸热汽化时,Q_L 取正值;水汽放热凝结时,Q_L 取负值。可见,这种潜热交换并没有将热量放出室外。

Q_a 是指由于各种物质材料蓄热系数不同所引起的热交换。它主要与物质材料的体积、热容量及导热率等因素有关。即物质的体积、容量及热导率越大,升温时蓄热能力越强,降温时放热能力越大。Q_c 在吸热时取正值,放热时取负值。

Q_a 是空气蓄热升温和放热降温所引起的热交换。它主要与空气热容量及空气体积有关。通常在空气湿度不大的情况下,空气热容量基本上是一定的。因此,空气量的多少就成了影响空气热交换的主要因素。即设施体积越大,白天吸热升温和夜间降温放热就越多,这样白天升温和夜间降温也就越缓慢;反之,白天升温吸热量和夜间降温放热量就越少,这样,白天升温和夜间降温也就越快。这也是设施越大、昼夜温差越小的主要原因。空气热交换量也是吸热取正值,放热取负值。

Q_p 是指设施作物光合和呼吸作用的热量交换,该部分消耗能量较少,一般不考虑。

二、设施内光的传输

园艺设施内的光照至今主要利用自然光,且利用率只有外界自然光照的 40%～60%,人们常说的“自然光”即是阳光,它是太阳辐射能中可被眼睛感觉到的部分,是波长范围为 390～760 nm 的可见光部分。这一波段的能量约占太阳辐射能总量的 50%。太阳辐射能还包括紫外线(波长范围 290～390 nm,占 1%～2%)和红外线(波长范围>760 nm,占 48%～49%),除可见光以外,紫外线和红外线对植物的生长发育都有重要的影响。因此用“太阳辐射能”一词来表征植物“光”环境,描述“光”对植物生长发育的影响最恰当。

园艺设施内的光照除受时时刻刻变化着的太阳位置和气象要素影响外,也受本身结构和管理技术的影响。其中,光照时数主要受纬度、季节、天气情况和防寒保温等管理技术的影响;光质主要受透明覆盖材料光学特性的影响,变化比较简单;只有光照度及其分布是随着太阳位置的变化及设施结构的影响不断地变化,情况比较复杂。植物生长对保护设施的要求是能够最大限度地透过光线、受光面积大和光线分布均匀。

投射到保护设施覆盖物上的太阳辐射能,一部分被覆盖材料吸收,一部分被反射,另一部分透过覆盖材料射入设施内。这三部分有如下关系:吸收率+反射率+透射率=1。

干净玻璃或塑料薄膜的吸收率为 10% 左右,剩余的就是反射率和透射率,反射率越小,透射率就越大。覆盖材料对直射光的透光率与光线的入射角有关,入射角越小,透光率越大。入射角为 0° 时,光线垂直投射于覆盖物上,此时反射率为 0,透光率最大,玻璃和聚氯乙烯薄膜可达到 90%;入射角为 40°～45° 时,透光率显著减小;入射角大于 60°,透光率急剧减小。透光率与入射角之间的关系也因材料而异,例如毛玻璃和纤维玻璃,随着阳光入射角的增大,透光率几乎呈直线下降;状状纤维玻璃由于能对阳光进行多次反射,而且能在某一方向上使阳光入射角减小,因而透光性能比玻璃好。

保护设施覆盖材料的内外表面经常被灰尘、烟粒污染,玻璃和塑料薄膜内表面经常附着一层水滴或水膜,使设施内光强度大为减弱,光质也有所改变。灰尘主要削弱 900～1000 nm 和 1100 nm 的红外线部分。因此,塑料棚内的光照强度仅为露地的 50% 左右,水膜的消光作用与水膜的厚度有关。

草莓大棚主要由覆盖膜和骨架组成,通过采光面进入大棚的太阳辐射是由直接辐射、散射辐射和地面及地上物体的反射辐射三部分组成,即

$$R_{\text{total}} = R_{td} + R_{ts} + R_{tr} \tag{3-6}$$

其中:

$$R_{td} = R_d \sin h' \tag{3-7}$$

$$R_{ts} = R_s (1 + \cos\theta)/2 \qquad (3-8)$$

$$R_{tr} = (R_{hd} + R_{hs})\rho(1 - \cos\theta)/2 \qquad (3-9)$$

$$\sinh' = \sinh\cos\theta + \cosh\sin\theta\cos(A - \alpha) \qquad (3-10)$$

式(3-6)—式(3-10)中：R_{total} 为采光面接受到的太阳辐射量，R_{td} 为采光面接受到的太阳直接辐射量，R_{ts} 为采光面接受到的太阳散射辐射量，R_{tr} 为采光面接受到地面和地上物体的反射辐射量，R_d 为地面上垂直于太阳法线面的直接辐射量，R_{hd} 为地面水平面的直接辐射量，R_s 为地面水平面的太阳散射辐射量，h' 为采光面上的太阳高度，h 为太阳高度，A 为太阳方位角，θ 为采光面对地面水平面的倾斜角，α 为采光面的方位角，ρ 为地面和地上物体的平均反射率。

三、设施内水汽的传输

设施内的空气湿度是受土壤蒸发和植物蒸腾影响，在设施密闭情况下形成的，设施作物生长势强，代谢旺盛，叶面积指数大，通过蒸腾作用释放出大量水蒸气，在密闭情况下会使棚室内水蒸气很快达到饱和，空气相对湿度比露地栽培高得多。在白天通风换气时，设施内水分移动的主要途径是土壤—作物—室内空气—外界空气。早晨或傍晚大棚密闭时，外界气温低，常会引起室内空气骤冷而发生"雾"。白天通风换气时，室内空气饱和差可达 1333～2666 Pa，作物容易发生暂时缺水；如果不进行通风换气，则室内会蓄积蒸腾的水蒸气，空气饱和差降为 133.3～666.5 Pa，作物不致缺水。因此，设施内湿度条件与作物蒸腾、床面和室内壁面的蒸发强度有密切关系。

设施内空间由于受室外气候因子、室内调控方式、植物群体结构等的综合影响，必然存在垂直温差和水平温差，也影响空气湿度分布的差异。在设施内部，其绝对湿度（指水汽压或含湿量）是基本相同的，但由于设施内部温度差异的存在，其相对湿度分布差异非常大，因此在冷的地方就会出现冷凝水。冷凝水的出现与积聚，会使设施作物的表面结露，结露现象有以下几种。

第一种，大棚内较冷区域的植株表面结露。当局部区域温度低于露点温度就会发生。因此，设施内温度的均匀性至关重要，通常 3～4 ℃的温度差异就会在较冷区域出现结露。

第二种，高秆作物植株顶端结露。在晴朗的夜晚，大棚的屋顶将会散发出大量的热量，这会导致高秆作物顶端的温度下降，当植株顶端的温度低于露点温度时，作物顶端就会结露。

第三种，植物果实和花芽上的结露。植物果实和花芽上的结露常出现在日出前后，这是因为太阳出来后，棚室温度和植株的蒸腾速率高，使棚室内的绝对湿度提高。但是植物果实和芽上的温度提高比棚室的温度提高滞后，从而导致大棚内空气中的水蒸气在这些温度较低的部位凝结。结露现象在露地极少发生，因为大气经常流动，会将植物表面的水分吹干，难以形成结露，但温室内风速较低，局部温度较低，容易发生。

造成设施内多湿环境主要有两方面：一方面是作物、室壁内面、床面等沾湿；另一方面是空气相对湿度高、水蒸气饱和差小，或绝对湿度高。作物沾湿是由从屋面或保温幕落下的水滴、作物表面的结露、由于根压使作物体内的水分从叶片水孔排出"滋液"（吐水现象）、雾四种原因造成的。

第二节　草莓大棚小气候特征

作物的生长发育主要取决于遗传和环境两大因素，遗传决定着作物生长发育的潜力，而环境则决定着这种潜力可能实现的程度。因此，如何利用大棚小气候条件进行作物生产，降低生产成本，提高经济效益，首要的问题是摸清大棚内部的小气候特征。

一、主要生长季草莓大棚内空气温湿度特征

以浙江省慈溪市气象局2012年草莓大棚小气候观测数据分析,室内外日均气温对比结果见图3-1a,结果表明大棚内外日平均气温差异显著,前期(1—3月)内外日平均气温相差较大,棚内日平均气温平均较棚外高6.4 ℃,后期(4—5月)内外日平均气温相差较小,棚内平均较棚外高3.1 ℃,棚内气温始终高于棚外气温。这主要是由于冬季外界的气温较低,大棚一般不打开,白天有太阳辐射,棚内气温迅速上升,夜晚由于薄膜的保温作用,使棚内气温始终高于棚外。进入4月份后,晴天时常会导致棚内气温超过35 ℃,甚至超过40 ℃,此时就需要开棚通风降温,随着外界气温的升高,开棚的次数增加,大棚内外气温差异缩小。

草莓大棚的内外日均相对湿度对比结果见图3-1b,由图可以看出,大棚内外日平均相对湿度变化趋势较为一致,且差异显著,1—5月棚内平均日平均相对湿度达75.2%,棚外平均日平均相对湿度为60.8%,平均相差14.4%,前期(1—3月)棚内外日平均相对湿度差异较大,平均相差16.7%,而后期大棚膜揭开后内外相对湿度差异有所缩小,平均相差11.0%。

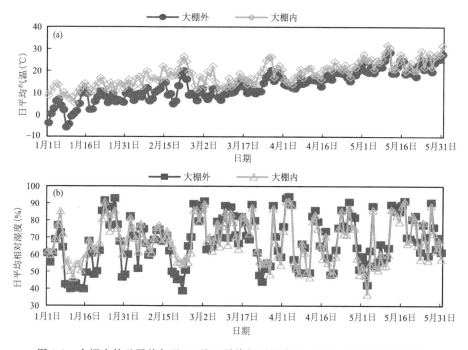

图3-1 大棚内外日平均气温(a)及日平均相对湿度(b)(2012年浙江省慈溪市)

二、不同天气类型下草莓大棚内空气温湿度日变化特征

以2012年浙江省慈溪市气象局试验大棚观测期内不同天气条件下大棚内气象要素为例,分析晴天、多云和阴天不同天气背景下大棚内气温及空气相对湿度日变化曲线,结果如图3-2所示。由图可以看出,不同天气背景下,大棚内气温和相对湿度的日变化趋势刚好相反,晴天时气温和相对湿度变化剧烈,日较差变化大;阴天时大棚内的气温、相对湿度变化幅度较小,日较差较小。因为不同天气背景下太阳辐射对大棚增温作用不同,晴天时大棚需通风降温,正午气温会出现短暂下降,多云、阴天大棚不需要通风降温,所以与晴天相比,正午不会出现下降,气温变化较平缓。不同天气背景下,大棚内相对湿度变化也有显著性差异,夜间大棚

相对湿度常常处于饱和状态,晴天日出后随着气温的升高,相对湿度逐渐下降,至 13:00—14:00 达最低,之后相对湿度逐渐增加,日较差达 46.5%,多云时大棚相对湿度变化幅度较晴天时小,阴天大棚内外相对湿度处于饱和状态,几乎无变化。

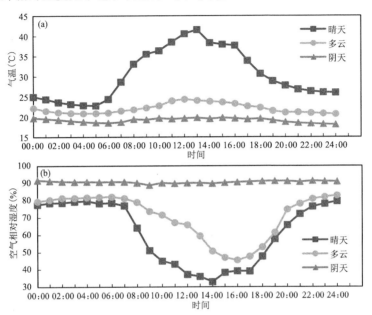

图 3-2　不同天气背景下大棚内逐时气温(a)及空气相对湿度(b)日变化(2012 年浙江省慈溪市)

三、大棚内外日最高、最低气温差异比较

大棚内外的日最高和最低气温如图 3-3 所示,大棚保温作用显著,日最低气温棚内外差异

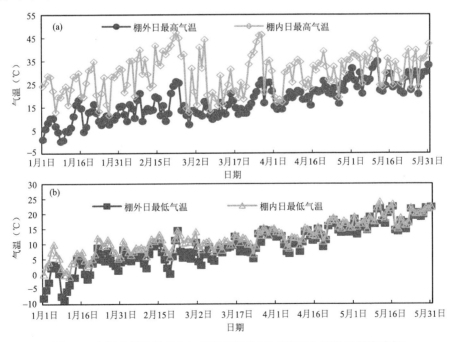

图 3-3　大棚内外日最高(a)、最低气温(b)比较(2012 年浙江省慈溪市)

较小,这主要是由于夜间塑料大棚内热量来源主要是地面发射的长波辐射,一部分被植物反射,用于大棚内增温,一部分则通过薄膜发射到大气中,同时大棚的结露作用,使得大棚内外差异减小,但是大棚内气温始终高于棚外,大棚的增温主要是靠太阳辐射,在主要接受太阳辐射的时间,大棚的升温明显,内外差异显著,在接受不到或很少接受到辐射的阴雨天,大棚内外日最高气温相差不大。

第三节　设施小气候模拟方法

国外关于温室小气候数值模拟研究始于 20 世纪 60 年代,荷兰学者 Businger(1963)将温室分为覆盖物、室内空气、作物、土壤四层,并使能流公式化,初步建立各层稳态能量平衡方程,其方法成为以后各种模型的核心。一些学者建立了温室热环境的分析模型,该模型描述了温室热环境变化的周期性。从 20 世纪 90 年代开始,我国学者建立了若干关于光、热、空气湿度、土壤温度和力学等数学模型。储长树等(1992)、刘克长等(1999)分析了塑料大棚内温度等气象要素的变化特征和通风效应,李良晨等(1991)建立了日光温室和塑料大棚均适用的能量平衡和质量平衡方程组,为温室热工设计提供了理论依据。李元哲等(1994)运用热力学、传热学和建筑采光的基本理论,模拟分析日光温室内环境参数的动态过程和分布规律以及不同太阳辐射、不同结构和不同保温覆盖对环境的影响。本书以草莓大棚为研究对象,旨在通过试验观测,收集草莓生长发育数据和设施小气候数据,建立适宜于草莓设施栽培的小气候预报模型,进而建立草莓成熟期预测模型和产量预测模型,为设施气象保障服务提供决策支持。

一、BP 神经网络模拟模型

1. 建模原理

神经网络采用物理可实现的系统来模仿人脑神经细胞的结构和功能,其处理单元就是人工神经元,也称为结点。神经元结构模型如图 3-4 所示,其中 x_i 为输入信号,i 为输入的数目。

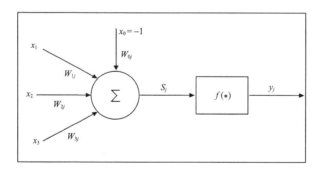

图 3-4　神经元结构图

连接到结点 j 的权值相应为 $W_{1j}, W_{2j}, \cdots, W_{ij}, W_{nj}$,其中 W_{ij} 为正时表示为兴奋型突触,为负时表示抑制型突触。处理单元的内部门限为 θ_j,若用 $x_0 = -1$ 固定偏置输入表示,其连接强度取 $W_{0j} = \theta_j$,则输入的加权和表示为:

$$S_j = \sum_{i=1}^{n} x_i W_{ij} - \theta_j = \sum_{i=0}^{n} x_i W_{ij} \tag{3-11}$$

S_j 通过传递函数 $f(*)$ 的处理,得到处理单元的输出:

$$y_j = f(S_j) = f\left(\sum_{i=0}^{n} x_i W_{ij}\right) \tag{3-12}$$

传递函数有以下三种类型:

(1)阈值型,为阶跃函数 $f(S_j) = \begin{cases} 1 & S_j \geqslant 0 \\ 0 & S_j < 0 \end{cases} \tag{3-13}$

(2)线性型 $f(S_j) = \begin{cases} 1 & S_j \geqslant S_2 \\ aS_j + b & S_j \leqslant 0 \leqslant S_2 \\ 0 & S_j \leqslant S_1 \end{cases} \tag{3-14}$

(3)S 型 $f(S_j) = \dfrac{1}{1 + \exp(-S_j/c)^2} \tag{3-15}$

前向型网络由输入层、中间层(隐层)、输出层等组成。隐层可有若干层,每一层的神经元只接受前一层神经元输出,这样就实现了输入层结点的状态空间到输出层状态空间的非线性映射。在前向网络中,误差反向传播网络(Back Propogation,BP)应用最广。人工神经网络(artificial neural network,ANN)的一个最本质的特征是:它并不给出输入与输出间的解析关系,它的近似函数和处理信息的能力体现在网络中各个神经元之间的连接权值。由于网络本身具有学习功能,在 BP 网络中通常采用有教师学习(Supervised Learning),即使用大量的学习样本对网络进行训练,将网络的输出与期望的输出比较,然后根据两者之间的差来调整网络的权值。

2. 大棚温湿度模拟

本研究利用室外日平均气温、日最高气温、日最低气温、日平均相对湿度、室内日最高气温、日最低气温、日平均总辐射与室内日平均气温和日平均相对湿度进行相关分析($n=365$),得到不同因子与室内气温和相对湿度的相关系数,见表 3-2。

表 3-2 不同气象要素与室内气温、相对湿度相关系数表

要素	室外日平均气温	室外日最高气温	室外日最低气温	室内日最高气温	室内日最低气温	室外日平均相对湿度	室内日平均总辐射
室内日平均气温	0.952**	0.947**	0.896**	0.780**	0.891**	0.141*	0.368**
室内日平均相对湿度	0.206*	0.580**	0.370**	−0.406**	0.405**	0.903**	−0.458**

注:* 和 ** 分别表示通过 0.05 和 0.01 信度检验,下同。

由表 3-2 可知,大棚内的日平均气温、日平均相对湿度与大棚外的日平均气温、日最高气温、日最低气温、日平均相对湿度以及大棚内的日最高气温、日最低气温、日平均总辐射相关系数高,将这些气象因子作为 BP 神经网络模型的输入参数,选用单隐层的 BP 网络进行四季的大棚内日平均气温、日平均相对湿度的模拟。其中输入层神经元个数为 7 个,隐含层神经元为 9 个,输出神经元为 2 个,隐含层传递函数采用 S 型正切函数 tansig,输出层传递函数采用 S 型对数函数 logsig。为解决神经网络输入变量间量纲及数量级不一致问题,采用标准化变换将样本数据压缩在 0~1 之间。

在模型运行中通过不断调节,最终选定相关的参数值为:初始学习速率 $\eta=0.1$,最大循环次数 $=1000$ 次,目标误差 $=0.001$。模型的训练输入数据和模拟数据见表 3-3,神经网络模拟采用 Matlab2018 软件通过编程实现。

BP 网络的学习规则是通过反向传播来调整网络的权值和阈值,使得误差网络的平方和最小,通过网络训练得到网络权值和阈值后,输入验证样本和预测样本进行网络验证以及网络预测,从而验证所建模型的正确性。将模拟模型训练得到的输出值进行与数据预处理相反的过程,将其变换到实际的变化范围,然后做训练输出室内气温、相对湿度和实测值之间的拟合曲线。

表 3-3　BP 神经网络模型的训练输入数据和模拟数据

季节	模型训练输入样本	样本数	模型训练模拟样本	样本数
春季	2020 年 3 月 1 日—5 月 31 日	92	2020 年 3 月 1 日—3 月 31 日	31
夏季	2020 年 6 月 1 日—8 月 31 日	92	2020 年 7 月 1 日—7 月 31 日	31
秋季	2020 年 9 月 1 日—11 月 30 日	91	2020 年 10 月 1 日—10 月 31 日	31
冬季	2020 年 12 月 1 日—2021 年 2 月 28 日	90	2021 年 1 月 1 日—1 月 31 日	31

根据大棚内外的实际气温差异情况,将观测期分为春、夏、秋、冬四季,选取不同季节下的环境要素作为神经网络的训练样本和检验样本。将训练样本输入神经网络模型,在完成网络训练和网络检验后,得到一组网络权值和阈值,在这组网络权值和阈值基础上,将预测样本输入神经网络模型,对设施草莓大棚日平均气温和日平均相对湿度进行预测。模拟得出了大棚内的日平均气温和日平均相对湿度,模拟结果如图 3-5、3-6 所示。BP 神经网络模型对春季大棚内气温模拟效果好于其他三季,标准误差 RMSE(图 3-5、3-6)为 0.65 ℃,基于 1∶1 线的决定系数为 0.95;BP 神经网络模型对秋季大棚内相对湿度模拟效果好于其他三季,标准误差 RMSE 为 2.28%,基于 1∶1 线的决定系数为 0.96。

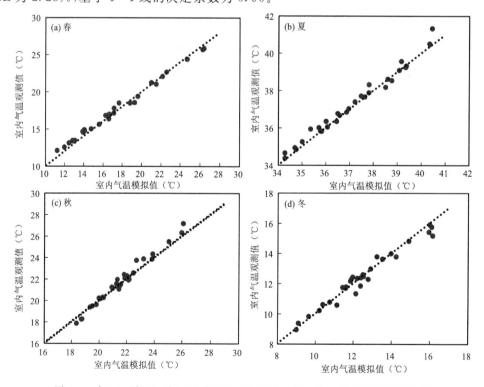

图 3-5　春(a)、夏(b)、秋(c)和冬(d)室内日平均气温模拟值与观测值的比较

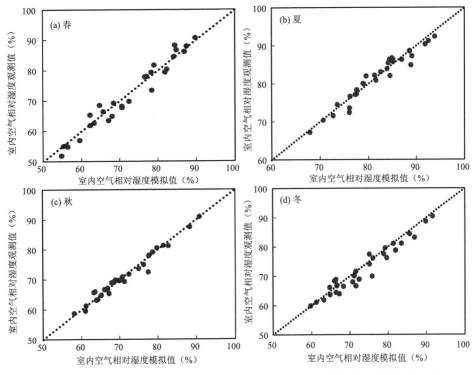

图 3-6　春(a)、夏(b)、秋(c)和冬(d)室内日平均相对湿度模拟值与观测值的比较

二、逐步回归模拟模型

在建立模型的样本中选取大棚外日平均气温、日最高气温、日最低气温、日平均相对湿度及大棚内日平均总辐射等气象要素作为自变量,大棚内日平均气温、日平均相对湿度为因变量,应用数理统计方法建立大棚内气温、相对湿度的数学预测模型,见表 3-4、表 3-5。

表 3-4　不同季节大棚内日平均气温预测方程

季节	预测方程	变量名称
春季	$Y=-75.121+0.585X_1-1.678X_2+1.371X_3+1.542X_4$	X_1:大棚外日平均气温
夏季	$Y=-10.59+0.35X_1+2.469X_2-0.109X_3+0.641X_4$	X_2:大棚外日最高气温
秋季	$Y=13.993-7.681X_1+1.643X_2+4.066X_3+1.041X_4$	X_3:大棚外日最低气温
冬季	$Y=7.824-0.465X_1+0.496X_2+0.426X_3+0.416X_4$	X_4:大棚内日平均总辐射

表 3-5　不同季节大棚内日平均相对湿度预测方程

季节	预测方程	变量名称
春季	$Y=83.478-0.997X_1+7.231X_2-3.474X_3-7.704X_4$	X_1:大棚外日平均气温
夏季	$Y=95.234-0.821X_1-3.318X_2+1.396X_3-0.538X_4$	X_2:大棚外日最高气温
秋季	$Y=-57.431+27.144X_1-5.729X_2-14.173X_3-3.655X_4$	X_3:大棚外日最低气温
冬季	$Y=44.753+17.08X_1-23.657X_2-19.473X_3+9.865X_4$	X_4:大棚外日平均相对湿度

采用逐步回归法模拟春、夏、秋、冬四季日平均气温结果如图 3-7 所示。模拟春、夏、秋、冬

四季日平均气温基于 1 ∶ 1 线的决定系数 R^2 分别为 0.92、0.91、0.94、0.89,标准误差 RMSE 分别为 0.72 ℃、0.97 ℃、1.35 ℃、1.07 ℃。

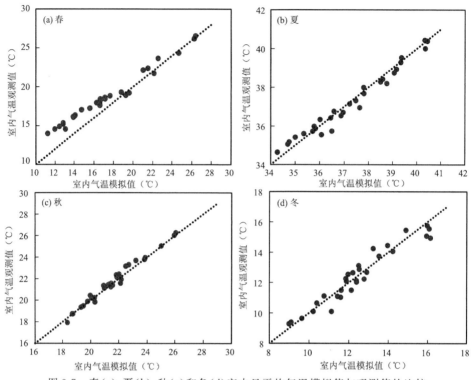

图 3-7　春(a)、夏(b)、秋(c)和冬(d)室内日平均气温模拟值与观测值的比较

采用逐步回归法模拟春、夏、秋、冬四季日平均相对湿度结果如图 3-8 所示。模拟春、夏、秋、冬四季日平均相对湿度基于 1 ∶ 1 线的决定系数 R^2 分别为 0.88、0.85、0.91、0.91,标准误差 RMSE 分别为 6.35%、6.66%、4.02%、5.13%。

三、支持向量机模拟模型

基于高空探测数据建立合适的分析模型,对高空性状进行预测预报在天气预报中得到广泛应用,本研究尝试利用支持向量机对设施小气候进行预报。支持向量机(support vector machine,SVM)是由 Vapnik 基于统计学习理论提出来的一种智能计算方法,是处理非线性分类和回归等问题的一种有效的新方法,相比人工神经网络和智能计算方法具有小样本学习、强泛化能力的特点,能有效避免过学习、局部极小点以及维数"灾难"等问题,目前已逐步被引入到高空气象信息综合处理系统(meteorological information comprehensive analysis and process system,MICAPS)数据分析和建模研究中来。

1. 支持向量机原理

SVM 回归算法的基本思想是通过一个非线性映射函数将数据映射到高维特征空间,并在这个空间进行线性回归,具体表现形式如下:

$$f(x) = \omega^{\mathrm{T}} \Phi(x) + b \tag{3-16}$$

式中,ω 表示权值向量,T 为转置,$\Phi(x)$ 为样本空间任意一个样本,b 表示偏置量。一般情况下,回归估计在训练集上采用最小化经验风险得到,采用的损失函数有平方误差和绝对值误差

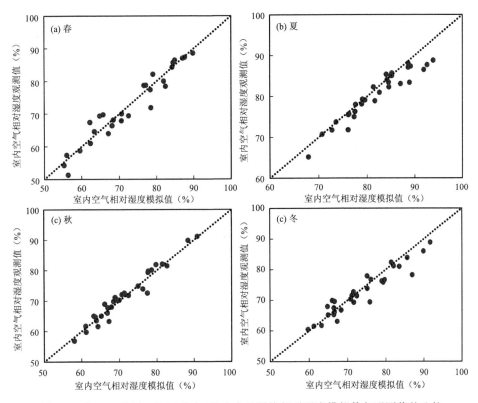

图 3-8 春（a）、夏（b）、秋（c）和冬（d）室内日平均相对湿度模拟值与观测值的比较

两种形式，而 SVM 采用一种新的损失函数形式，称之为 ε 不敏感损失函数（ε-insensitive cost function），ε 描述形式如下：

$$L_\varepsilon \begin{cases} |f(x)-y|-\varepsilon & |f(x)-y| \geqslant \varepsilon \\ 0 & |f(x)-y| < \varepsilon \end{cases} \tag{3-17}$$

式中，ε 为回归允许的最大误差，控制支持向量的个数和泛化能力，其值越大，支持向量数量就越少。回归模型不仅使其训练集具有更好的推广能力，而且要考虑经验风险的最小化时降低模型的复杂度，所以在这种理念指导下，SVM 回归求解变成一个如下的优化问题：

$$\min_{\omega,b,\xi_i,\xi_i^*} = \frac{1}{2}\omega\omega^{\mathrm{T}} + c\sum_{i=1}^{n}(\xi_i+\xi_i^*) \begin{cases} y_i-\omega x_i-b \leqslant \varepsilon+\xi_i^*, i=1,2\cdots,k \\ y_i-\omega x_i-b > \varepsilon+\xi_i^*, \xi_i \geqslant 0, \xi_i^* \geqslant 0 \end{cases} \tag{3-18}$$

式中，n 表示支持向量个数；$\xi_i(f(x_i)-\omega^T\Phi(x_i)+b)$、$\xi_i^*$ 为松弛变量，分别表示在误差 ε 约束 $(f(x_i)-\omega^T\Phi(x_i)+b)$ 的训练误差的上限和下限；T 表示转置；c 为惩罚常数，表示回归模型的复杂度和样本拟合精度之间的折衷，其值越大，拟合程度越高。这样相应支持向量回归估计函数转换为：

$$f(x) = \sum_{i=1}^{n}(a_i-a_i^*)k(x,x_i)+b \tag{3-19}$$

式中，a_i 和 a_i^* 表示拉格朗日乘子；$k(x,x_i)$ 表示支持向量机的核函数，x_i 表示作为支持向量的样本子向量；x 表示待预测因子向量。由于任意满足泛函 Mercer 条件的对称函数均可作为支持向量机的核函数，但是对于特定的问题，如何选择最合适的核函数，一直是困扰研究者的一个难点，针对此问题，大量研究和实验表明，当缺少过程的先验知识时，选择高斯核函数比选择

其他核函数效果好,因此,本研究选择高斯核函数作为支持向量机核函数,高斯核函数定义如下:

$$k(x,x_i) = \exp(-\gamma \|x-x_i\|^2) \quad (3\text{-}20)$$

式中,γ 表示核参数。基于高斯核函数的支持向量机回归为:

$$f(x) = \sum_{i=1}^{l} (a_i - a_i^*)\exp(-\gamma \|x-x_i\|^2) + b \quad (3\text{-}21)$$

此方法是专门针对有限样本,其目标是得到现有信息下的最优解而不仅仅是样本数趋于无穷大时的最优值;其算法最终转换成为一个二次规划问题,支持向量机是研究较早,已有比较成熟求解方法的非线性规划问题,得到的是全局最优点,解决了在神经网络方法中无法避免的局部极值问题;降低升维中会带来计算的复杂化问题,由于应用了核函数的展开定理,不需要知道非线性映射的显式表达式,在高维空间中构造线性判别函数来实现原空间中的非线性判别函数,特殊性质能保证机器有较好的推广能力,巧妙地解决了维数灾难问题,同时也解决了算法复杂度与样本维数无关的问题;少数支持向量是由训练样本集的一个子集样本向量构成的,在子集的拉格朗日乘子均不为零,只有这些少数支持向量对最终结果起决定作用,而那些拉格朗日乘子为零的样本向量的贡献为零,对选择分类超平面是无意义的。这不但可以帮助抓住关键样本、剔除大量冗余样本,并且注定了该方法不但算法简单,而且具有较好的鲁棒性;由于有比较严格的统计学习理论作保证,运用支持向量机方法建立的模型具有比较好的推广能力。支持向量机方法可以给出所建模型的推广能力确定的界,这是目前其他任何学习方法所不具备的。

2. 建模方式

以径向基函数(满足 Mercer 定理条件,又称高斯核)作为本 SVM 方法中的核函数建立推理试验模型。径向基函数形式为:

$$K(x,x_i) = \exp(-\gamma \|x-x_i\|^2) \quad (3\text{-}22)$$

在分类预报中,基于高斯核通过训练学习后求得的决策函数形式为:

$$M(x) = \operatorname{sgn}\left[\sum a_i y_i K(x,x_i) + b\right] = \operatorname{sgn}\left[\sum a_i y_i \exp(-\gamma \|x-x_i\|^2) + b\right] \quad (3\text{-}23)$$

在回归预报中的最终回归函数行为:

$$f(x) = \sum (a_i - a_i^*) K(x,x_i) + b] = \sum (a_i - a_i^*)\exp(-\gamma \|x-x_i\|^2) + b] \quad (3\text{-}24)$$

式中,x_i 为支持向量的样本因子向量;x 为待预报因子向量;a_i,a_i^*,b 为建立 SVM 模型待确定的系数;γ 为核参数,求和运算只对支持向量进行。

3. 模型构建与参数获取

在 Matlab 平台上,通过对支持向量算法进行编程,导入影响日平均气温、相对湿度的变量因子后,根据公式(3-24),得到模拟值(图 3-9、3-10)。从日平均气温、相对湿度的模拟图中可以看出模拟值与实测值均十分接近,有一定的线性相关性,具有比较好的拟合效果,整体上模拟效果较理想。其中对日平均气温的模拟效果好于日平均相对湿度。

四、不同模型模拟效果比较

上述三种大棚小气候预测模型对棚内日平均气温、相对湿度的模拟结果表明(表 3-6),回归估计标准误差(RMSE)表现为支持向量机模型＜BP 神经网络模型＜逐步回归方法模型。支持向量机模型模拟效果最好,该模型可以帮助抓住关键样本、剔除大量冗余样本,有比较严

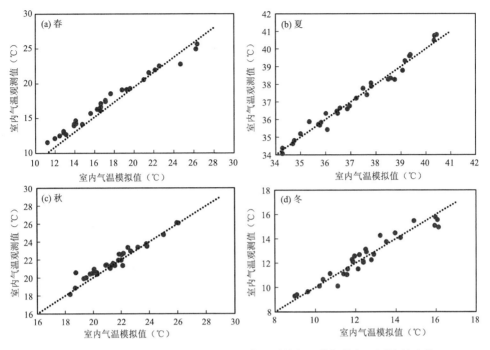

图 3-9 春(a)、夏(b)、秋(c)和冬(d)室内日平均气温模拟值与观测值的比较

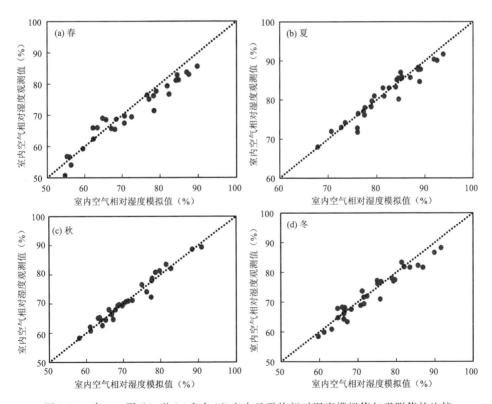

图 3-10 春(a)、夏(b)、秋(c)和冬(d)室内日平均相对湿度模拟值与观测值的比较

格的统计学习理论作保证,具有较好的推广能力,对有限样本模拟效果较好。BP 神经网络模型模拟效果较好,该模型具有自组织、自学习、自适应能力,能够根据环境条件的变化或人为的学习来自行调节权值,使网络的行为适用于规定的任务,而且求解速度快,能够全面地反映被控对象的非线性特点。逐步回归方法模型不能适应天气和时间的变化,为了提高模型的模拟精度,需对不同天气条件以及不同时间段建立不同的方程,模型模拟精度较差,需要在以后的研究中加以改进。

表 3-6　不同模型模拟室内日平均气温及日平均空气相对湿度的精度比较

项目	模型	春季		夏季		秋季		冬季	
		R^2	RMSE	R^2	RMSE	R^2	RMSE	R^2	RMSE
日平均气温(℃)	BP 神经网络	0.95	0.65	0.96	0.86	0.96	0.79	0.94	0.72
	逐步回归	0.92	0.72	0.91	0.97	0.94	1.35	0.89	1.07
	支持向量机	0.98	0.38	0.99	0.26	0.98	0.42	0.97	0.51
日平均相对湿度(%)	BP 神经网络	0.93	3.17	0.94	4.61	0.96	2.28	0.93	3.17
	逐步回归	0.88	6.35	0.85	6.66	0.91	4.02	0.91	5.13
	支持向量机	0.96	1.58	0.96	1.34	0.97	1.66	0.96	1.58

第四章　高温胁迫对设施草莓叶片生理特性的影响

第一节　高温胁迫对设施草莓叶片光合特性的影响

一、高温对草莓光合色素的影响

1. 试验设计

以草莓品种'红颜'为实验材料,由山东临沂某苗木种植有限公司提供。于 2018—2020 年在南京信息工程大学人工气候室(PGC-FLEX,Conviron,加拿大)内开展人工环境控制试验,在草莓苗期(9~12 片真叶,叶长≥5 cm)进行动态高温处理试验,利用 BP 神经网络逐时模拟南京地区温度,并以此设置气候室程序(图 4-1),日最高气温/最低气温设置分别为 32/22 ℃、35/25 ℃、38/28 ℃ 和 41/31 ℃共 4 个水平,处理时长分别为 2 d、5 d、8 d 和 11 d,空气相对湿度设置 65%~70%,光周期为 12 h/12 h(白昼 06:00—18:00/夜间 18:00 至翌日 6:00),辐射强度为 800 $\mu mol \cdot m^{-2} \cdot s^{-1}$,以 28/18 ℃为对照(CK)。于 2018 年 10 月 2 日 09:00 将长势相近的草莓植株放入人工气候室进行高温处理,于处理 2 d、5 d、8 d 和 11 d 后陆续将草莓移出。测定叶片光合特性、荧光特性和衰老特性等参数。

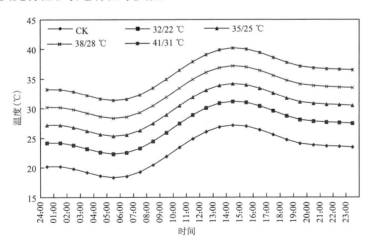

图 4-1　人工气候室逐时温度设置

2. 高温对草莓叶片光合色素的影响

叶片中光合色素的含量为植物的生理状况提供了有价值的信息,叶绿素是植物体将光能转化为储存的化学能所必需的色素,叶片吸收的太阳辐射量是光合色素含量的函数,因此,叶绿素含量可以直接反映植物体光合作用潜力(Curran et al.,1995)。高温处理下草莓叶片光合色素含量的变化如表 4-1 所示,同一高温下,叶绿素 a 随着处理天数的延长而呈现降低的趋势。与对照相比,在 32 ℃高温下,Chla 的含量在 8 d 时显著下降了 25.54％,而在35 ℃、38 ℃和41 ℃高温下的 Chla 含量在 5 d 时显著下降,分别下降了 26.48％、42.08％和74.51％。叶绿素 b(Chlb)含量的变化趋势类似于 Chla,相同的高温下,Chlb 含量随着处理时间的延长而减少。与对照相比,32 ℃、35 ℃、38 ℃和 41 ℃高温下的 Chlb 含量在处理 11 d 时分别下降了8.29％、17.62％、26.42％和50.26％。类胡萝卜素(Car)的含量随温度变化的趋势与 Chla 也类似,同一高温条件下,随着处理天数的延长而减少,同一处理天数下,温度越高,其含量越低。总之,高温对 Chla、Chlb 以及 Car 的含量造成不同程度的影响,温度越高,持续时间越长,含量下降越明显。

表 4-1　不同高温和持续天数对草莓叶片叶绿素含量的影响

处理温度(℃)	处理天数(d)	叶绿素 a 的含量 [mg·g^{-1}(FM)]	叶绿素 b 的含量 [mg·g^{-1}(FM)]	类胡萝卜素含量 [mg·g^{-1}(FM)]
28(CK)	2	2.56±0.03 a	1.95±0.07 a	0.79±0.03 a
	5	2.53±0.02 a	1.93±0.02 a	0.82±0.01 a
	8	2.59±0.01 a	1.96±0.01 a	0.82±0.02 a
	11	2.78±0.01 a	1.93±0.01 a	0.81±0.02 a
32	2	2.18±0.01 a	1.90±0.02 a	0.75±0.01 a
	5	2.14±0.02 a	1.84±0.04 b	0.72±0.02 b
	8	2.07±0.01 b	1.79±0.53 b	0.69±0.01 c
	11	2.03±0.02 b	1.77±0.04 c	0.65±0.01 d
35	2	2.07±0.01 a	1.83±0.01 a	0.72±0.01 a
	5	1.86±0.01 b	1.78±0.02 b	0.69±0.03 b
	8	1.82±0.02 b	1.62±0.03 c	0.66±0.01 c
	11	1.60±0.02 c	1.59±0.04 c	0.61±0.02 d
38	2	1.86±0.02 a	1.70±0.04 a	0.69±0.02 a
	5	1.62±0.03 b	1.62±0.01 b	0.63±0.01 b
	8	1.50±0.01 b	1.55±0.02 c	0.58±0.01 c
	11	1.34±0.05 c	1.42±0.03 c	0.52±0.05 d
41	2	1.52±0.02 a	1.50±0.04 a	0.58±0.03 a
	5	0.94±0.02 b	1.34±0.02 b	0.50±0.03 b
	8	0.66±0.01 c	1.03±0.01 c	0.44±0.02 c
	11	0.58±0.02 d	0.96±0.02 d	0.32±0.01 d

注:每个值代表三次重复的平均值±标准误差。在相同的温度下,a、b、c、d 字母表示在 0.05 水平上显著差异,下同。

二、高温对草莓叶片气体交换参数的影响

气孔是陆生植物与环境之间水和气体交换的主要渠道,也是自然界中土壤-植物-大气连续体(SPAC)之间物质和能量交换的重要调控渠道(Bonan et al.,2014)。气孔的开闭程度通常由气孔导度(Gs)表示,Gs 是决定植物光合作用和蒸腾强度的重要因素。图 4-2a 描述的是不同温度下草莓叶片 Gs 的变化规律。由图可知,各高温下,随着处理时间延长,Gs 变化趋势基本呈现先上升然后下降的趋势,但均低于对照组。在第 5 天时,35 ℃、38 ℃和 41 ℃下的 Gs 值比第 2 天分别提高了 23.53％、80.00％和 91.67％。随着处理时间的延长，Gs 值迅速上升，在第 11 天时，32 ℃、35 ℃、38 ℃和 41 ℃下的 Gs 值分别是对照组的 104.00％、120.00％、116.92％和 106.15％。

水分利用效率是指植物消耗每单位水分而产生的干物质的量，是诊断植物生长是否受到胁迫的关键生理生态指标（张岁岐 等，2002）。图 4-2b 描述高温处理下草莓叶片水分利用效率（Water Use Efficienly，WUE）的变化规律。由图中可以看出，高温处理期间，32 ℃、35 ℃、38 ℃和 41 ℃下的 WUE 值均显著低于同期的对照值，且处理温度越高，WUE 值越低。第 11 天时，32 ℃，35 ℃，38 ℃和 41 ℃下的 WUE 值分别是对照组的 57.58％、36.36％、45.45％和 42.42％。这说明高温处理下，消耗每单位水分所产生的同化物质显著小于非胁迫下，且温度越高，干物质量越少。

胞间 CO_2 浓度（intercellular CO_2 concentration，Ci）和气孔限制值（Stomatal limitation，Ls）是气体交换参数中非常重要的两个指标，结合这两个指标可以有效地得出植物光合速率下降是气孔限制因素还是非气孔限制因素。许大全（1997）认为，判定植物光合速率下降是气孔限制限制还是非气孔限制限制，要同时看 Ci 和 Ls 的变化方向，而不是变化的幅度，更不是值的大小。气孔因素导致植物光合速率下降具体表现是 Ci 降低和 Ls 升高；非气孔因素导致植物光合速率下降具体表现是 Ci 升高和 Ls 降低。图 4-2c 和图 4-2d 是在高温处理下 Ci 和 Ls 的趋势。处理 2 d 时，32 ℃、35 ℃、38 ℃和 41 ℃处理下的 Ci 值分别是 340 $\mu mol \cdot mol^{-1}$、335 $\mu mol \cdot mol^{-1}$、310 $\mu mol \cdot mol^{-1}$ 和 345 $\mu mol \cdot mol^{-1}$，而处理 11 d 时，各高温下的 Ci 值分别是 338 $\mu mol \cdot mol^{-1}$、390 $\mu mol \cdot mol^{-1}$、380 $\mu mol \cdot mol^{-1}$ 和 345 $\mu mol \cdot mol^{-1}$ 且均显著大于对照，整个处理期间总体呈现上升的趋势。而 32 ℃、35 ℃、38 ℃和 41 ℃处理下第 11 天的 Ls 值显著小于对照，且比第 2 天分别下降了 31.70％、29.41％、30.56％和 48.82％，整个处理期间总体呈现下降趋势。因此，高温处理下草莓叶片光合速率下降是非气孔限制因素引起的。

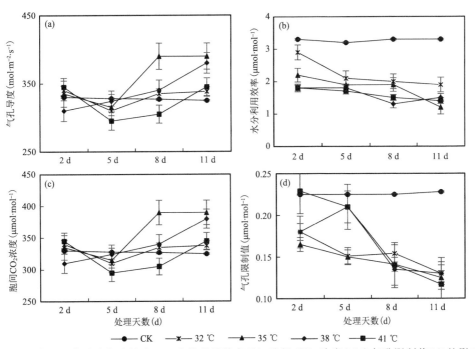

图 4-2　高温对莓叶片气孔导度（a）、水分利用效率（b）、胞间 CO_2 浓度（c）和气孔限制值（d）的影响

三、高温对草莓叶片光响应曲线的影响

光响应曲线用于研究光合作用对环境变化的响应(Kalaji et al.,2014),可以快速检测植株在环境胁迫下光合能力的强弱。因此,该曲线不仅能反映植株当前的光合作用能力,还可以评估植物的光系统Ⅱ(PSII)在各种光强下的潜在活性(Ralph et al.,2005)。图4-3描述的是高温处理下草莓叶片的净光合速率(Pn)随光合有效辐射(PAR)的变化规律。由图可知,无论处理时间的长短,Pn都是首先随着PAR强度的增大而增加,然后Pn到达一个最大值,随后随着PAR的增大有所降低。当PAR为0时,此时草莓植株的Pn为负值,这说明此时草莓植株只进行呼吸作用,处于消耗有机物的状态。随着PAR的增加,草莓植株进行光合作用,当光合作用产生的有机物恰好能弥补呼吸作用消耗时,此时Pn的值为0,而对应的PAR值即为光补偿点。当Pn为正值时,这说明此时植物体处于有机物的积累状态,随后Pn达到最大值,此时对应的PAR值即为光饱和点。Pn随着PAR的增加而稳定在最大值,然后随着PAR的继续增大逐渐下降。高温处理2 d(图4-3a),各高温处理组的Pn值与对照组相比差别不大。在PAR为0时,各处理组对应Pn值为负值。随着PAR的增加,各处理组Pn值上升,但是上升的斜率不一样,32 ℃处理组Pn值上升斜率最大,随着处理温度越来越高,斜率越来越小,41 ℃处理组Pn值上升斜率最小。当PAR值为2000 μmol·m^{-2}·s^{-1}时,对应的32 ℃、35 ℃、38 ℃和41 ℃下的Pn值分别是14.95 μmol·m^{-2}·s^{-1}、13.66 μmol·m^{-2}·s^{-1}、12.37 μmol·m^{-2}·s^{-1}和10.71 μmol·m^{-2}·s^{-1},均小于对照组的Pn值(16.89 μmol·m^{-2}·s^{-1})。高温处理5 d(图4-3b),32 ℃与35 ℃处理下的Pn值差异不明显,38 ℃与41 ℃的Pn值差异不明显,但是,各

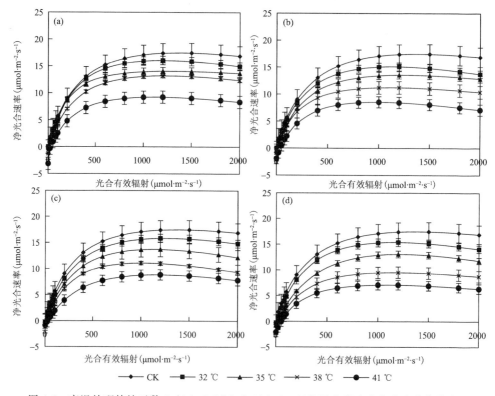

图4-3　高温处理持续天数2 d(a)、5 d(b)、8 d(c)、11 d(d)下草莓叶片光响应曲线的变化

高温处理组的 Pn 值与对照组相比差异显著。当 PAR 值为 2000 $\mu mol \cdot m^{-2} \cdot s^{-1}$ 时,各高温处理组的 Pn 值大小变化与高温胁迫 2 d 时的变化趋势基本一致,即 32 ℃(13.72 $\mu mol \cdot m^{-2} \cdot s^{-1}$)>35 ℃(12.86 $\mu mol \cdot m^{-2} \cdot s^{-1}$)>38 ℃(10.40 $\mu mol \cdot m^{-2} \cdot s^{-1}$)>41 ℃(7.10 $\mu mol \cdot m^{-2} \cdot s^{-1}$),同样均小于对照组的 Pn 值(16.89 $\mu mol \cdot m^{-2} \cdot s^{-1}$)。高温处理 8 d 和 11 d(图 4-3c 和图 4-3d),Pn 随 PAR 的变化趋势与高温处理 2 d 和 5 d 一样,Pn 随 PAR 增大先快速上升,在相对稳定,然后略有下降,但是各高温处理组之间以及与各高温处理组与对照之间 Pn 的差异明显。高温处理 8 d,当 PAR 为 2000 $\mu mol \cdot m^{-2} \cdot s^{-1}$ 时,32 ℃、35 ℃、38 ℃和 41 ℃处理下的 Pn 值分别是对照的 87.69%、71.99%、55.30% 和 46.12%。高温处理 11 d,各处理的 Pn 值均小于相应 8 d 时 Pn 值。

叶子飘建立了基于光合作用对光响应的机理模型,即叶子飘模型(Ye et al.,2013)。该模型能有效地模拟光响应曲线上的光合特征参数,例如,光补偿点(LCP)、光饱和点(LSP)、最大净光合速率(P_{max})、暗呼吸速率(Rd)以及表观量子效率(AQE),得到了国内外专家学者的广泛使用(Serôdio et al.,2013;Xu et al.,2014)。表 4-2 的光合特征参数就是根据叶子飘模型模拟出来的。由表 4-2 可知,高温对光响应特征曲线参数影响较大。在相同高温下,LSP 随着处理时间的延长而呈现下降趋势,与对照相比,32 ℃、35 ℃、38 ℃和 41 ℃处理下的 LSP 值在第 11 天时下降了 27.40%、27.47%、36.88% 和 42.95%。与 LSP 变化趋势类似,P_{max} 和 AQE 的值在相同温度下也是随着处理天数的增加而降低。相同的处理天数下,温度越高,LSP、P_{max} 和 AQE 的值越小。LCP 和 Rd 值的变化趋势则与上述三个参数的变化趋势相反。在同一高温下,LCP 和 Rd 值随着处理时间的延长而呈现增大趋势。同样,在相同处理天数下,LCP 和 Rd 值随着温度的增高而呈现增大趋势。与对照相比,在第 11 天时,32 ℃、35 ℃、38 ℃和 41 ℃处理下的 LCP 值分别增加了 43.22%、52.11%、81.36% 和 119.00%,而 Rd 值分别增加了 2.04 倍、3.36 倍、3.66 倍和 5.52 倍。

表 4-2　不同高温和持续天数对草莓叶片光响应曲线特征参数的影响

温度 (℃)	处理 天数(d)	光饱和点 ($\mu mol \cdot m^{-2} \cdot s^{-1}$)	光补偿点 ($\mu mol \cdot m^{-2} \cdot s^{-1}$)	暗呼吸速率 ($\mu mol \cdot m^{-2} \cdot s^{-1}$)	最大净光合速率 ($\mu mol \cdot m^{-2} \cdot s^{-1}$)	表观量子效率 ($\mu mol \cdot \mu mol^{-1}$)
28(CK)	—	1383.43±20	9.23±0.19	0.97±0.02	17.49±0.13	0.045±0.001
32	2	1220.24±16 a	10.21±0.12 d	1.05±0.04 b	16.05±0.17 a	0.045±0.002 a
	5	1143.14±18 b	12.47±0.13 c	1.32±0.02 b	15.12±0.23 b	0.044±0.001 a
	8	1060.89±15 b	12.96±0.21 b	2.31±0.06 a	15.02±0.11 b	0.044±0.002 a
	11	1004.36±19 b	13.22±0.19 a	2.95±0.02 a	14.39±0.01 c	0.040±0.002 c
35	2	1282.38±11 a	11.75±0.18 d	2.14±0.04 c	14.05±0.23 a	0.042±0.001 a
	5	1178.56±21 b	12.85±0.27 c	3.02±0.05 b	13.82±0.11 b	0.040±0.002 b
	8	1033.23±13 c	13.58±0.23 b	3.41±0.08 b	13.20±0.17 c	0.038±0.003 c
	11	1003.61±14 c	14.04±0.12 a	4.23±0.13 a	13.08±0.16 c	0.035±0.002 d
38	2	1025.47±22 a	13.07±0.13 d	2.71±0.02 c	11.11±0.11 a	0.040±0.003 a
	5	938.22±17 b	14.37±0.22 c	3.09±0.04 b	10.35±0.12 b	0.036±0.002 b
	8	891.45±10 c	15.24±0.16 b	4.11±0.06 a	10.22±0.16 b	0.031±0.003 c
	11	873.79±12 c	16.74±0.13 a	4.52±0.06 a	9.23±0.17 c	0.030±0.002 c

温度 (℃)	处理 天数(d)	光饱和点 ($\mu mol \cdot m^{-2} \cdot s^{-1}$)	光补偿点 ($\mu mol \cdot m^{-2} \cdot s^{-1}$)	暗呼吸速率 ($\mu mol \cdot m^{-2} \cdot s^{-1}$)	最大净光合速率 ($\mu mol \cdot m^{-2} \cdot s^{-1}$)	表观量子效率 ($\mu mol \cdot \mu mol^{-1}$)
41	2	987.56±13 a	14.52±0.12 d	3.50±0.05 c	8.21±0.13 a	0.037±0.002 a
	5	886.23±11 b	16.49±0.22 c	4.77±0.12 b	8.05±0.16 a	0.032±0.002 b
	8	823.74±16 c	17.86±0.21 b	5.96±0.12 a	7.14±0.11 b	0.026±0.001 c
	11	789.22±18 d	20.22±0.19 a	6.33±0.11 a	6.55±0.19 c	0.016±0.003 d

第二节　高温对温室草莓叶绿素荧光特性的影响

叶绿素荧光是 PSII 叶绿体光系统 II 中光合作用能量转换的重要指标,对影响光合作用的胁迫因子非常敏感。叶绿素荧光技术是通过叶绿素荧光来评估植物的 PSII 功能和总体光合作用性能,是反映胁迫环境下植物生理机制的最可靠技术(Marečková et al.,2019)。

一、高温对叶绿素荧光动力学曲线的影响

叶绿素荧光诱导曲线(Kautsky 曲线)包含了有关光合作用机构的结构和功能的大量信息。叶绿素荧光从最低的 O 点(初始荧光)到最高 P 点(最大荧光,500 ms)的上升过程主要反映了 PSII 原初光化学反应的能力变化。同时,在荧光从 O 点到 P 点的变化过程中,会出现 J 点(2 ms)和 I 点(30 ms),因此叶绿素荧光诱导曲线又被称为 OJIP 曲线(Misra et al.,2012)。在热处理后或在高温下,会诱发 PSII 反应中心的放氧复合物失活,在叶绿素荧光曲线上会出现 K 相,因此又称为 OKJIP 曲线(Strasser et al.,2004)。目前为止,OJIP 曲线的出现的原理已经基本阐明,植物在充分暗适应后,光合反应中心(RC)完全开放,且不会引起任何电子传递,因此 PSII 的受体侧,即 QA 处于氧化状态,此时,叶绿素荧光发射为 0(O)或称为 Fo。当打开的 RC 被高强度的光激发时(理论上可以激发类囊体膜上几乎所有叶绿素分子),并在 2 ms 内激发出快速的电子流,导致荧光从"O"到"J"的短暂上升。随后,J-I 和 I-P 的瞬态会出现相对缓慢的阶段。荧光的 P 水平(Fm)在 1 s 内发生,代表了封闭的 PSII 中心的电子受体完全还原,在 PSII 的受体侧具有饱和电子流。

高温处理对草莓叶片叶绿素荧光动力学曲线的影响如图 4-4 所示。由图可知,在不同高温和处理时间下,叶绿素荧光动力曲线具有明显的 O 相、J 相、I 相和 P 相,即呈现典型的 OJIP 曲线。处理 2 d 时(图 4-4a),各高温下的 O 相略高于对照的 O 相,但是差异不是很明显,随后各荧光曲线迅速上升,到达 J 相时,各温度下荧光显著低于对照组,随后曲线上升幅度较为缓慢,当到达 30 ms 时,各温度下的曲线均出现 I 相,最后在 P 相时,32 ℃、35 ℃、38 ℃和 41 ℃下的 Fm 值大小以此为 32 ℃>35 ℃>38 ℃>41 ℃,但均显著小于对照组的 Fm 值。处理5 d时(图 4-4b),各温度梯度下 OJIP 曲线所呈现的变化趋势与胁迫 2 d 时类似,起初 O 相差异不明显,而到了 I-J-P 相,各高温下的荧光显著低于对照组,且均呈现温度越高,I 相、J 相和 P 相越低的趋势。处理 8 d 时(图 4-4c)和 11 d 时(图 4-4d),各温度下荧光强度仍呈现的典型 OJIP 曲线,但是各高温下的曲线差距明显增大,尤其是 41 ℃下 OJIP 曲线上的荧光强度远远低于对照组。同样,对于同一温度,随着处理天数的增加,其 OJIP 曲线荧光强度也对应得越小。

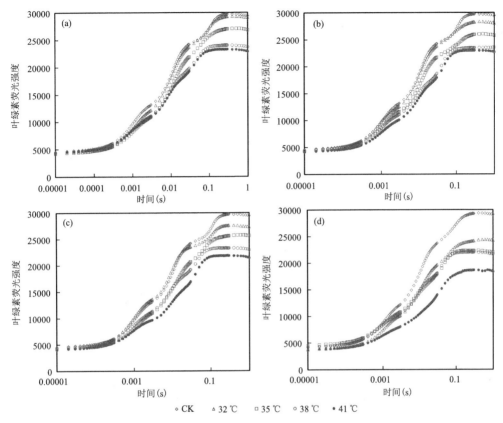

○ CK　△ 32 ℃　□ 35 ℃　◇ 38 ℃　● 41 ℃

图 4-4　高温持续天数 2 d(a)、5 d(b)、8 d(c)、11 d(d)草莓叶片的 OJIP 曲线

图 4-5 更加细致地展现高温对叶绿素荧光动力曲线的影响,此处只列出了各高温胁迫下第 2 天和第 11 天的情况,第 5 天和第 8 天与之类似。图 4-5a 和图 4-5b 展现的是叶绿素荧光数据在 O 相(50 μs)和 K 相(300 μs)之间的标准化[$W_{OK} = (F_t - F_O)/(F_K - F_O)$],以及 50 μs 至 300 μs 的动力学曲线 ΔW_{OK}[$\Delta W_{OK} = W_{OK} - (W_{OK})_{WT-c}$]。L-band($\Delta W_{OK}$)代表的是 PSII 中心类囊体能量的连续性,数值是正值,说明类囊体之间的能量传递受阻,是负值,说明光合膜系统完整,能量传递顺畅(Stirbet et al.,1998)。因此,图 4-5a 和图 4-5b 表明,各高温阻碍了 PSII 中心类囊体能量的传递($\Delta W_{OK} > 0$),尤其是第 11 天时。类囊体能量的传递受阻,最终会进一步降低激发能的利用率以及破坏 PSII 中心的稳定性。

图 4-5c 和图 4-5d 展现的是叶绿素荧光数据在 O 相(50 μs)和 J 相(2 ms)之间的标准化[$W_{OJ} = (F_t - F_O)/(F_J - F_O)$]以及 50 μs 至 2 ms 的动力学曲线 ΔW_{OJ}[$\Delta W_{OJ} = W_{OJ} - (W_{OJ})_{WT-c}$]。K-band 为正值表明放氧复合物 OEC 的失活,负值表明未失活。图 4-5c 明确显示,在第 2 天,41 ℃ 和 38 ℃ 下放氧复合物失活($\Delta W_{OJ} > 0$),且在 0.6～0.8 s,对放氧复合体活性 OEC 的影响最大,而 35 ℃ 和 32 ℃ 下未失活($\Delta W_{OJ} < 0$)。但是在第 11 天时,除了 32 ℃ 外,35 ℃、38 ℃ 和 40 ℃ 下放氧复合物 OEC 均失活,同样在 0.6～0.8 s,对放氧复合体 OEC 活性的影响最大。

图 4-5e 和图 4-5f 是荧光数据在 I 相(30 ms)和 P 相(最大值)之间的标准化[$W_{IP} = (F_t - F_I)/(F_P - F_I)$]。这个标准化有助于评价各高温胁迫下末端电子受体库的还原速率,它们的

半衰期由水平虚线与曲线相交来表示(对应的 $W_{IP}=0.5$)。通过 4-5e 和图 4-5f 可以看出,与对照相比,高温处理下半衰期更短,这说明高温加速了末端电子受体库的还原速率。

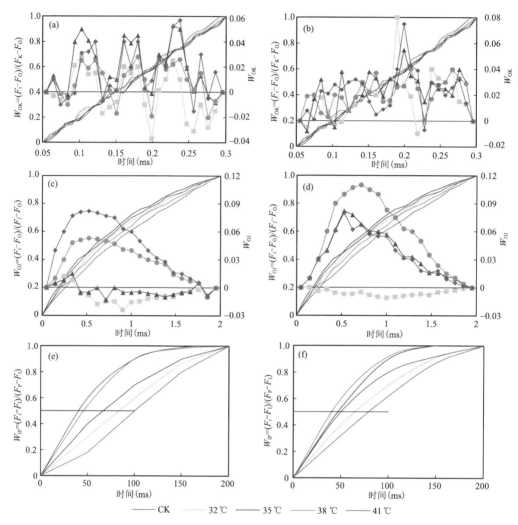

图 4-5　高温处理持续 2 d W_{OK}(a)、W_{OJ}(c)、W_{IP}(e)及 11 d W_{OK}(b)、W_{OJ}(d)、W_{IP}(f)草莓叶片叶绿素荧光动力学曲线的变化

二、高温对单位 PSII 反应中心活性(Q_A 处在可还原态时)的影响

图 4-6 是生物膜能量流动模型示意图,即单位反应中心吸收的光能($ABS/RC=M_o(1/V_J)(1/\varphi P_o)$)、单位反应中心捕获的用于还原 Q_A 的能量($TR_o/RC=M_o(1/V_J)$)、单位反应中心捕获的用于电子传递的能量($ET_o/RC=M_o(1/V_J)\Psi_o$)和单位反应中心用于还原 PSI 受体侧的末端电子受体的能量($RE_o/RC=M_o(1/V_J)\varphi_{E_o}\delta_R$)。

高温处理下单位 PSII 反应中心活性变化如图 4-7 所示。与对照组相比,各高温下,ABS/RC、TR_o/RC、ET_o/RC、DI_o/RC 和 RE_o/RC 都有增大的趋势,并且随着温度的升高和处理时间的延长,增大越剧烈。以 ABS/RC 为例,在 41 ℃处理下,2 d、5 d、8 d 和 11 d 下 ABS/RC 值

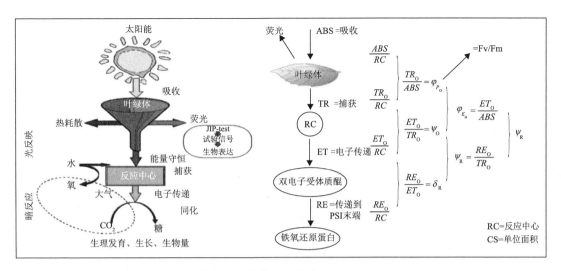

图 4-6　生物膜能量流动模型示意图(Strasserf et al.，1995)

分别比对照值高 7.63%、25.56%、38.10% 和 46.89%。在第 11 天时，32 ℃、35 ℃、38 ℃ 和 41 ℃ 下的 ABS/RC 值分别比对照值高 38.94%、39.43%、40.95% 和 46.89%。

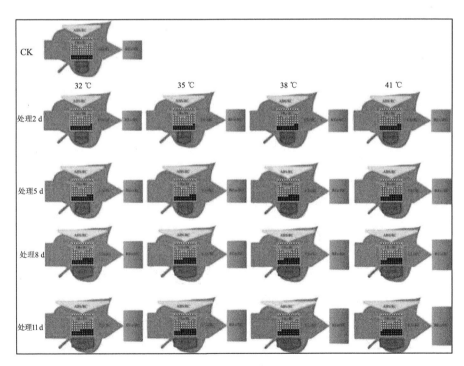

图 4-7　不同高温和持续天数下草莓叶片单位反应中心能量通道模型

三、高温对 PSII 反应中心能量分配或量子产量的影响

高温处理下 PSII 反应中心能量分配或量子产量变化如图 4-8 所示，$\varphi(D_o)$ 代表的是，在 $t=0$ 时，用于热耗散的量子比率，$[\varphi(D_o) = 1 - \varphi(P_o) = F_o/F_m]$。高温处理下的 $\varphi(D_o)$ 值见

图 4-8a,32 ℃、35 ℃、38 ℃ 和 41 ℃ 下,$\varphi(D_o)$ 值随着处理时间的延长而增大,在第 11 天时,32 ℃、35 ℃、38 ℃ 和 41 ℃ 下的 $\varphi(D_o)$ 值分别比对照值高 6.83%、19.08%、24.25% 和 29.92%。$\varphi(P_o)$ 代表的是,在 $t=0$ 时,PSII 最大光化学效率,$[\varphi(P_o)=TR_o/ABS=(1-F_o/F_m)=F_v/F_m]$,健康的叶片 $\varphi(P_o)$ 值介于 0.78~0.84(Björkman et al.,1987)。高温下各处理的 $\varphi(P_o)$ 值见图 4-8b,同一高温下,$\varphi(P_o)$ 值随着处理时间的延长而降低,相同处理天数下,$\varphi(P_o)$ 值随着处理温度的升高而降低。在第 11 天时,32 ℃、35 ℃、38 ℃ 和 41 ℃ 下的 $\varphi(P_o)$ 值分别比对照值低了 1.29%、3.55%、4.50% 和 5.56%。

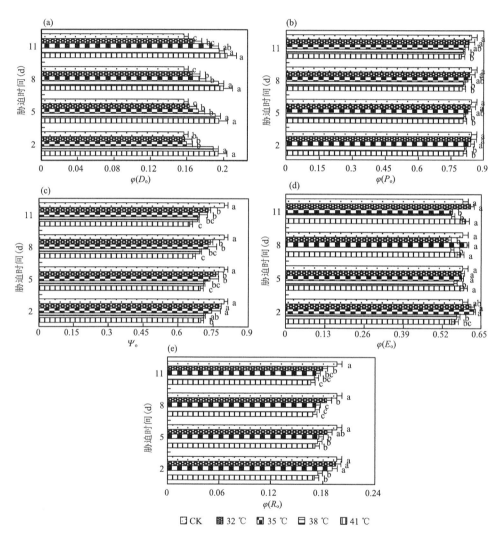

图 4-8　不同高温和持续天数下草莓叶片 PSII 反应中心 φD_o(a)、φP_o(b)、Ψ_o(c)、
φE_o(d)和 φR_o(e)等参数的影响
(同一胁迫天数,a、b、c、d 字母代表差异显著,短线表示标准误差,下同)

Ψ_o 代表在 $t=0$ 时,捕获的激子将电子传递到电子传递链中超过 Q_A 的其他电子受体的概率,$[\Psi_o=ET_o/TR_o=(1-V_J)]$。同一处理天数下,$\Psi_o$ 值随着温度的升高而降低,相同温度下,Ψ_o 值随着处理时间的延长而降低(图 4-8c)。在第 11 天时,32 ℃、35 ℃、38 ℃ 和 41 ℃ 下

的 Ψ_{o} 值分别比对照值低了 8.67%、13.37%、13.34% 和 18.43%。$\varphi(E_{o})$ 代表的是，在 $t=0$ 时，用于电子传递的量子产额，$\varphi(E_{o})=ET_{o}/ABS=(1-F_{o}/F_{m})\Psi_{o}$，各处理的 $\varphi(E_{o})$ 变化趋势与 Ψ_{o} 一样（图 4-8d）。$\varphi(R_{o})$ 代表在 $t=0$ 时，用于还原 PSI 受体侧末端电子受体的量子产额，$[\varphi(R_{o})=RE/ABS=TR_{o}/ABS(1-V_{J})]$。高温处理下的 $\varphi(R_{o})$ 值见图 4-8e，同一处理天数下，$\varphi(R_{o})$ 值随着温度的升高而降低，同一温度处理下，$\varphi(R_{o})$ 值随着处理时间的延长而降低。在第 11 天时，32 ℃、35 ℃、38 ℃ 和 41 ℃ 下的 $\varphi(R_{o})$ 值分别比对照值低了 8.16%、12.28%、13.27% 和 15.30%。

四、高温对 PSII 反应中心综合性能的影响

PSII 反应中心综合性能指数（PI）是所有荧光参数中最敏感的参数，在 F_{v}/F_{m} 及其他许多参数尚未发生变化时，PI 已出现明显的变化（Kalaji et al.，2018）。高温对草莓叶片综合性能指数的影响如图 4-9 所示，$PI_{abs}\{RC/ABS \cdot [\varphi P_{o}/(1-\varphi P_{o})] \cdot [\Psi_{o}/(1-\Psi_{o})]\}$ 是指 PSII 天线色素吸收的光子到达 Q_{B} 所需能量的性能指标，是以吸收光能为基础的性能指数。由图可知，高温降低了 PI_{abs} 值，随着温度的增加，以及处理时间的延长，PI_{abs} 值降低越明显。在第 11 天，32 ℃、35 ℃、38 ℃ 和 41 ℃ 下的 PI_{abs} 值分别是对照值的 55.98%、45.32%、40.48% 和 39.32%。PI_{abs} Total 是指 PSII 天线色素吸收的光子到达 PSI 受体侧能量转换的性能指标，而 DF_{abs} Total[$\log(PI_{abs}$ Total)] 是指以吸收光能为基础的光化学活力。两个参数的变化与 PI_{abs} 值的变化类似，其值都是随着温度的增加以及处理时间的延长而降低。相同的处理天数下，两者值都呈现 32 ℃＞35 ℃＞38 ℃＞41 ℃，41 ℃ 下，两者处理 11 d 的值分别为对照的 42.78% 和 61.81%。

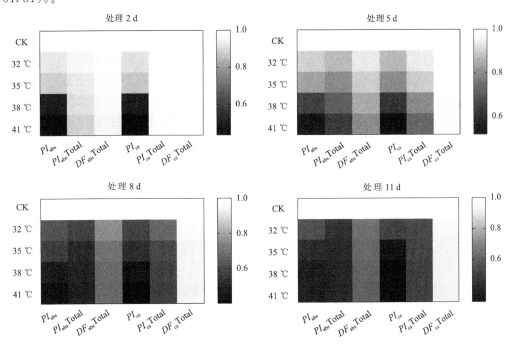

图 4-9　不同高温和持续天数下草莓叶片 PSII 反应中心综合性能的变化

（图形进行了标准化，将对照植物的综合性能指数都作为 1，其他各处理植株的

荧光参数都转变成对照植株荧光参数的百分数）

$PI_{cs}\{RC/CS_o[\varphi P_o/(1-\varphi P_o)]\cdot[\Psi_o/(1-\Psi_o)]\}$是以单位面积为基础的性能指数。与对照组相比,各高温下PI_{cs}值均有所降低,并且随着温度的升高和处理时间的延长,下降得越显著。对于32 ℃、35 ℃、38 ℃和41 ℃下的PI_{cs}值,第11天比第2天分别下降了44.28%、58.87%、33.73%和25.30%,而第11 d的值分别是对照的50.91%、36.02%、32.89%和32.56%。PI_{cs}Total和DF_{cs}Total[log(PI_{cs}Total)]是指以单位面积为基础的光化学活力。这两个参数在高温下的变化趋势与PI_{cs}类似,同样表现出温度越高,处理时间越长,其值越低。相同的处理天数,两者值都呈现32 ℃>35 ℃>38 ℃>41 ℃,在第11天,41 ℃下PI_{cs}Total和DF_{cs}Total值分别是对照的51.36%和93.65%。

第三节　高温对叶片活性氧物质和抗氧化酶系统活性的影响

一、高温对温室草莓活性氧物质的影响

生物体内氧化反应的一个不可避免的产物就是电子过量(流向氧原子),导致活性氧的产生。据估计,活性氧的产量约占氧气消耗量的1%。非生物胁迫是制约植物生长和生产力的主要因素,植物对各种类型的非生物胁迫非常敏感,其不利影响主要是通过产生各种活性氧(ROS)(Boscaiu et al. ,2008)。高温是农业生产过程中最常见的非生物胁迫,它能致使ROS过量产生进而引起植物细胞的氧化胁迫。通常,植物体内ROS的产生和清除之间存在着良好的平衡,但是这种平衡容易被非生物和生物胁迫打破,平衡一旦被打破,ROS则会过量产生,这将进一步导致膜脂质过氧化、色素变色、蛋白质失活和DNA损伤,最终致使细胞死亡(孙欧文 等,2019)。

活性氧种类很多,此处以高温下过氧化氢(H_2O_2)的含量和超氧阴离子($O_2^{\cdot-}$)的产生速率为例进行分析。高温处理下H_2O_2的含量变化如图4-10a所示,处理第2天,各高温下草莓叶片细胞中H_2O_2的含量略有变化,但是与对照相比,差异不明显。处理第5天,38 ℃和41 ℃下的H_2O_2的含量高于对照组,其中41 ℃下H_2O_2的含量是显著高于对照,而38 ℃下H_2O_2的含量与对照差异不明显。第8天,各高温处理组的H_2O_2的含量较第5天有显著增加,且显著高于对照组。第11天,32 ℃、35 ℃、38 ℃和41 ℃下的H_2O_2的含量达到最大值,且显著高于对照组,分别比对照增加了7.14%、18.86%、21.43%和27.00%。

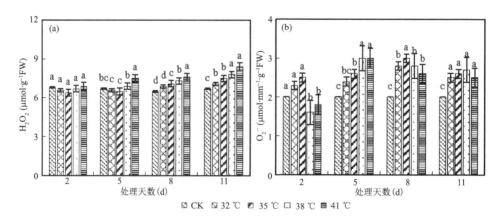

图4-10　不同高温和持续天数下草莓叶片 H_2O_2(a)和$O_2^{\cdot-}$(b)活性氧物质的变化

　　高温处理下 $O_2^{\cdot-}$ 的产生速率变化如图 4-10b 所示,处理第 2 天,38 ℃和 41 ℃下 $O_2^{\cdot-}$ 的产生速率高于对照,32 ℃和 35 ℃下 $O_2^{\cdot-}$ 的产生速率略低于对照,但是各温度下 $O_2^{\cdot-}$ 的产生速率与对照差异均不显著。处理第 5 天,38 ℃和 41 ℃下 $O_2^{\cdot-}$ 的产生速率达到最大值,且显著高于对照,分别比对照高了 48.10% 和 48.57%;32 ℃和 35 ℃下 $O_2^{\cdot-}$ 的产生速率较第 2 天有所上升。处理第 2 天,32 ℃和 35 ℃下 $O_2^{\cdot-}$ 的产生速率达到最大值,且显著高于对照,分别比对照高了 29.35% 和 30.85%;38 ℃和 41 ℃下 $O_2^{\cdot-}$ 的产生速率较第 5 天迅速下降,但仍高于对照。处理第 11 天,各高温组 $O_2^{\cdot-}$ 的产生速率较第 8 天虽有所放缓,但仍高于对照。

二、高温对温室草莓抗氧化酶活性的影响

　　在非生物胁迫条件下,活性氧水平的提高可以诱导植物产生防御机制(抗氧化剂的防御系统),克服氧化胁迫以保护细胞免受活性氧的有害影响(Noctor et al.,1998)。然而,当 ROS 过量,超过抗氧化系统的清除能力,那么过量的 ROS 则会破坏生物分子,导致细胞死亡(Gill et al.,2010)。本研究测定了抗氧化酶(CAT 和 SOD、POD)活性,可反映草莓叶片细胞在高温下氧化损伤程度。

　　过氧化氢酶(CAT)是一种血红素的酶,可将 H_2O_2 直接歧化成 H_2O 和 O_2,在清除过氧化物酶体中产生的 H_2O_2 方面起着重要作用。在正常生长条件下,CAT 活性一般较低,只有在相对较高的 H_2O_2 浓度或胁迫条件下才会增加,以支持 APX、SOD 和其他过氧化物酶,参与 ROS 的动态平衡(Garg et al.,2009)。高温下草莓叶片 CAT 的活性随胁迫时间的变化见图 4-11a,在处理第 2 天,与对照相比,各高温处理组的 CAT 活性显著升高,此时 32～35 ℃ CAT 活性无显著差异,38～41 ℃ CAT 活性无显著差异。随着处理时间的延长,在第 5 天,38 ℃和 41 ℃处理组 CAT 活性达到最大值,分别比对照高 51.27% 和 70.36%。在第 8 天时,38 ℃和 41 ℃处理组 CAT 活性下降,显著小于对照组;而此时,32 ℃ 和 35 ℃处理下 CAT 活性达到最大值,分别比对照高 28.05% 和 30.58%。在第 11 天,各高温处理组的 CAT 活性均显著小于对照。

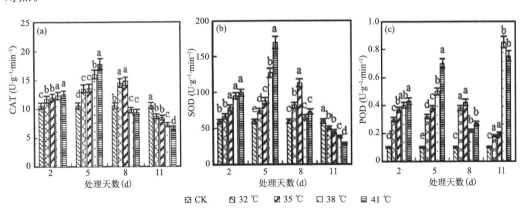

图 4-11　不同高温和持续天数下草莓叶片 CAT(a)、SOD(b)和 POD(c)活性的变化

　　超氧化物歧化酶(SOD)是植物体抵抗活性氧攻击的第一道防线,催化超氧自由基歧化为分子氧和过氧化氢的金属蛋白。高温下草莓叶片 SOD 的活性随胁迫时间的变化见图 4-11b,在处理第 2 天,与对照相比,各高温处理组的 SOD 活性均高于对照组,但是 35 ℃、38 ℃ 和 41 ℃下的值显著高于对照。在处理后第 5 天,各高温处理组的 SOD 的活性继续增加,其中

38 ℃和41 ℃下 SOD 的活性达到最大值,分别比对照高 2.25 倍和 2.81 倍。在处理后第 8 天,38 ℃和41 ℃下 SOD 的活性较第 5 天有所下降,而此时 32 ℃和 35 ℃下 SOD 的活性达到最大值,分别比对照高 1.56 倍和 1.94 倍。在处理后第 11 天,各高温处理组 SOD 的活性均显著低于对照。

过氧化物酶(POD)活性较高的一种酶。可以将底物 RH_2 氧化,生成 H_2O_2;POD 又可以利用 H_2O_2,将底物甲醛、甲苯有效地分解成 H_2O;此外,当细胞中 H_2O_2 含量过剩时候,POD 亦可直接催化 RO_2 为 H_2O_2(Papalia et al.,2018)。高温下草莓叶片 POD 的活性随胁迫时间的变化见图 4-11c,在第 2 天,与对照相比,各高温处理组的 POD 活性均显著高于对照组。随着处理时间的延长,38 ℃和41 ℃下 POD 的活性最大值出现在第 5 天,而 32 ℃和 35 ℃处理下 POD 的活性最大值出现在第 8 天。在第 11 天时,32 ℃、35 ℃、38 ℃和41 ℃下 POD 的活性均显著高于对照组。

三、高温对温室草莓丙二醛和可溶性蛋白的影响

植物器官在逆境下或者衰老时,通常会发生膜脂化氧化作用,丙二醛(MDA)是脂质过氧化衍生的氧化产物之一,通常通过测定 MDA 的含量描述脂质过氧化程度和植物对逆境条件反应强弱。MDA 含量在不同高温条件下随时间的变化见图 4-12a。高温导致 MDA 的含量增大,并且温度越高,处理时间越长,MDA 含量越大。高温处理 2 d 时,对照组 MDA 的含量大概在 4 $\mu mol \cdot g^{-1}$,而此时 38 ℃和41 ℃下的 MDA 的含量分别高达 5.06 $\mu mol \cdot g^{-1}$ 和 5.63 $\mu mol \cdot g^{-1}$,已经显著高于对照组。高温处理 11 d 时,32 ℃、35 ℃、38 ℃和41 ℃下的 MDA 的含量显著高于对照,分别是对照的 1.29 倍、1.35 倍、1.70 倍和 2.01 倍。

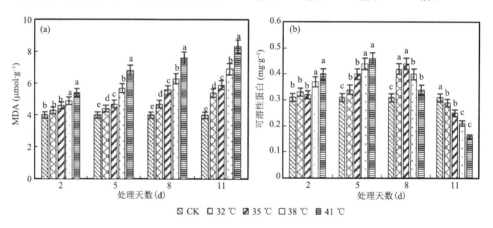

图 4-12　不同高温和持续天数下草莓叶片丙二醛(a)和可溶性蛋白(b)含量的变化

植物在遭遇不良环境(如高温、低温等)时,原生质体的结构会受到影响,原生质膜的半透性会丧失,对物质的透性会发生改变。植物应对此状况一个重要的生理反应就是渗透条件,以减少植物体细胞的生理性缺水,维持原生质体的稳定性。除了渗透调节以外,还可以改变蛋白质的可溶性来维持原生质体的稳定性,因此测定可溶性蛋白的含量可以间接反应细胞受伤情况(孙欧文 等,2019)。可溶性蛋白含量在不同高温条件下随时间的变化如图 4-12b 所示。整体来看,各高温下,可溶性蛋白的含量呈现先增加后下降的变化趋势。在处理第 2 d,各高温下可溶性蛋白均有所升高,且温度越高,可溶性蛋白的含量越高。在处理第 5 天,38 ℃和41 ℃

下可溶性蛋白的含量达到最高值,分别是 0.45 mg·g⁻¹和 0.47 mg·g⁻¹,分别比对照高了 45.16%和 51.12%。在处理第 8 天,32 ℃和 35 ℃下可溶性蛋白的含量达到最高值,分别是 0.44 mg·g⁻¹和 0.46 mg·g⁻¹,比对照分别高了 33.33%和 39.39%,而此时 38 ℃和 41 ℃下的可溶性蛋白的含量较第 5 天有所下降,但仍高于对照。在处理第 11 d,32 ℃、35 ℃、38 ℃和 41 ℃下的可溶性蛋白的含量均低于对照,分别比对照低了 0.01 mg·g⁻¹、0.03 mg·g⁻¹、0.06 mg·g⁻¹和 0.11 mg·g⁻¹。

第四节　高温对设施草莓冠层反射光谱的影响

一、苗期高温胁迫对草莓叶片叶绿素含量的影响

高温胁迫下草莓叶片叶绿素 a(图 4-13a)、叶绿素 b(图 4-13b)含量在正常生长状态(CK)随胁迫时间的延长变化不明显。同一高温处理下,Chla 含量随胁迫天数的增加而降低。其中在胁迫 11 d 时,Chla 含量降低最显著,与 CK 相比,在 32 ℃、35 ℃、38 ℃和 41 ℃下,分别下降 31.7%、63.8.5%、71.3%和 81.8%。Chlb 含量与 Chla 的变化趋势类似,同一高温下,随胁迫天数的增加而降低,与 CK 相比,在 32 ℃、35 ℃、38 ℃和 41 ℃胁迫 5 d 时显著下降,且均在胁迫 11 d 时下降最显著,其中 41 ℃胁迫 11 d 时降低幅度最大,高达 70.9%。高温胁迫对设施草莓叶片 Chla、Chlb 的含量造成了一定的影响,表现为随高温胁迫时间的延长,叶绿素含量降低幅度越大。

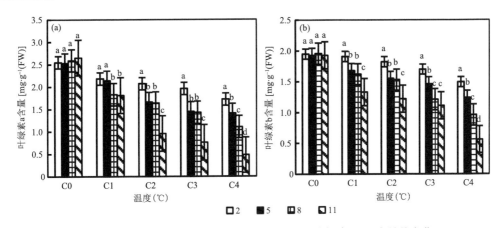

图 4-13　苗期高温处理草莓叶片叶绿素 a(a)和叶绿素 b(b)含量的变化
(C0、C1、C2、C3 和 C4 分别代表 28/18 ℃(CK)、32/22 ℃、35/25 ℃、38/28 ℃和 41/31 ℃,下同)

二、苗期高温胁迫对草莓叶片原始光谱反射率的影响

图 4-14 为高温胁迫 2 d、5 d、8 d 和 11 d 下草莓叶片原始光谱的特征曲线(分别见图 4-14a、4-14b、4-14c、4-14d),在各处理下的变化规律基本一致。CK 在不同胁迫天数下,叶片光谱反射率差异不明显。各处理的可见光区域反射率均较低,在 0.1 左右。绿峰是指光谱在绿光波段(510~560 nm)范围内最大的波段反射率对应的波长,各处理的光谱曲线均在 550 nm 附近存在绿峰,所有处理间除绿峰外差异不明显。在 650~690 nm 内反射率的最低点为红谷,各处理的光谱曲线均在 685 nm 附近存在红谷,绿峰与红谷主要是由于以叶绿素为主的色素强力吸收红光而相应反射绿光导致的。同一胁迫天数不同高温条件下,绿峰最大值均出现

在41 ℃,其中胁迫11 d时41 ℃的反射率最大,达0.12。而红谷除2 d外,最小值均在CK。胁迫8 d和11 d后,38 ℃和41 ℃条件下反射率变化幅度不大。相同的高温胁迫下,各高温在胁迫5 d和8 d时的反射率较2 d时有所增加,在11 d反射率与2 d相比增加幅度最大,以41 ℃处理11 d时反射率最高,可达0.56,说明41 ℃胁迫11 d对草莓造成的危害程度最大。各处理在700 nm后草莓叶片原始光谱反射率急剧增加,此为"红边现象"。在近红外区域附近形成一个光谱反射率较高的平台,以41 ℃胁迫11 d处理达到最高。

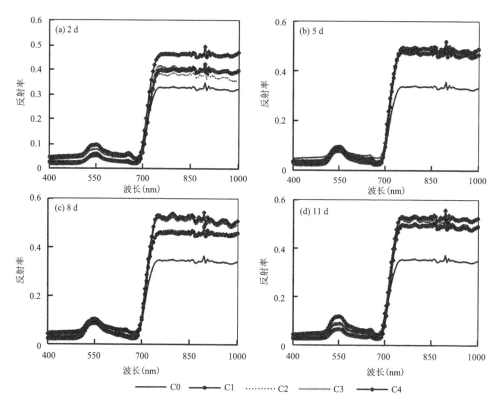

图4-14 苗期高温胁迫天数2 d(a)、5 d(b)、8 d(c)、11 d(d)草莓叶片的原始光谱曲线

综上,高温胁迫对草莓叶片原始光谱反射率造成了不同程度的影响,总体表现为温度越高,持续时间越长,反射率越大。可见光区域除绿峰和红谷外各处理间差异不明显,近红外区域反射率与CK相比出现不同程度的上升。

三、苗期高温胁迫对草莓叶片原始光谱变换后反射率的影响

为了分析苗期设施草莓叶片光谱对高温胁迫的响应特征,对原始光谱进行多种变换,2 d、5 d、8 d和11 d处理的原始光谱经过一阶导数光谱变换分别见图4-15a、4-15b、4-15c、4-15d。与原始光谱相比,光谱曲线变化剧烈,有明显的波峰波谷。各处理间的变化规律类似,在526 nm、716 nm附近有明显的波峰,570 nm附近有明显的波谷。相同温度不同胁迫天数下,随着胁迫天数的延长,各温度处理在526 nm波峰的一阶反射率增加,但变化幅度不大;在570 nm波谷处一阶反射率无明显差异;在716 nm波峰的一阶反射率除CK外也随胁迫天数延长而增加。相同胁迫天数不同温度下,各高温处理的一阶反射率与CK相比出现不同程度的上升,以41 ℃胁迫11 d的增加幅度最大。各处理的红边位置基本稳定在716 nm,说明设

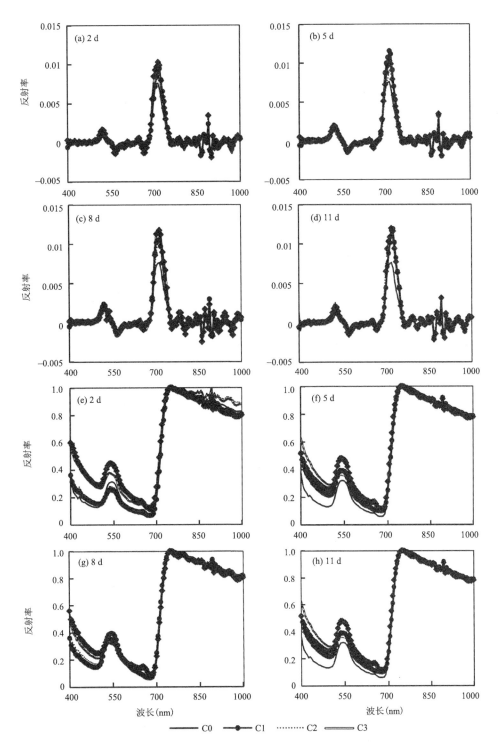

图 4-15　苗期不同高温处理下草莓叶片一阶导数光谱变换(2 d(a)、5 d(b)、8 d(c)、11 d(d))
和连续统去除变换(2 d(e)、5 d(f)、8 d(g)、11 d(h))后的特征曲线

施草莓在苗期的红边位置不受高温胁迫的影响;红边幅值在 0.007574~0.01198 之间,红边面积在 0.311079~0.492174 之间,其中 41 ℃胁迫 11 d 的红边幅值及红边面积最大,CK 胁迫红边幅值及红边面积最小。

2 d、5 d、8 d 和 11 d 处理的原始光谱经过连续统去除法变换后光谱见图 4-15e、4-15f、4-15g、4-15h,与原始光谱和微分光谱相比,可以有效突出光谱曲线的吸收和反射特征,并将反射率归一化为 0~1.0。各处理的连续统去除光谱具有类似的变化规律,在 550 nm 附近有明显的波峰,在 685 nm 附近有明显的波谷,是整个连续统去除光谱的极小值,在 753 nm 后随波长的增加,连续统去除后的反射率逐渐减小。各处理在波长大于 700 nm 的连续统去除光谱反射率间差异不明显,但在 550 nm 附近波峰存在差异。

综上,对原始光谱进行变换能有效细化光谱信息,使得光谱曲线的波峰波谷更明显,对于深入分析苗期设施草莓叶片光谱对高温胁迫的响应具有重要的意义。

四、苗期高温胁迫下草莓叶片高光谱与叶片叶绿素含量相关性分析

图 4-16 为苗期高温胁迫下草莓叶片叶绿素含量与叶片高光谱的相关性分析。叶片叶绿素含量与原始光谱反射率的相关性如图 4-16a 所示。叶片原始光谱反射率与叶绿素含量呈负相关关系,在可见光的 637~668 nm、705~780 nm 范围内呈极显著的负相关(0.01 显著性水平),其中相关性最好的波段在 780 nm,相关系数为 -0.85,其余波段均存在显著或极显著相关的离散点。而在近红外波段均达极显著水平,相关系数最高可达 -0.87。

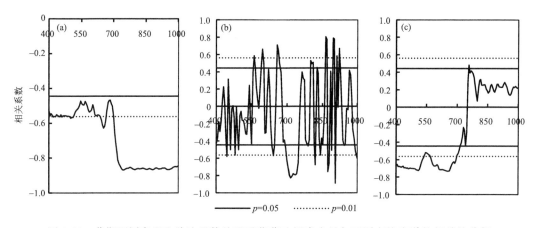

图 4-16　苗期不同高温和胁迫天数处理后草莓叶绿素含量与不同变换光谱的相关性分析

叶片叶绿素含量与一阶导数光谱反射率的相关性如图 4-16b 所示。叶片一阶导数光谱反射率与叶绿素含量相关性曲线震荡剧烈,既有正相关又有负相关关系。与原始光谱相比,一阶导数光谱的相关性有所提高,在可见光波段和近红外波段均存在有极显著(0.01 显著性水平)的相关关系,在可见光的 716 nm 相关性最好,相关系数为 -0.83;近红外的 906 nm 相关性最好,相关系数为 -0.89。在其他波段存在着离散的点呈显著或极显著的正、负相关关系。

叶片叶绿素含量与连续统去除光谱反射率的相关性如图 4-16c 所示。叶片连续统去除光谱反射率与叶绿素含量相关性存在着正、负相关关系,但与原始光谱、一阶导数相比,其在可见光的相关性较差,相关系数最高仅达 -0.73,但呈极显著相关的波段较多。而在近红外波段只有极少的点呈显著的正相关。

综上,一阶导数光谱变换与叶绿素含量的相关性最好,其在可见光和近红外波段相关性均达极显著水平。因此,在一阶导数光谱的可见光和近红外波段选取相关性最大的 716 nm 和 906 nm 2 个光谱参数作为估算叶绿素含量的敏感波段。

五、基于植被指数建立叶绿素含量估算模型

基于一阶敏感波段,建立多种植被指数,通过植被指数与叶绿素含量的相关性分析,从而选择相关性较好的指数作为特征参数对叶绿素含量进行精确估算。

7 种植被指数与叶绿素含量相关关系如表 4-3 所示。由表可知,TSAVI 指数与叶绿素含量呈极显著负相关关系,相关系数为 -0.828,DVI、MSAVI、PVI 和 SAVI 指数与叶绿素含量呈极显著正相关关系,相关系数分别为 0.804、0.797、0.826、0.803。而 NDVI、RVI 均仅达到显著水平,相关系数分别为 -0.441 和 -0.445。

综上,可以选择相关性较好的 TSAVI、DVI、MSAVI、PVI、SAVI 作为特征参数表征设施草莓叶片叶绿素含量对苗期高温胁迫的响应。

表 4-3　草莓苗期各植被指数与叶绿素含量的相关系数

植被指数	NDVI	RVI	DVI	MSAVI	PVI	SAVI	TSAVI
相关系数	-0.441^*	-0.445^*	0.804^{**}	0.797^{**}	0.826^{**}	0.803^{**}	-0.828^{**}

选取与草莓叶片叶绿素相关性较高的 TSAVI、DVI、MSAVI、PVI、SAVI 植被指数建立叶绿素含量估算模型。通过将实测草莓叶片叶绿素含量与上述植被指数应用线性形式及指数、幂函数、S 型曲线等非线性形式进行回归拟合,最终得到运用线性回归模型拟合叶绿素含量的精度较好(表 4-4)。

表 4-4　草莓叶片叶绿素含量估算模型

植被指数	回归方程	拟合系数 R^2	均方根误差 RMSE	相对误差 RE(%)
TSAVI	$y = -9670.818x_t^2 + 19323.810x_t - 9646.875$	0.688	0.5340	16.16
DVI	$y = 546.334x_d + 8.287$	0.646	0.5695	17.71
MSAVI	$y = -108.47x_n + 398.667$	0.636	0.5780	18.02
PVI	$y = -23183.026x_p^2 - 29121.48x_p - 9138.92$	0.685	0.5380	16.31
SAVI	$y = 189.594x_s + 8.38$	0.644	0.5710	17.77
TSAVI、PVI	$y = -23799.607x_t - 37987.998x_p - 107.768$	0.807	0.4200	14.36
TSAVI、PVI、DVI	$y = 751235.483x_t + 1337463.521x_p - 132739.854x_d + 90777.445$	0.849	0.3730	13.09
TSAVI、PVI、DVI、SAVI	$y = 720772.891xt + 1283945.904x_p - 138291.39x_d + 3536.964x_s + 87549.677$	0.850	0.3710	13.11
TSAVI、PVI、DVI、SAVI、MSAVI	$y = 489294.511x_t + 796779.338x_p + 166730.020x_d + 55679.138x_s - 244558.532x_m + 83959.319$	0.855	0.3650	12.97

注:x_p、x_t、x_d、x_s 和 x_m 分别表示 PVI、TSAVI、DVI、SAVI 及 MSAVI 指数。

由表可知,单变量线性回归模型中,基于 TASVI 及 PVI 指数建立的二次多项式回归模型拟合精度较高,其中 TASVI 指数最好,按惯例拟合系数为 0.688,均方根误差 RMSE 为

0.534,相对误差 RE 为 16.16%。因此,以拟合系数较高的 PVI、TSAVI 指数为基础,建立多元线性回归模型。

表中反映出多元线性回归模型的拟合效果比单变量模型要好。其中以 TSAVI、PVI、DVI、SAVI、MSAVI 为指标的拟合精度最高,拟合系数为 0.855,RMSE 为 0.365,RE 为 12.97%,比最佳单变量 TSAVI 指数线性回归模型的拟合系数 R^2 要高 0.167,RMSE 要低 0.169,RE 要低 3.19%,这说明建立多元回归模型能使拟合精度有所提高。总体来看,多元模型的拟合系数较一元模型的拟合系数好,均方根误差及相对误差较小,因此最佳估算草莓叶片叶绿素含量的模型为多元线性回归模型。

叶绿素含量的高低可以表征作物的营养状况、发育阶段,同时也可以作为环境胁迫对植物影响的重要指标,高光谱遥感具有较高的空间分辨率,其光谱特征参数在精确估算叶绿素含量的研究中具有重要意义。本研究以'红颜'草莓为试材,测定不同处理下叶片叶绿素含量及高光谱等特征参数,以研究苗期设施草莓叶绿素含量及叶片光谱对高温胁迫的响应。

随高温胁迫程度的加深,总体上叶片叶绿素含量随之减少,光谱反射率增加。说明高温胁迫会影响植物的光合作用进程,使得叶绿素含量累积量减少。这与张雪茹等(2017)研究表明随低温胁迫时间延长,冬小麦叶绿素含量呈下降趋势的结果类似。各处理原始光谱变化规律基本一致。随胁迫程度的加深,叶片内部结构被破坏,叶绿素含量减少,色素吸收光能力下降,反射能力提高,在可见光区域会形成明显的绿峰和红谷。在近红外区域,会形成一个反射平台,随温度和胁迫天数的延长,其反射率呈上升趋势。

对原始光谱进行变换处理,能有效细化光谱特征信息,从而对植株叶片叶绿素含量进行精确的估算。本研究中,与连续统去除变换相比,微分光谱变化具有较大幅度的改变。一阶导数光谱变换能较好反映红边参数等光谱特征信息(姚付启 等,2009),相似的光谱特征可以作为特定的位置来识别草莓苗期叶片的信息。本试验将红边参数与叶绿素含量进行相关性分析和回归分析后发现,红边位置与叶绿素含量无相关性,而红边振幅和红边面积的相关系数和决定系数较高,达极显著水平,说明红边振幅和红边面积可作为草莓叶片高光谱及叶绿素含量对苗期高温胁迫响应的指标。对光谱进行一阶导数变化,能有效消除大气效应,降低环境噪声,使得光谱曲线的波峰波谷更加明显,与叶绿素含量的相关性显著提高。这与李岚涛等(2020)、郭松等(2021)的研究结果一致。

植被指数对作物叶绿素含量精确估算方面具有重要的意义。何宇航等(2021)研究利用植被指数方法估算冬小麦叶片叶绿素含量的角度效应,何文等(2022)研究发现,用差值、比值、归一化以及倒数差值的光谱指数构建方式对叶片叶绿素含量估算效果较好。常见植被指数中,NDVI 能较好地反映作物长势、消除部分辐射误差,适用于植被苗期的动态监测,RVI 对绿色植物敏感度高,但 NDVI 和 RVI 均较好地适用于高植被覆盖度。本研究为盆栽试验,且高温胁迫对草莓影响大,绿色植被少,覆盖度较低,因此 NDVI 和 RVI 指数与叶绿素的相关系数较低,仅达显著水平。DVI 对土壤背景极为敏感,PVI 是垂直植被指数,能较好地消除土壤背景的影响。MSAVI 是对调整土壤植被指数 SAVI 的修正、TSAVI 是 SAVI 的转换,对减小土壤背景影响方面有着较大的优势。应用回归分析方法,基于相关性较强植被指数建立叶绿素含量估算模型对提高模型精度具有重要的意义。本研究中以 TSAVI、PVI、DVI、SAVI、MSAVI 指数为自变量建立的叶绿素线性回归模型决定系数最好,高达 0.855,RMSE 为 0.365,RE 为 12.97%,说明利用最佳植被指数估算叶绿素含量是可行的,能够取得较好的预测效果。总体来看,对比多变量指数,单变量指数的拟合精度要低,这可能是因为叶绿素含量的变化受多方面的影响,而单变模型的参数单一,实用性差。也可能是因为新引入的变量与叶绿素含量相关性较高,从而增加了多元回归方程的拟合优度,最终实现叶绿素含量的精准估算。

第五章　高温对设施草莓生长及品质的影响

第一节　高温对草莓生育期的影响

高温对初花期、坐果期和初次采收期的影响见表 5-1,苗期不同高温水平及不同处理天数均对草莓主要生育期产生了影响,在适宜的生长条件下(CK),从定植到初花期、坐果期和初次采收期分别经历了 60 d、66 d 和 94 d,其他高温处理的草莓苗达到开花、坐果和采收期的时间均有不同程度的提早或延迟。具体来看,在高温程度较低(32 ℃)条件下苗期处理 2 d、5 d、8 d 和 11 d 后,高温程度稍高(35 ℃)条件下苗期处理 2 d、5 d、5 d 和 8 d 后,以及高温程度更高(38 ℃)条件下苗期处理 2 d 和 5 d 后,草莓植株后续进入开花期、坐果期和采收期的时间比 CK 提前 1～3 d。高温程度稍高(35 ℃)条件下加长处理时间到 11 d,以及高温程度更高(38 ℃)条件下加长处理时间到 8 d 和 11 d,草莓植株后续进入开花期、坐果期和采收期的时间均比 CK 有所延迟,各生育期延迟 1～12 d。当苗期温度升至更高的 41 ℃时,经过 2 d、5 d、8 d 和 11 d 处理后,草莓植株后续进入开花期、坐果期和采收期的时间均比 CK 延迟,且延迟的程度明显加重,开花期可分别延迟 5 d、6 d、6 d 和 7 d,坐果期可分别延迟 4 d、5 d、5 d 和 6 d,采收期分别延迟了 9 d、12 d、16 d 和 18 d。可见,苗期较低程度或较短时间的高温对草莓植株后续发育进程有促进作用,而较高程度或较长时间的高温对发育期却有明显阻滞作用。

表 5-1　苗期不同高温水平和处理时长条件下草莓后续各主要发育期的观测结果

温度(℃)	处理天数(d)	定植时间(月-日)(mm-dd)	定植-开花天数(d)	开花-坐果天数(d)	坐果-采收天数(d)
28(CK)	—	10-02	60	6	28
32	2	10-02	58	5	28
	5		58	6	27
	8		58	6	28
	11		59	6	27
35	2	10-02	59	5	28
	5		58	7	28
	8		59	6	27
	11		63	6	34
38	2	10-15	59	6	28
	5		59	6	28
	8		63	6	35
	11		65	4	37

续表

温度(℃)	处理天数(d)	定植时间(月-日)(mm-dd)	定植-开花天数(d)	开花-坐果天数(d)	坐果-采收天数(d)
41	2	10-15	65	5	33
	5		66	5	35
	8		67	4	39
	11		67	5	40

注:32/22 ℃和35/25 ℃处理11 d、8 d、5 d和2 d的开始日期分别为9月21、24、27和30日,结束日期(定植日期)为10月2日。38/28 ℃和41/31 ℃处理11 d、8 d、5 d和2 d的开始日期分别为10月4、7、10和13日,结束日期(定植日期)为10月15日。

第二节　高温对设施草莓生长的影响

高温是影响植物生长发育的主要因素(Allen et al.,2001)。草莓最适宜的生长温度为20~30 ℃,但在温室草莓的育苗和栽培过程中,温室内的温度有时高达35 ℃以上甚至超过40 ℃,这严重地影响草莓苗的生长发育以及果实的品质(张广华,2004)。干物质生产和分配直接反应作物光合能力和光合产物运转的状况,是作物产量形成的物质基础(Asseng et al.,2015)。在温室作物生产中,最大限度促进光合同化产物像植株生殖器官转运,同时降低营养生长对同化物的消耗,是作物高产的关键(孙扬越 等,2019;朱艳 等,2020)。

一、高温对草莓叶面积指数的影响

苗期不同高温和持续天数处理后草莓进入主要生育期对应的叶面积指数如图5-1所示。

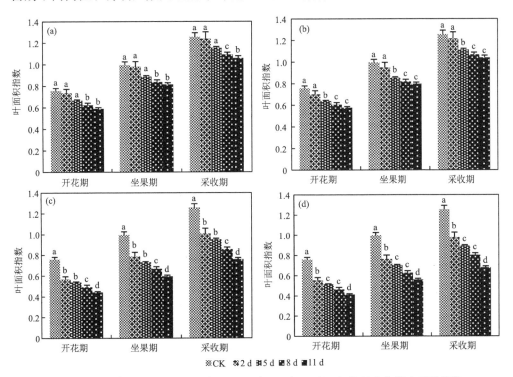

图5-1　苗期高温32 ℃(a)、35 ℃(b)、38 ℃(c)和41 ℃(d)处理后草莓叶面积指数

由图可知,不同高温和不同处理天数对草莓植株的叶面积指数(LAI)均产生明显的影响,但是 LAI 的变化趋势基本一样,即相同高温下和同一生育期,随着胁迫天数的增加,LAI 呈现下降的趋势。在 32 ℃下,在高温处理 8 d 和 11 d 以后,各主要生育期的 LAI 均显著低于 CK;在 35 ℃下,在高温处理 5 d、8 d 和 11 d 以后,各主要生育期的 LAI 均显著低于 CK;在 38 ℃ 和 41 ℃下,在高温处理大于 2 d 后,各主要生育期的 LAI 均显著低于 CK。

二、高温对草莓地上总干物质量的影响

苗期不同高温和持续天数处理后草莓进入主要生育期对应的地上总干物质量如图 5-2 所示。32 ℃的高温后,各生育期所对应的地上总干物质量随着处理时间的延长而降低,其中在开花期,处理 8 d 和 11 d 下,地上总干物质量显著小于 CK,而处理 2 d 和 5 d 下则与 CK 无差异,在坐果期和采收期的变化趋势和开花期一致。在 35 ℃的高温后,在开花期,处理 5 d、8 d 和 11 d 下,地上总干物质量显著小于 CK,而处理 2 d 下则与 CK 无差异,在坐果期和采收期的变化趋势和开花期一致。在 38 ℃和 38 ℃的高温后,在开花期,各处理天数下地上总干物质量均显著小于 CK,在坐果期和采收期的变化趋势和开花期一致。

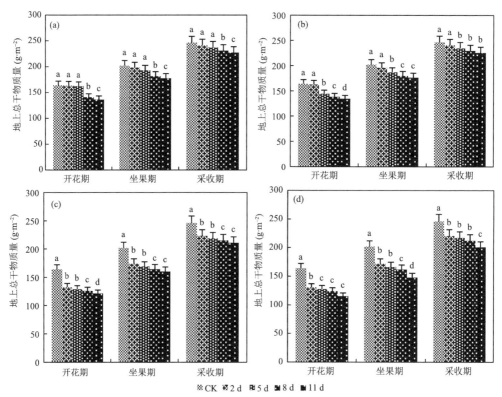

图 5-2　苗期 32 ℃(a)、35 ℃(b)、38 ℃(c)和 41 ℃(d)处理植株地上干物质量

三、高温对草莓地上器官干物质分配指数的影响

草莓地上部分器官(叶、茎和果实)干物质分配指数对高温的响应见图 5-3—图 5-5。苗期高温对草莓茎、叶和果实的分配指数有明显的影响,温度越高,持续时间越长这种影响越显著。草莓叶片分配指数随着生育期的进行呈现下降趋势,茎的分配指数随着生育期的进行呈现先上升后下降趋势,而果实的分配指数则随着生育期的进行呈现上升趋势。

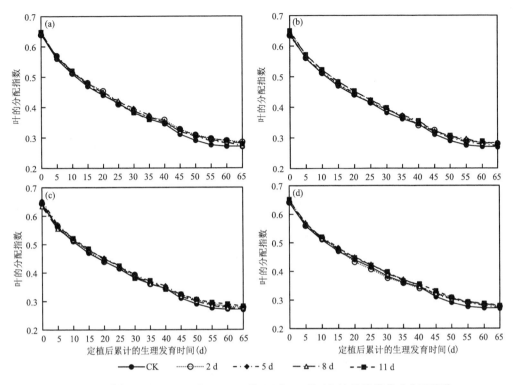

图 5-3　苗期 32 ℃(a)、35 ℃(b)、38 ℃(c)和 41 ℃(d)处理后草莓叶分配指数

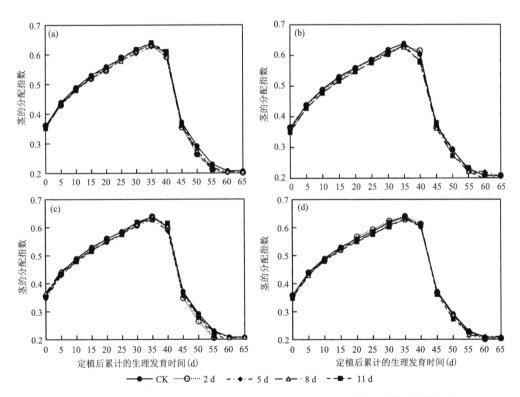

图 5-4　苗期 32 ℃(a)、35 ℃(b)、38 ℃(c)和 41 ℃(d)处理后草莓茎分配指数

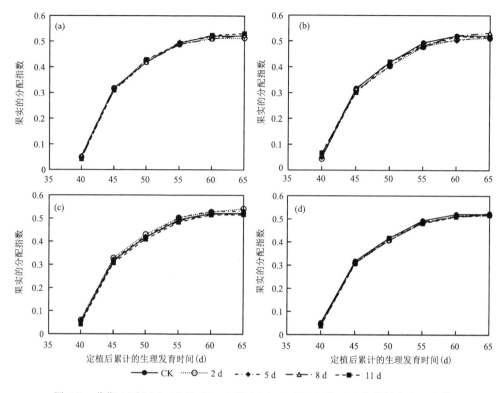

图 5-5　苗期 32 ℃(a)、35 ℃(b)、38 ℃(c)和 41 ℃(d)处理后草莓果实分配指数

第三节　高温对设施草莓内在品质的影响

　　品质的好坏与否是果实商品化以及后期加工储存的基础,同时也是评价果实优劣的最主要的指标。对于外观品质来说,颜色是草莓果实的重要品质属性之一。成熟的草莓之所以为红色,主要由于果实内含有两种花青苷即天竺葵素 3-糖苷和花青素 3-糖苷。草莓色泽较差是由许多因素造成的,包括成熟度、基因型或品种、收获和处理方法、栽培方法,但是外界因素如高温也是导致色泽较差的原因,会使花青苷的合成受阻。高温降低叶绿素含量,降低光合能力,减少开花数量。对于内在品质来说,Timberlake 等(1982)发现,当高温处理在果实刚刚开始变色的植物上时,果实的可溶性固形物含量与温度呈显著的负相关。Kader(1991)发现,夏季种植的草莓果实可溶性固形物和可滴定酸度高于冬季种植的草莓果实。柠檬酸是草莓果实中的主要有机酸,随着昼夜温度的升高,有机酸含量降低。在高温下生长的草莓中有机酸含量较低,可能是呼吸作用增强的结果(Kruger et al.,2012)。除此之外,温度对草莓果实中鞣花酸含量也有影响,鞣花酸在高温下的减少可能是由于鞣花酸生物合成受到抑制或降解加剧所致(Wang et al.,2000)。

一、高温对草莓果实中维生素 C(VC)的影响

　　图 5-6 为苗期不同高温和持续天数处理后成熟草莓果实中 VC 含量的比较。CK(苗期不受高温影响)处理成熟果实中 VC 含量最高,在 93 mg · (100 g)$^{-1}$左右,而苗期经历了不同程度高温的处理,其成熟果实中 VC 含量均有不同程度的降低,降低程度与高温程度及其持续日

数呈正相关。具体来看,高温胁迫 2 d,各温度处理下果实中 VC 含量与 CK 无差异;高温胁迫 5 d,32 ℃和 35 ℃处理后果实中 VC 含量与 CK 无差异,而 38 ℃和 41 ℃处理后 VC 含量显著 低于 CK,分别比 CK 减少 16.66％和 18.75％;高温胁迫 8 d,各温度处理下果实中 VC 含量均 显著低于 CK,32 ℃、35 ℃、38 ℃和 41 ℃处理分别比 CK 减少 17.71％、19.79％、27.08％和 32.29％,其中 32 ℃和 35 ℃处理下 VC 含量与 CK 无显著差异,但均显著高于 38 ℃和 41 ℃ 处理;高温胁迫 11 d,各温度处理下果实中 VC 含量显著低于 CK,分别比 CK 减少 29.16％、 39.58％、42.71％和 47.91％,其中 35 ℃、38 ℃和 41 ℃处理后果实中 VC 含量与 CK 无显著 差异,但均显著低于 32 ℃处理。

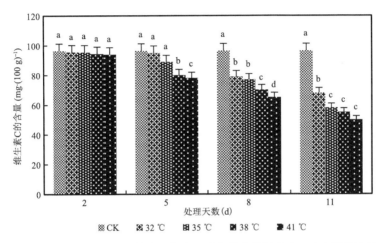

图 5-6　苗期不同高温和持续天数处理后成熟草莓果实中 VC 含量的比较

二、高温对草莓果实中花青苷的影响

图 5-7 为苗期不同高温和持续天数处理后成熟草莓果实中花青苷含量的比较。高温胁迫 2 d,32 ℃和 35 ℃处理果实花青苷含量与 CK 无差异,38 ℃处理显著高于 CK,比 CK 提高 18.03％,41 ℃处理显著小于 CK,比 CK 减少 13.85％;高温胁迫 5 d,32 ℃处理果实花青苷含 量与 CK 无差异,35 ℃和 38 ℃处理显著高于 CK,分别比 CK 提高 11.64％和 20.00％,41 ℃

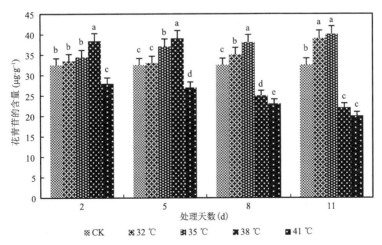

图 5-7　苗期不同高温和持续天数处理后成熟草莓果实中花青苷含量的比较

处理后显著小于 CK,比 CK 减少 16.92％;高温胁迫后 8 d,32 ℃和 35 ℃处理果实花青苷含量显著高于 CK,分别提高 7.69％和 14.81％,38 ℃和 41 ℃处理分别比 CK 降低 23.08％和 29.23％;高温胁迫 11 d,32 ℃和 35 ℃处理果实花青苷含量显著高于 CK,分别提高 20.00％和 21.41％,38 ℃和 41 ℃处理显著低于 CK,分别比 CK 降低 32.31％和 38.46％。可见,32 ℃和 35 ℃处理果实花青苷含量随着处理天数增加而增大,38 ℃处理随着处理天数延长先增加后减小,41 ℃处理则随着处理天数增加而减小。

三、高温对草莓果实中可溶性总糖的影响

图 5-8 为苗期不同高温和持续天数处理后成熟草莓果实中可溶性总糖含量的比较。高温胁迫 2 d,32 ℃和 35 ℃处理果实可溶性糖(TSC)含量与 CK 无差异,38 ℃处理显著高于 CK,比 CK 提高 9.55％,41 ℃处理显著小于 CK,比 CK 减少 4.74％;高温胁迫 5 d,32 ℃处理果实 TSC 含量与 CK 无差异,35 ℃和 38 ℃处理显著高于 CK,分别比 CK 提高 7.62％和 19.05％,41 ℃处理显著小于 CK,比 CK 减少 10.48％;高温胁迫 8 d,32 ℃和 35 ℃处理果实 TSC 含量显著高于 CK,分别比 CK 提高 6.67％和 11.43％,38 ℃和 41 ℃处理显著低于 CK,分别比 CK 降低 6.66％和 15.24％;高温胁迫 11 d,32 ℃和 35 ℃处理果实 TSC 含量显著高于 CK,分别比 CK 提高 9.53％和 16.19％,38 ℃和 41 ℃处理显著低于 CK,分别比 CK 降低 14.29％和 23.81％。可见,32 ℃和 35 ℃处理果实 TSC 含量随着胁迫天数延长而增加,38 ℃处理随着处理天数的延长先增加后减小,41 ℃处理则随着处理天数延长而减小。

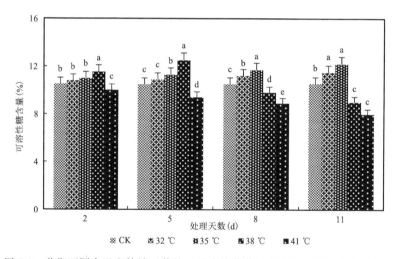

图 5-8　苗期不同高温和持续天数处理后成熟草莓果实中可溶性糖含量的比较

四、高温对草莓果实中可滴定酸的影响

图 5-9 为苗期不同高温和持续天数处理后成熟草莓果实中可滴定酸含量的比较。高温胁迫 2 d,32 ℃和 35 ℃处理果实可滴定酸(TA)含量与 CK 无差异,38 ℃处理的果实 TA 比 CK 降低 15.40％,41 ℃处理果实 TA 比 CK 提高 10.91％;高温胁迫 5 d,32 ℃和 35 ℃处理果实 TA 含量与 CK 无差异,38 ℃处理比 CK 降低 21.07％,41 ℃处理显著高于 CK,比 CK 提高 19.46％;高温胁迫 8 d,32 ℃、35 ℃和 38 ℃处理果实 TA 含量均显著低于 CK,分别比 CK 降低 23.86％、30.46％和 36.04％,41 ℃处理果实 TA 含量显著高于 CK,比 CK 提高 21.92％;高温胁迫 11 d,32 ℃和 35 ℃处理果实 TA 含量显著低于 CK,分别降低 30.63％和 38.07％,

38 ℃和 41 ℃处理显著高于 CK，分别提高 10.83％和 22.83％。可见，32 ℃和 35 ℃处理果实 *TA* 含量随着胁迫天数延长而减小，38 ℃处理则随着胁迫天数延长先降低后增加，而 41 ℃处理则随着胁迫天数延长而增加。

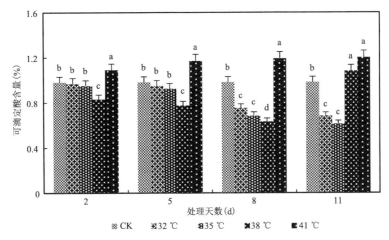

图 5-9　苗期不同高温和持续天数处理后成熟草莓果实中可滴定酸含量的比较

第六章　低温寡照对草莓叶片生理参数影响

第一节　低温对设施草莓叶绿素含量及反射光谱的影响

一、试验设计

试验于 2020 年 9 月—2021 年 1 月在南京信息工程大学环境控制试验在人工气候室（PGC-FLEX,Conviron,加拿大）进行,以'红颜'草莓为试材,由南京盘城草莓园种植基地提供。在草莓苗期（9～12 片真叶,叶长≥5 cm）时移入种植盆内,进行短期低温处理。草莓苗规格高 10 cm,叶片数 6～10 片,种植盆规格为:高 40 cm×内径 20 cm,基质为土壤,有机质含量 4.5％,pH 值为 6.5,土壤含水量始终保持在 50％～60％。参考韦婷婷等（2018）的研究逐时模拟南京气温动态变化,设置气候室的低温变化,如图 6-1 所示,设计 4 个低温水平,日最高气温/日最低气温分别为 21/11 ℃、18/8 ℃、15/5 ℃和 12/2 ℃,持续时间 3 d、6 d、9 d、12 d 共 4 个水平,以 25/15 ℃为对照（CK）,温室相对湿度控制为 60％±5％,08:00—20:00 光照强度设置为 800 $\mu mol \cdot m^{-2} \cdot s^{-1}$,其他时段为 0。将苗期长势一致,且健康的盆栽草莓放入人工气候室处理,同一温度条件放入 20 盆,每 3 d 拿出 5 盆,并取其功能叶片（从上到下第 3～5 片成熟叶片）进行叶绿素含量以及高光谱的测定。每株幼苗取 3 个叶片,每个处理 5 个重复。

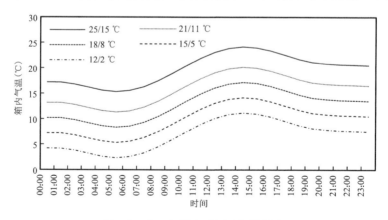

图 6-1　人工气候室日逐时气温设定

二、低温胁迫下草莓冠层叶片叶绿素的变化趋势

低温处理的草莓叶片叶绿素含量较 CK 均明显下降,且低温胁迫程度越大,叶绿素含量下降幅度也越大（表 6-1）。相同的低温胁迫下,胁迫时间越长,叶绿素 a 含量越少。与同期 CK 相比,21/11 ℃、18/8 ℃、15/5 ℃和 12/2 ℃低温下的叶绿素 a 含量在胁迫 12 d 时分别下降 21.6％、26.7％、27.1％和 46.2％。叶绿素 b 含量的变化趋势类似于叶绿素 a 含量,相同的低

温胁迫下都随着胁迫天数的延长而呈现降低的趋势。在 21/11 ℃ 的低温下,叶绿素 b 的含量在 9 d 时显著下降,与同期 CK 相比下降 5.9％;而在 18/8 ℃ 和 15/5 ℃ 低温下在 6 d 时显著下降,分别下降 10.3％ 和 18.3％。叶绿素(a+b)含量随温度变化与叶绿素 a、叶绿素 b 的含量变化趋势类似,同一低温条件下,随着胁迫天数的延长而减少;同一胁迫天数下,温度越低,其含量越低。同一低温胁迫下,胁迫时间越长,叶绿素(a+b)含量越少。21/11 ℃ 和 18/8 ℃ 处理下的叶绿素(a+b)含量在 9 d 时显著下降,与 CK 同期相比分别下降了 11.9％ 和 15.7％,而 15/5 ℃ 和 12/2 ℃ 低温下的叶绿素(a+b)含量在 6 d 时就已经显著下降,与 CK 同期相比分别下降了 20.2％ 和 21.6％。总之,低温胁迫对叶绿素 a、叶绿素 b 和叶绿素(a+b)含量造成不同程度的影响,温度越低,胁迫时间越长,含量下降越明显。

表 6-1　低温胁迫对草莓冠层叶片叶绿素含量的影响

低温处理	胁迫天数(d)	叶绿素 a[mg・g^{-1}(FM)]	叶绿素 b[mg・g^{-1}(FM)]	叶绿素(a+b)[mg・g^{-1}(FM)]
CK		8.52±0.07	5.76±0.03	14.28±0.10
21/11 ℃	3	8.15±0.16 Aa	5.38±0.05 Ba	13.33±0.05 Ba
	6	7.89±0.04 Ba	5.14±0.02 Ba	13.03±0.01 Ba
	9	7.42±0.53 Bb	5.07±0.04 Bb	12.49±0.07 Bb
	12	6.77±0.04 Bc	5.03±0.04 Bc	11.80±0.05 Bc
18/8 ℃	3	7.83±0.09 Ba	5.27±0.02 Ba	13.21±0.04 Ba
	6	7.78±0.02 Bb	4.96±0.01 Bb	12.74±0.06 Ca
	9	7.13±0.13 Bb	4.82±0.02 Bb	11.95±0.03 Cb
	12	6.33±0.10 Cc	4.60±0.02 Cb	10.93±0.04 Cc
15/5 ℃	3	7.74±0.04 Ba	5.18±0.11 Ba	13.01±0.05 Ba
	6	6.92±0.06 Cb	4.52±0.03 Cb	11.44±0.01 Db
	9	6.67±0.10 Cc	4.40±0.06 Cb	11.07±0.02 Db
	12	6.29±0.04 Cc	4.14±0.05 Dc	10.47±0.04 Dc
12/2 ℃	3	7.60±0.04 Ba	4.52±0.02 Ca	12.12±0.09 Ca
	6	6.84±0.12 Cb	4.40±0.04 Cb	11.24±0.02 Cb
	9	6.53±0.11 Cc	3.56±0.06 Dc	10.09±0.06 Ec
	12	4.64±0.08 Dd	3.18±0.02 Ed	7.82±0.03 Ed

注:每个值代表五次重复的平均值±标准误差。A、B、C、D 字母表示在 0.05 水平上相同胁迫天数不同温度的显著差异(Duncan 检验),a、b、c、d 字母表示在 0.05 水平上相同温度不同胁迫天数的显著差异(Duncan 检验),下同。

三、低温对设施草莓冠层高光谱的影响

图 6-2 所示为低温胁迫下不同天数的草莓冠层原始光谱特征曲线。由图可知,相同胁迫天数不同温度处理下'红颜'草莓苗期冠层原始光谱反射率变化规律大致相同,随着温度的降低,叶绿素含量随之减少。CK 处理下不同天数草莓冠层原始光谱反射率变化不明显,但随着低温胁迫程度的加深,其他处理各波段的冠层原始光谱反射率均高于 CK。

在可见光区域草莓冠层原始光谱反射率均较低,所有处理的光谱曲线均存在绿峰,在绿光波段 492～577 nm,光合色素对绿光吸收得较少甚至反射绿光,形成反射峰,绿峰为反射光谱在绿光波段的反射率最大值,在 550 nm 附近,所以叶片呈绿色;所有处理的光谱曲线均存在

红谷,在 622～780 nm 的红光波段,叶绿素吸收红光较为强烈,形成吸收谷,红谷为原始光谱在红光波段的反射率的最低点,在 680 nm 附近。在相同天数不同低温处理的光谱曲线中,在低温处理 3 d 时,绿峰最大值出现在 15/5 ℃,为 0.169;在低温处理 6 d 时,绿峰最大值出现在 12/2 ℃,为 0.158;在低温处理 9 d 时,绿峰最大值出现在 15/5 ℃,为 0.174;在低温处理12 d时,绿峰最大值出现在 12/2 ℃,为 0.159 nm;红谷最小值出现在 CK,为 0.014;在相同天数不同低温处理的光谱曲线中,绿峰、红谷变化最显著都是在低温处理 12/2 ℃时。

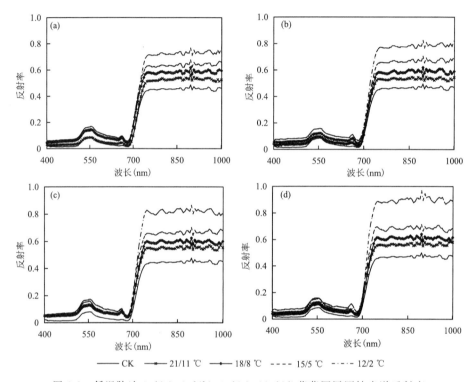

CK　　—■— 21/11 ℃　　—◆— 18/8 ℃　　---- 15/5 ℃　　—·— 12/2 ℃

图 6-2　低温胁迫 3 d(a)、6 d(b)、9 d(c)、12 d(d)草莓冠层原始光谱反射率

780 nm 后为近红外波段,反射率急剧增加,形成较高的反射平台。在 400～780 nm 的可见光区域草莓冠层原始反射光谱曲线除红谷和绿峰外变化幅度不明显,但在近红外波段随温度降低,原始光谱反射率随之增大,反射平台逐渐增高,在低温处理 12/2 ℃时达到最大。

由图 6-3 可知,草莓冠层一阶微分光谱曲线变化比较剧烈,在 521 nm 波段附近有明显波峰;在 566 nm 波段附近有明显波谷;在 711 nm 波段附近有明显的波峰,偶有双峰现象。图 6-3a中,21/11 ℃处理 3 d 时有明显双峰现象,左峰位于 705 nm 波段,一阶微分反射率为 0.012,右峰位于 721 nm 波段,一阶微分反射率也为 0.012。图 6-3b 中,18/8 ℃处理 6 d 时有明显双峰现象,左峰位于 705 nm 波段,一阶微分反射率为 0.014,右峰位于 721 nm 波段,一阶微分反射率为 0.013。图 6-3c 中,21/11 ℃处理 6 d 时有明显双峰现象,左峰位于 700 nm 波段,一阶微分反射率为 0.012,右峰位于 716 nm 波段,一阶微分反射率为 0.011。图 6-3d 中,21/11 ℃处理 6 d 时有明显双峰现象,左峰位于 705 nm 波段,一阶微分反射率为 0.011,右峰位于 716 nm 波段,一阶微分反射率为 0.012;18/8 ℃处理 6 d 时有明显双峰现象,左峰位于 705 nm 波段,一阶微分反射率为 0.013,右峰位于 716 nm 波段,一阶微分反射率为 0.014;

15/5 ℃处理6 d时有明显双峰现象,左峰位于705 nm波段,一阶微分反射率为0.016,右峰位于716 nm波段,一阶微分反射率为0.014。相同天数不同温度胁迫下,12/2 ℃的一阶微分光谱峰值最高。相同温度不同天数胁迫下,12 d的一阶微分光谱峰值最高。

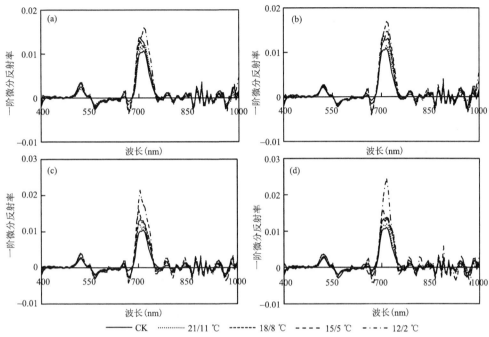

图6-3 低温胁迫3 d(a)、6 d(b)、9 d(c)、12 d(d)的草莓冠层光谱一阶微分反射率

所有处理中,红边位于700~721 nm波段。相同天数不同温度胁迫下,一阶微分光谱反射率的峰值随着低温胁迫程度的加剧而升高。相同温度不同天数胁迫下,CK 一阶微分光谱反射率的红边位置未移动。而其他处理,无论是相同温度不同天数,还是相同天数不同温度,随着胁迫程度的加深,草莓冠层一阶微分光谱的近红外反射率升高,红边位置蓝移,之后该峰值逐渐减低,红边位置红移,与 CK 的一阶微分光谱反射率的差异逐渐减小。

将草莓冠层原始光谱反射率与叶绿素含量进行相关性分析,均呈负相关关系。400~541 nm相关系数整体呈增大趋势,541~695 nm之后相关系数整体呈下降趋势,695 nm处相关系数急剧增大,737 nm相关系数达到最大值为0.92,在近红外区趋于稳定(图6-4),叶绿素含量与

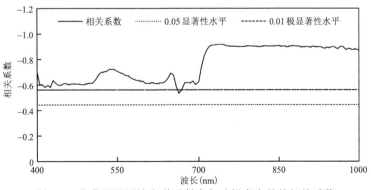

图6-4 草莓冠层原始光谱反射率与叶绿素含量的相关系数

原始光谱近红外波段反射率的相关性明显高于可见光波段。在 400～1000 nm 波段,除659～559 nm 波段叶绿素含量与原始高光谱反射率的相关系数未达到极显著水平,但在整个波段范围内,叶绿素含量与原始光谱反射率的相关系数均达到显著性水平。

表 6-2 为草莓苗期植被指数与叶绿素含量的相关系数。NDVI、PVI、RVI 与草莓冠层叶片叶绿素含量呈正相关,相关系数分别为 0.253、0.881、0.263,其中只有 PVI 达到了极显著水平。DVI、MSAVI、RDVI、SAVI、TSAVI 与草莓冠层叶片叶绿素含量的相关系数分别为 0.876、0.878、0.809、0.741 和 0.893,均呈负相关,且均达到了极显著水平。

表 6-2　草莓苗期植被指数与叶绿素含量的相关系数

植被指数	DVI	MSAVI	NDVI	PVI	RDVI	RVI	SAVI	TSAVI
相关系数	−0.876**	−0.878**	0.253	0.881**	−0.809**	0.263	−0.741**	−0.893**

注:** 表示相关系数达 0.01 极显著性水平(双尾检验)。

第二节　低温寡照复合灾害对设施草莓叶片光合特性的影响

一、低温寡照对设施草莓叶片光响应曲线特征参数的影响

1. 试验设计

试验于 2019 年 11 月—2020 年 5 月在南京信息工程大学农业气象试验站连栋温室(Venlo 型)内进行,温室顶高 5.0 m、肩高 4.5 m、宽 9.6 m、长 30.0 m,南北走向。供试草莓品种为'红颜',草莓植株于 2019 年 11 月购于南京盘城草莓园,选取长势一致的草莓植株,定植在树脂花盆中,花盆下直径 22 cm,上直径 27.5 cm,高 31 cm。盆栽土壤有机碳、氮、速效钾、速效磷含量分别为 11600 mg·kg^{-1}、1190 mg·kg^{-1}、94.2 mg·kg^{-1}、29.3 mg·kg^{-1},土壤 pH 值为 6.8,定植期间按照常规处理,保持水分和养分在适宜水平。定植期间环境温度为 15～25 ℃,相对湿度为 60%±10%,日长为 12 h,白天光合辐射(PAR)为 800 μmol·m^{-2}·s^{-1}。植株定植后继续生长两周,再选取长势、大小、叶片数一致的花期草莓植株移至人工气候室(TPG1260,Australia)中进行低温寡照控制试验,试验设计见表 6-3。

表 6-3　低温寡照试验设计

处理	光合有效辐射(μmol·m^{-2}·s^{-1})	日最低气温(℃)	持续时间(d)
CK	800	15	—
T1R1	200	3	
T2R1	200	6	
T3R1	200	9	
T4R1	200	12	
T1R2	400	3	4、8、9、12
T2R2	400	6	
T3R2	400	9	
T4R2	400	12	

处理过程中气温日变化设计参照韦婷婷的温室逐时气温模型(韦婷婷,2018)(见表 6-4),

光合有效辐射为 200 $\mu mol \cdot m^{-2} \cdot s^{-1}$ 和 400 $\mu mol \cdot m^{-2} \cdot s^{-1}$ 时番茄植株所获得的日光合有效辐射值分别为 1.82 MJ $\cdot m^{-2}$ 和 3.64 MJ $\cdot m^{-2}$，日长为 12 h，相对湿度为 60%±10%。试验中，低温寡照处理对草莓植株形态指标和干物质积累的影响均以 CK 植株第一花序的果实进入成熟期为结束时间，低温寡照胁迫对草莓果实品质影响的研究则是在各处理草莓植株第一花序的果实进入成熟期后分别进行采样研究。在处理结束后，仍将草莓植株置于定植时的气象条件中生长，并保持土壤水分处于适宜水平。当第一花序 60% 的花进入坐果期，则算作该处理草莓植株的坐果期，果实膨大期和果实成熟期同理。

表 6-4　人工气候室每日逐时环境条件

时间	气温(℃)				
	CK	T1	T2	T3	T4
00:00—01:00	18.63	6.63	9.63	12.63	15.63
01:00—02:00	17.77	5.77	8.77	11.77	14.77
02:00—03:00	16.99	4.99	7.99	10.99	13.99
03:00—04:00	16.30	4.30	7.30	10.30	13.30
04:00—05:00	15.75	3.75	6.75	9.75	12.75
05:00—06:00	15.34	3.34	6.34	9.34	12.34
06:00—07:00	15.09	3.09	6.09	9.09	12.09
07:00—08:00	15.00	3.00	6.00	9.00	12.00
08:00—09:00	15.50	3.50	6.50	9.50	12.50
09:00—10:00	16.88	4.88	7.88	10.88	13.88
10:00—11:00	18.89	6.89	9.89	12.89	15.89
11:00—12:00	21.11	9.11	12.11	15.11	18.11
12:00—13:00	23.12	11.12	14.12	17.12	20.12
13:00—14:00	24.50	12.50	15.50	18.50	21.50
14:00—15:00	25.00	13.00	16.00	19.00	22.00
15:00—16:00	24.91	12.91	15.91	18.91	21.91
16:00—17:00	24.66	12.66	15.66	18.66	21.66
17:00—18:00	24.25	12.25	15.25	18.25	21.25
18:00—19:00	23.70	11.70	14.70	17.70	20.70
19:00—20:00	23.01	11.01	14.01	17.01	20.01
20:00—21:00	22.23	10.23	13.23	16.23	19.23
21:00—22:00	21.37	9.37	12.37	15.37	18.37
22:00—23:00	20.46	8.46	11.46	14.46	17.46
23:00—00:00	19.54	7.54	10.54	13.54	16.54

2. 低温寡照对设施草莓叶片最大净光合速率的影响

采用叶子飘直角双曲线修正模型对不同低温寡照处理下的光响应曲线进行光合参数的拟合，得到最大净光合速率参数、表观量子效率、光饱和点和光补偿点，这些参数有助于了解光合机构对低温寡照处理的响应规律,也可以定量揭示光响应曲线在不同水平逆境胁迫下的变形程度。

最大净光合速率(maximum net photosynthetic rate,P_{max})表征了植物的潜在光合能力的大小。不同低温寡照处理使得草莓叶片的 P_{max} 出现不同程度的下降(图 6-5),且随着持续天数的增加,P_{max} 也越来越小。在 T1 条件下,随着持续天数的延长,P_{max} 呈现波动式下降,当处理天数为 12 d 时,T1R1、T1R2 的 P_{max} 分别降至 CK 的 39.1%、31.9%,在 T1 条件下,R2 的辐射强度更不利于草莓进行光合作用,在 T1R1 和 T1R2 中,P_{max} 均出现了适应现象。在 T2 条件下,随着持续时间的增加,P_{max} 持续下降,T2R1 的 P_{max} 较 T2R2 下降的速度更快,当持续天数为 12 d 时,T2R1、T2R2 的 P_{max} 分别下降至 CK 的 43.3% 和 44.4%。在 T3 条件下,P_{max} 随持续时间增加而下降,当持续天数为 12 d 时,T3R1、T3R2 的 P_{max} 分别下降至 CK 的 45.2% 和 56.4%。在 T4 条件下,P_{max} 也随持续时间增加而下降,当持续天数为 12 d 时,T4R1、T4R2 的 P_{max} 分别下降至 CK 的 74.7% 和 76.9%。总体来看,低温处理抑制了草莓叶片的光合作用,但在最低气温较低时,较高的日照辐射比较低的日照辐射对草莓叶片的潜在光合作用能力产生了更大的抑制。

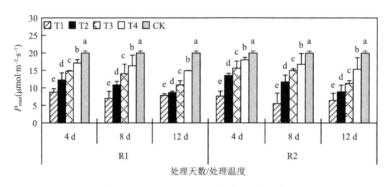

图 6-5　低温寡照对设施草莓叶片最大净光合速率(P_{max})的影响

3. 低温寡照对设施草莓叶片表观量子效率的影响

表观量子效率(apparent quantum efficiency,AQE)表征了植物在弱光下利用光合有效辐射的能力。低温寡照胁迫降低草莓叶片的 AQE。AQE 与 P_{max} 的变化趋势类似,相较于对照(CK),不同低温水平 T1、T2、T3、T4 和不同寡照水平 R1、R2 均使得草莓叶片的 AQE 出现不同程度的下降(图 6-6),且随着持续天数的增加,AQE 也越来越小。在 T1 条件下,随着持续天数的延长,AQE 先迅速减小后逐渐平稳,当处理天数为 12 d 时,T1R1、T1R2 的 AQE 分别降至 CK 的 39.6%、35.7%,与 P_{max} 的变化趋势类似,在 T1R2 下处理的 12 d 的 AQE 低于 T1R1 的 AQE。在 T2 条件下,AQE 随持续时间的增加而持续下降,相较于 T2R2,T2R1 的 AQE 下降的速度仍更快,当持续天数为 12 d 时,T2R1、T2R2 的 AQE 分别下降至 CK 的 41.3% 和 40.6%。在 T3 条件下,AQE 随持续时间增加而下降,当持续天数为 12 d 时,T3R1、T3R2 的 AQE 分别下降至 CK 的 64.4% 和 58.3%。在 T4 条件下,AQE 也随持续时间增加而下降,当持续天数为 12 d 时,T4R1、T4R2 的 AQE 分别下降至 CK 的 63.1% 和 92.0%。温度为 T1、T2、T3 时,R1 的 AQE 均高于 R2 的 AQE。

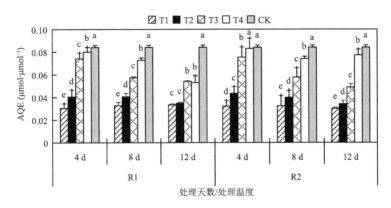

图 6-6　低温寡照对设施草莓叶片表观量子效率(AQE)的影响

4. 低温寡照对设施草莓叶片光补偿点的影响

光补偿点(light compensation point,LCP)表征了植物在低光强下保持光合作用的能力,光补偿点越高,说明植物在低光强下保持光合作用的能力越弱。低温寡照处理使得草莓叶片LCP上升。与 P_{max} 和 AQE 的变化趋势相反,在所有处理下,LCP 均随持续时间延长而上升。在 T1 条件下,随着持续时间增加,LCP 在不同辐射条件下均表现出上升趋势,当持续时间为12 d 时,R1、R2 条件下的 LCP 分别升至 CK 的 10.14 和 10.98 倍,其中,R2 条件下的 LCP 随持续时间变化的幅度较大(图 6-7)。当温度水平为 T2 时,该指标也随着持续时间而上升,在处理了 12 d 之后,R1、R2 条件下的 LCP 分别升至 CK 的 7.83 倍和 8.23 倍,此时 R2 条件下的 LCP 仍然高于 R1。在 T3 条件下,LCP 随持续时间增加而上升,当持续时间为 12 d 时,R1、R2 条件下的 LCP 升高至 CK 的 4.51 倍和 4.17 倍。在 T4 条件下,LCP 仍随持续时间增加而升高,当持续时间为 12 d 时,R1、R2 条件下的 LCP 升高至 CK 的 1.59 倍和 1.39 倍。随着温度的上升,R1 和 R2 条件对草莓叶片在低光强下保持光合作用能力的抑制作用发生了改变,在 T1、T2 条件下,R1 条件反而比 R2 条件更有利于草莓叶片在低光强下的光合作用维持。

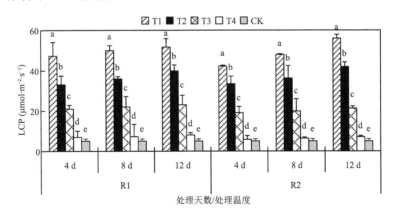

图 6-7　低温寡照对设施草莓叶片光补偿点(LCP)的影响

5. 低温寡照对设施草莓叶片光饱和点的影响

光饱和点(light saturation point,LSP)是指在一定的光强范围内,植物叶片的净光合速率随光强的升高而增大,当光强继续升高时,净光合速率不再升高,开始出现降低的趋势,当叶片净光合速率达到最高时对应的光强值即光的饱和点。低温寡照胁迫对设施草莓叶片光饱和点的影响如图 6-8。LSP 随温度和辐射水平的变化规律与 P_{max} 和 AQE 相似。在 T1 温度水平下，LSP 随持续时间延长而波动下降，当持续时间为 12 d 时，R1、R2 条件下的 LSP 分别降至 CK 的 26.2％和 29.6％，与 P_{max} 和 AQE 不同，持续时间为 12 d 时，T1R1 条件下的 LSP 低于 T1R2。在 T2 条件下，该指标随持续时间增加而下降，当持续时间为 12 d 时，R1、R2 条件下的 LSP 分别降至 CK 的 44.7％和 40.3％。在 T3 条件下，LSP 随持续时间增加而下降，在 R2 条件下 LSP 随持续时间下降的速度大于在 R1 条件下的下降速度，当持续时间为 12 d 时，R1、R2 条件下的 LSP 分别下降至 CK 的 56.6％和 54.5％。在 T4 条件下，LSP 随持续时间延长而下降，R1 条件下的 LSP 受持续时间的影响大于在 R2 条件下的 LSP，在胁迫了 12 d 之后，R1、R2 条件下的 LSP 显著降低至 CK 的 69.0％和 90.0％。

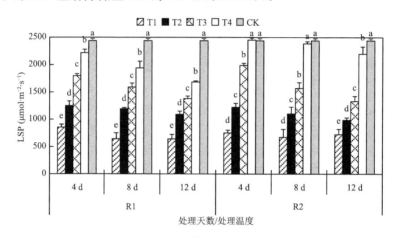

图 6-8　低温寡照对设施草莓叶片光饱和点(LSP)的影响

二、低温寡照对设施草莓叶片气体交换参数的影响

1. 低温寡照对设施草莓叶片气孔导度的影响

气孔是植物叶片与外界进行气体交换的重要通道，气孔导度(stomatal conductance, Gs)表征叶片气孔开放的程度，是影响植物光合作用、呼吸作用以及蒸腾作用的重要因素。低温寡照对草莓叶片气孔导度的影响如图 6-9，低温寡照胁迫显著降低草莓叶片气孔导度，温度越低，持续时间越长，草莓叶片的气孔导度较 CK 下降的幅度越大，在 T1、T2 条件下，辐射越强，Gs 越小；在 T3、T4 条件下，辐射越强，Gs 越大。在 T1 条件下，随持续时间的延长，R1 条件下的 Gs 先显著下降后有微弱的上涨，R2 条件下的 Gs 随持续时间增加而降低，胁迫持续了 12 d 之后，R1、R2 条件下的 Gs 分别显著下降至 CK 的 37.5％和 36.1％。在 T2 条件下，随持续时间的延长，R1、R2 条件下的 Gs 均随持续时间的增加而下降，在持续时间为 12 d 时，R1、R2 条件下的 Gs 分别下降至 CK 的 42.9％和 40.8％。在 T3 条件下，R1、R2 条件下 Gs 的变化趋势与 T2 条件下的变化趋势类似，当持续时间为 12 d 时，R1、R2 条件下的 Gs 分别显著降低至 CK 的 44.0％和 46.7％。在 T4 条件下，R1、R2 条件下 Gs 的变化趋势与 T2、T3 条件下的变化趋势类似，当持续时间为 12 d 时，R1、R2 条件下的 Gs 分别显著降低至 CK 的 64.1％和 87.4％。

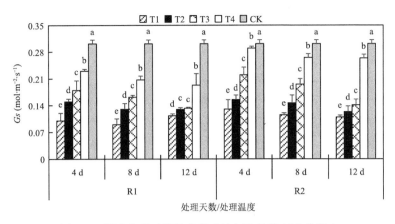

图 6-9　低温寡照对设施草莓叶片气孔导度(Gs)的影响

2. 低温寡照对设施草莓叶片胞间二氧化碳浓度的影响

胞间二氧化碳浓度(intercellular carbon dioxide concentration,Ci)是指叶片细胞之间的二氧化碳浓度,植物叶肉细胞从细胞间获取二氧化碳,当气孔开放程度下降时,由于二氧化碳的供应不足以支持叶肉细胞的光合作用,此时胞间二氧化碳浓度下降;当外界胁迫已经抑制叶肉细胞的光合作用时,则气孔限制不再成为抑制植物叶片光合作用的主要因素,此时叶片细胞自身光合作用吸收二氧化碳速度与呼吸作用释放二氧化碳速度的比值下降,胞间二氧化碳浓度上升。因此,可以通过 Ci 的变化趋势判断气孔限制因素是否为抑制植物光合作用的主要因素。低温寡照对 Ci 的影响如图 6-10,除了在 T1 条件下,Ci 均随持续时间延长而下降。在 T1条件下,不同辐射水平下的 Ci 均表现出先下降后上升的趋势,当持续时间为 4 d、8 d、12 d 时,R1 条件下的 Ci 分别降低至 CK 的 67.5%、59.1% 和 78.1%,R2 条件下,Ci 分别降低至 CK的 63.8%、52.1% 和 81.4%,R2 条件下的 Ci 比 R1 条件下的 Ci 随持续时间变化的幅度更大,两个辐射水平下 Ci 的极小值均出现在持续时间为 8 d 时。在 T2 条件下,Ci 随持续时间增加而持续下降,且在 R2 条件下 Ci 的下降幅度高于 R1 条件下的下降幅度,当持续时间为 12d 时,R1、R2 条件下的 Ci 分别下降至 CK 的 68.5%、61.5%。在 T3 条件下,Ci 也随持续时间的增加而下降,但在该条件下,不同辐射水平变化趋势的差异较 T2 条件下有所减小,当持续时间为 12 d 时,R1、R2 条件下的 Ci 显著下降至 CK 的 72.2%、68.8%。在 T4 条件

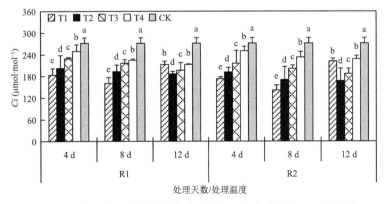

图 6-10　低温寡照对设施草莓叶片胞间二氧化碳浓度(Ci)的影响

下，Ci 仍随低温寡照持续时间的增加而下降，在该条件下，较高辐射水平下的 Ci 相较于 CK 的变化更小，当持续时间为 12 d 时，R1、R2 条件下的 Ci 分别下降至 CK 的 78.1% 和 83.8%。

3. 低温寡照对设施草莓叶片蒸腾速率的影响

蒸腾速率（transpiration rate，Tr）是指植物在一定时间内单位叶面积蒸腾的水量，是植物对水分的吸收和运输的主要动力。低温寡照胁迫对草莓叶片蒸腾速率的影响如图 6-11 所示。低温寡照降低了叶片的蒸腾速率，温度越低、持续时间越长，草莓叶片的蒸腾速率越小，这一变化趋势与草莓叶片的气孔导度变化趋势类似。在 T1 条件下，R1、R2 条件下的 Tr 均随持续时间的增加而下降，在持续时间为 12 d 时，R1、R2 条件下的 Tr 分别下降至 CK 的 21.3% 和 26.2%。在 T2 条件下，R1、R2 条件下的 Tr 也随持续时间的增加而下降，在持续时间为 12 d 时，R1、R2 条件下的 Tr 分别下降至 CK 的 38.4% 和 41.5%。在 T3 条件下，R1、R2 条件下的 Tr 仍随持续时间的增加而下降，在持续时间为 12 d 时，R1、R2 条件下的 Tr 分别下降至 CK 的 45.9% 和 48.3%。在 T4 条件下，Tr 随持续时间的下降幅度是所有温度条件下最小的，在持续时间为 12 d 时，R1、R2 条件下的 Tr 分别下降至 CK 的 65.5% 和 74.6%。

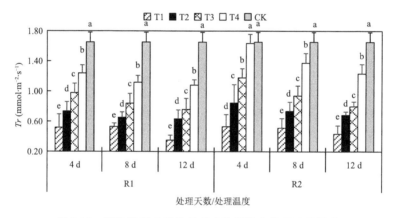

图 6-11　低温寡照对设施草莓叶片蒸腾速率（Tr）的影响

三、低温寡照对设施草莓叶片叶绿素荧光动力学参数的影响

1. 低温寡照对设施草莓叶片最大量子效率的影响

最大量子效率（the maximum quantum efficiency，F_v/F_m）是反映 PSII 反应中心光能转化效率的重要参数，是指暗适应下 PSII 反应中心完全开放时的最大光化学效率，反映了 PSII 反应中心最大光能转换效率，对环境的响应较为迅速，常用来反映植物是否受胁迫。低温寡照处理对草莓叶片 F_v/F_m 的影响如表 6-5 所示。低温寡照处理后 F_v/F_m 显著下降，温度越低，辐射强度越大，草莓叶片的 F_v/F_m 越低。在 T1 条件下，F_v/F_m 在不同的辐射水平下呈现出不同的变化趋势：在 T1R1 处理中，胁迫持续时间越长，F_v/F_m 越高，在 T1R2 处理中，胁迫持续时间越长，F_v/F_m 越低。在 12 d 时，T1R1 和 T1R2 条件下的 F_v/F_m 分别降至 CK 的 97.5% 和 87.9%。在 T2 条件下，F_v/F_m 在不同的辐射水平下仍然有不同的变化趋势。在 T2R1 处理中，F_v/F_m 先下降后上升，而在 T2R2 处理中，F_v/F_m 则是随着持续时间增加一直下降，当持续时间为 12 d 时，R1、R2 辐

射水平下的 F_v/F_m 分别降至 CK 的 98.8% 和 90.8%。当温度水平为 T3 时,R1、R2 辐射条件下的 F_v/F_m 均呈现出随持续时间下降的趋势,在持续时间为 12 d 时,R1、R2 条件下的 F_v/F_m 下降为 CK 的 99.5% 和 96.9%。在 T4 条件下,R1 条件下的 F_v/F_m 随持续时间延长出现微弱下降,R2 条件下的 F_v/F_m 随持续时间延长显著下降。T4R1 处理 4 d、8 d 后草莓叶片的 F_v/F_m 与 CK 没有显著性差异,在 12 d 时,T4R1 和 T4R2 处理的 F_v/F_m 分别降至 CK 的 99.5% 和 96.2%。

表 6-5　低温寡照对设施草莓叶片最大量子效率(F_v/F_m)的影响

参数	持续时间(d)	CK	T1		T2		T3		T4	
			R1	R2	R1	R2	R1	R2	R1	R2
F_v/F_m	4	0.854 ±0.021 a	0.803 ±0.061 d	0.773 ±0.023 d	0.835 ±0.016 c	0.793 ±0.010 b	0.846 ±0.005 a	0.826 ±0.002 a	0.852 ±0.006 a	0.828 ±0.013 b
	8		0.815 ±0.039 c	0.765 ±0.089 c	0.831 ±0.078 d	0.778 ±0.029 c	0.843 ±0.007 b	0.821 ±0.014 b	0.852 ±0.022 a	0.824 ±0.004 c
	12		0.833 ±0.025 b	0.751 ±0.013 b	0.844 ±0.026 b	0.776 ±0.016 c	0.841 ±0.015 c	0.819 ±0.018 c	0.850 ±0.013 a	0.822 ±0.017 d

注:小写字母表示通过 $P<0.05$ 的 Duncan 检验。

2. 低温寡照对设施草莓叶片比活性参数的影响

比活性参数包括单个反应中心吸收的光能(the light energy absorbed per reaction centre,ABS/RC)、单个反应中心捕获的光能(the light energy trapped per reaction centre,TR_o/RC)、单个反应中心电子传递的量子产额(the quantum yield of electron transfer per reaction centre,ET_o/RC)和单个反应中心的热耗散(the heat dissipation per reaction centre,DI_o/RC)。比活性参数分别从光能的吸收、捕获、光量子产额和热耗散等角度表征了植物在逆境环境中的 PSII 单位反应中心能量的分配情况。当植物暴露在太阳光下时,太阳光被叶片吸收(ABS/RC)、反射或透过叶片,被吸收的太阳辐射有两个去向:被反应中心捕获(TR_o/RC)或转化为热量被耗散;被反应中心捕获的辐射也有两个去处:用于电子传递过程(ET_o/RC)参与 CO_2 同化或转化为热量被耗散。

低温寡照处理对单个反应中心吸收的光能(ABS/RC)的影响如表 6-6 所示。低温寡照处理显著降低草莓叶片的 ABS/RC。随着处理温度的降低、辐射水平的下降和持续时间的延长,ABS/RC 出现不同程度的下降。在 T1 条件下,不同辐射水平下的 ABS/RC 呈现不同的随持续时间变化的趋势,在 T1R1 处理中,ABS/RC 随着持续时间的增加而上升,在 T1R2 处理中,ABS/RC 则是随持续时间的增加而下降,在 12 d 时,T1R1 和 T1R2 处理中的 ABS/RC 与 CK 的 ABS/RC 相比较,分别下降至 65.9% 和 66.7%。在 T2 条件下,不同辐射水平下的 ABS/RC 仍表现出不同的变化趋势,随着持续时间的延长,T2R1 处理的 ABS/RC 先下降后上升,而 T2R2 处理中的 ABS/RC 则是持续下降,当持续时间为 12 d 时,T2R1 和 T2R2 处理中的 ABS/RC 分别下降至 CK 的 68.1% 和 74.7%。当温度水平为 T3 时,与 T1、T2 条件下不同,两个辐射水平下的 ABS/RC 随时间变化呈现出了相同的下降趋势,R1 条件下的 ABS/RC 下降的幅度较 R2 的大,在 12 d 时,T3R1 和 T3R2 处理的 ABS/RC 分别显著下降至 CK 的 68.1% 和 79.2%。在 T4 条件下,ABS/RC 在 R1、R2 条件下表现出类似的下降趋势,当持续时间为 12 d 时,T4R1 和 T4R2 处理中的 ABS/RC 分别下降至 CK 的 69.5% 和 83.0%。

表 6-6　低温寡照对设施草莓叶片单个反应中心吸收的光能(ABS/RC)的影响

参数	持续时间(d)	CK	T1		T2		T3		T4	
			R1	R2	R1	R2	R1	R2	R1	R2
ABS/RC	4	0.907 ±0.082 a	0.507 ±0.004 d	0.659 ±0.027 b	0.591 ±0.078 c	0.731 ±0.084 b	0.696 ±0.029 b	0.755 ±0.017 b	0.669 ±0.012 b	0.795 ±0.012 b
	8		0.553 ±0.029 c	0.643 ±0.073 c	0.548 ±0.046 d	0.724 ±0.016 c	0.636 ±0.037 c	0.737 ±0.023 c	0.642 ±0.004 c	0.787 ±0.017 c
	12		0.598 ±0.125 b	0.605 ±0.026 d	0.618 ±0.093 b	0.678 ±0.082 d	0.618 ±0.004 d	0.719 ±0.014 d	0.631 ±0.019 d	0.753 ±0.005 d

如表 6-7 所示,低温寡照处理后所有处理的 TR_o/RC 均小于 CK。在所有温度条件下,TR_o/RC 的变化趋势均与 ABS/RC 的变化趋势类似。在 T1 和 T2 条件下,R1 辐射水平下的草莓叶片的 TR_o/RC 存在适应现象,在 T3、T4 条件下的 TR_o/RC 则均随胁迫时间的增加而下降。在 T1 条件下,随着持续时间的延长,R1 辐射水平下的 TR_o/RC 持续上升,而 R2 辐射水平下的 TR_o/RC 持续下降,在 12 d 时,T1R1 和 T1R2 处理的 TR_o/RC 分别降至 CK 的 64.9% 和 60.1%。在 T2 条件下,R1 条件下的 TR_o/RC 先下降后上升,在 12 d 时,R1 和 R2 条件下的 TR_o/RC 分别下降为 CK 的 68.7% 和 72.6%。在 T3 条件下,R1、R2 条件下的 TR_o/RC 均随持续时间增加而下降,在 12 d 时,R1 和 R2 条件下的 TR_o/RC 分别降至 CK 的 69.1% 和 79.1%。在 T4 条件下,R1、R2 条件下的 TR_o/RC 仍随持续时间增加而下降,当持续天数为 12 d 时,R1 和 R2 条件下的 TR_o/RC 分别降至 CK 的 71.4% 和 83.5%。

表 6-7　低温寡照对设施草莓叶片单个反应中心捕获的光能(TR_o/RC)的影响

参数	持续时间(d)	CK	T1		T2		T3		T4	
			R1	R2	R1	R2	R1	R2	R1	R2
TR_o/RC	4	0.767 ±0.145 a	0.407 ±0.026 d	0.502 ±0.063 b	0.493 ±0.102 c	0.605 ±0.072 b	0.603 ±0.087 b	0.628 ±0.026 b	0.582 ±0.168 b	0.679 ±0.045 b
	8		0.457 ±0.025 c	0.498 ±0.076 c	0.464 ±0.082 d	0.592 ±0.014 c	0.548 ±0.158 c	0.615 ±0.084 c	0.558 ±0.075 c	0.671 ±0.072 c
	12		0.498 ±0.175 b	0.461 ±0.021 d	0.527 ±0.0526 b	0.557 ±0.009 d	0.530 ±0.034 d	0.607 ±0.154 d	0.548 ±0.023 d	0.641 ±0.031 d

低温寡照处理后所有处理的 ET_o/RC 均小于 CK(表 6-8)。除 T1 条件外,在所有温度条件下,ET_o/RC 的变化趋势均与 ABS/RC 和 TR_o/RC 的变化趋势类似。T2 条件下,R1 辐射水平下的草莓叶片的 ET_o/RC 先下降后上升,在其余处理中的 ET_o/RC 则均随胁迫时间的增加而下降。在 T1 条件下,随着持续时间的延长,R1 辐射水平下的 ET_o/RC 先上升后下降,R2 辐射水平下的 ET_o/RC 持续下降,在 12 d 时,T1R1 和 T1R2 处理的 ET_o/RC 分别降至 CK 的 53.3% 和 50.1%。在 T2 条件下,R1 条件下的 ET_o/RC 变化趋势与 T1 类似,先上升后下降,R2 辐射水平下的 ET_o/RC 仍持续下降,在 12 d 时,R1 和 R2 条件下的 ET_o/RC 分别下降为 CK 的 62.4% 和 65.8%。在 T3 条件下,R1、R2 条件下的 ET_o/RC 均随持续时间增加而下降,在 12 d 时,R1 和 R2 条件下的 ET_o/RC 分别降至 CK 的 68.0% 和 70.3%。在 T4 条件下,

R1、R2 条件下的 ET_o/RC 均随持续时间增加而下降，当持续天数为 12 d 时，R1 和 R2 条件下的 ET_o/RC 分别降至 CK 的 70.3% 和 77.2%。

表 6-8　低温寡照对设施草莓叶片单个反应中心电子传递的量子产额(ET_o/RC)的影响

参数	持续时间(d)	CK	T1		T2		T3		T4	
			R1	R2	R1	R2	R1	R2	R1	R2
ET_o/RC	4	0.594 ±0.071 a	0.321 ±0.052 c	0.370 ±0.028 b	0.379 ±0.007 b	0.436 ±0.023 b	0.468 ±0.121 b	0.457 ±0.027 b	0.456 ±0.027 b	0.492 ±0.087 c
	8		0.323 ±0.029 b	0.358 ±0.081 c	0.340 ±0.023 d	0.421 ±0.187 c	0.425 ±0.013 c	0.441 ±0.025 c	0.434 ±0.019 c	0.499 ±0.105 c
	12		0.315 ±0.076 d	0.298 ±0.017 d	0.371 ±0.034 c	0.391 ±0.094 d	0.404 ±0.028 d	0.418 ±0.072 d	0.418 ±0.021 d	0.459 ±0.019 d

DI_o/ABS 为单个反应中心的热耗散(DI_o/RC)与单个反应中心吸收的光能的比值(ABS/RC)，表征了叶绿素分子光能利用效率的高低，DI_o/ABS 越高，说明太阳辐射被转化为热量耗散的比例越高，用于同化 CO_2 的能量比例越低，且光合系统受到胁迫的程度越深。低温寡照对 DI_o/ABS 的影响如表 6-9 所示，低温寡照处理后的 DI_o/ABS 均大于等于 CK。除 T1R1 和 T2R2 处理外，草莓叶片的 DI_o/ABS 在其余所有处理中均随持续时间的延长而上升。在 T1R1、T2R2 和 T3R2 处理中，草莓叶片的 DI_o/ABS 随持续时间先上升后下降。温度越高，DI_o/ABS 越低，且同一温度 R2 条件下的 DI_o/ABS 均高于 R1 条件下的 DI_o/ABS。在 T1 条件下，随着持续时间的延长，R1 条件下的 DI_o/ABS 先上升后下降，R2 条件下的 DI_o/ABS 持续上升，当持续时间为 12 d 时，T1R1 和 T1R2 处理的 DI_o/ABS 分别上升至 CK 的 1.28 倍和 1.85 倍。在 T2 条件下，R2 条件下的 DI_o/ABS 变化趋势与 T1R1 处理类似，R2 辐射水平下的 DI_o/ABS，在 12 d 时，R1 和 R2 条件下的 DI_o/ABS 分别升高为 CK 的 1.28 倍和 1.37 倍。在 T3 条件下，R1 条件下的 DI_o/ABS 均随持续时间增加而上升，在 12 d 时，R1 和 R2 条件下的 DI_o/ABS 分别升高至 CK 的 1.09 倍和 1.20 倍。在 T4 条件下，R1、R2 条件下的 DI_o/ABS 均随持续时间增加而上升，当持续天数为 12 d 时，R1 和 R2 条件下的 DI_o/ABS 分别升高至 CK 的 1.05 倍和 1.14 倍。

表 6-9　低温寡照对设施草莓叶片单个反应中心的热耗散与单个反应
中心吸收的光能的比值(DI_o/ABS)的影响

参数	持续时间(d)	T1		T2		T3		T4	
		R1	R2	R1	R2	R1	R2	R1	R2
DI_o/ABS	CK	0.130 ±0.004 d	0.130 ±0.004 c	0.130 ±0.004 d	0.130 ±0.004 d	0.130 ±0.004 d	0.130 ±0.004 d	0.130 ±0.004 b	0.130 ±0.004 c
	4	0.177 ±0.012 b	0.228 ±0.035 c	0.147 ±0.021 c	0.172 ±0.027 c	0.134 ±0.004 c	0.168 ±0.022 a	0.130 ±0.012 b	0.146 ±0.016 b
	8	0.194 ±0.023 a	0.236 ±0.025 b	0.155 ±0.003 b	0.184 ±0.006 a	0.137 ±0.015 b	0.166 ±0.026 b	0.131 ±0.026 b	0.147 ±0.003 ab
	12	0.167 ±0.008 c	0.240 ±0.005 a	0.167 ±0.016 a	0.178 ±0.009 b	0.142 ±0.014 a	0.156 ±0.011 c	0.136 ±0.018 a	0.148 ±0.005 a

如表 6-10 所示,低温寡照处理后所有处理的 PI_{total} 均小于 CK。在所有温度条件下,PI_{total} 的变化趋势均与 ABS/RC 和 TR_o/RC 的变化趋势类似。在 T1 条件下,R1 辐射水平下的草莓叶片的 PI_{total} 持续上升,T2 条件下,R1 辐射水平下的草莓叶片的 PI_{total} 先下降后上升,其余处理中的 PI_{total} 均随温度的下降、持续时间的增加而下降(表 6-10)。与 ABS/RC 和 TR_o/RC 的变化趋势不同的是,同一温度下辐射较强的处理中的 PI_{total} 较大。在 T1 条件下,随着持续时间的延长,R1 条件下的草莓叶片的 PI_{total} 持续上升,R2 辐射水平下的 PI_{total} 持续下降,在 12 d 时,T1R1 和 T1R2 处理的 PI_{total} 分别降至 CK 的 56.7% 和 24.68%。在 T2 条件下,R1 条件下的 PI_{total} 先下降后上升,R2 辐射水平下的 PI_{total} 仍持续下降,在 12 d 时,R1 和 R2 条件下的 PI_{total} 分别下降为 CK 的 64.4% 和 55.6%。在 T3 条件下,R1、R2 条件下的 PI_{total} 均随持续时间增加而下降,在 12 d 时,R1 和 R2 条件下的 PI_{total} 分别降至 CK 的 66.4% 和 60.0%。在 T4 条件下,R1、R2 条件下的 PI_{total} 均随持续时间增加而下降,当持续天数为 12 d 时,R1 和 R2 条件下的 PI_{total} 分别降至 CK 的 87.0% 和 79.5%。

表 6-10 低温寡照对设施草莓叶片综合性能指数(PI_{total})的影响

参数	持续时间(d)	CK	T1		T2		T3		T4	
			R1	R2	R1	R2	R1	R2	R1	R2
PI_{total}	4	21.35 ±1.07 a	10.44 ±0.42 d	9.77 ±0.53 b	12.62 ±1.61 d	14.85 ±0.28 b	16.02 ±2.54 b	15.27 ±2.43 b	20.75 ±2.34 b	18.16 ±1.35 b
	8		11.18 ±2.53 c	8.37 ±1.25 c	11.90 ±0.84 c	13.12 ±0.58 c	14.87 ±3.45 c	13.36 ±3.24 c	18.78 ±5.46 c	17.75 ±1.94 c
	12		12.10 ±1.28 b	5.27 ±0.43 d	13.76 ±2.23 b	11.87 ±3.53 d	14.19 ±2.54 d	12.82 ±2.43 d	18.57 ±0.92 cd	16.98 ±2.85 d

第三节 低温寡照对设施草莓叶片衰老特性的影响

一、低温寡照对设施草莓叶片叶绿素含量

1. 叶绿素 a

叶绿素除了承担光能的吸收和传递外,其含量还可以反映植物叶片的衰老程度。低温寡照胁迫对 Chla 含量的影响如图 6-12 所示。低温寡照胁迫后,所有处理的 Chla 含量均低于 CK。除 T1R1 处理外,其余所有处理的 Chla 含量均随持续时间的增加、温度的降低而下降。在 T3、T4 条件下,Chla 的含量随辐射水平的上升而上升。在 T1 条件下,R1 条件下草莓叶片的 Chla 含量随持续时间的延长而上升,R2 条件的 Chla 含量随持续时间的延长而下降,当持续天数为 12 d 时,R1、R2 条件下的 Chla 含量分别降至 CK 的 75.5% 和 41.2%。在 T2 条件下,R1 条件下草莓叶片的 Chla 含量随持续时间的延长先下降后有微弱上升,R2 条件下草莓叶片的 Chla 含量随持续时间的延长则持续下降,且随持续时间的增加,下降的幅度也在减小,在 12 d 时,R1、R2 条件下的 Chla 含量分别降至 CK 的 54.8% 和 52.5%。在 T3 条件下,R1、R2 条件下的 Chla 含量均随持续时间的延长而下降,并且在两个辐射水平下,Chla 含量的下降幅度均随持续时间的增加而减小,在 12 d 时,R1、R2 条件下的 Chla 含量分别降至 CK 的 58.4% 和 56.5%。在 T4 条件下,R1、R2 条件下的 Chla 含量仍随持续时间的延长而下降,在

该条件下,处于 R1 条件下的 Chla 含量低于处于 R2 条件下的 Chla 含量,在 12 d 时,R1、R2 条件下的 Chla 含量分别降至 CK 的 70.2％和 74.2％。

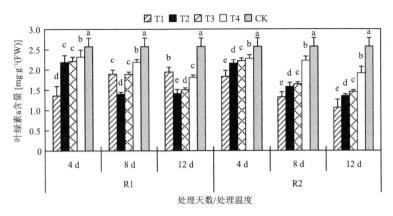

图 6-12　低温寡照对设施草莓叶片叶绿素 a 含量的影响

2. 叶绿素 b

Chlb 含量受低温寡照的影响见图 6-13,低温寡照显著降低了草莓叶片的 Chlb 含量。Chlb 含量随温度、辐射强度以及持续时间的变化趋势与 Chla 含量的变化趋势基本一致。在 T1 条件下,R1 条件下草莓叶片的 Chlb 含量随持续时间的延长而上升,R2 条件的 Chlb 含量随持续时间的延长而下降,当持续天数为 12 d 时,R1、R2 条件下的 Chlb 含量分别降至 CK 的 67.8％和 38.7％。在 T2 条件下,R1 条件下草莓叶片的 Chlb 含量随持续时间的延长先下降后有微弱上升,R2 条件下草莓叶片的 Chlb 含量随持续时间的延长持续下降,在 12 d 时,R1、R2 条件下的 Chlb 含量分别降至 CK 的 60.6％和 50.8％。在 T3 条件下,R1、R2 条件下的 Chlb 含量均随持续时间的延长而下降,并且在两个辐射水平下,Chlb 含量的下降幅度均随持续时间的增加而减小。在 12 d 时,R1、R2 条件下的 Chlb 含量分别降至 CK 的 62.5％和 61.5％。在 T4 条件下,R1、R2 条件下的 Chlb 含量仍随持续时间的延长而下降,在该条件下,处于 R1 条件下的 Chlb 含量低于处于 R2 条件下的 Chlb 含量,在 12 d 时,R1、R2 条件下的 Chlb 含量分别降至 CK 的 91.0％和 93.9％。

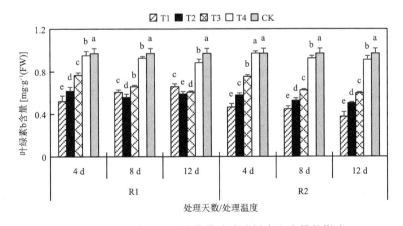

图 6-13　低温寡照对设施草莓叶片叶绿素 b 含量的影响

二、低温寡照对设施草莓叶片抗氧化酶活性的影响

1. 丙二醛

丙二醛（Malondialdehyde，MDA）是当植物在逆境胁迫下，由于自由基代谢失调，组合或器官的膜脂质发生过氧化反应的产物，植物叶片的 MDA 含量反映了植物膜脂质过氧化的程度，进而表征植物受胁迫的程度。MDA 含量受低温寡照胁迫的影响如图 6-14 所示。低温寡照后所有处理的 MDA 含量均出现不同程度上升。除 T1R1 和 T2R1 处理，其余处理的 MDA 含量均随持续时间的延长而上升。在 T1 条件下，R1 条件下的 MDA 含量随持续时间增加而下降，R2 条件下的 MDA 含量则持续上升，在 12 d 时，R1、R2 条件下的 MDA 含量分别升至 CK 的 1.41 倍和 4.55 倍。在 T2 条件下，R1 条件下的 MDA 含量先上升后下降，R2 条件下的 MDA 含量仍持续上升，在 12 d 时，R1、R2 条件下的 MDA 含量分别升至 CK 的 2.64 倍和 2.86 倍。在 T3 条件下，R1 和 R2 条件下的 MDA 含量均持续上升，在 12 d 时，R1、R2 条件下的 MDA 含量分别升至 CK 的 1.82 倍和 2.05 倍。在 T4 条件下，R1 和 R2 条件下的 MDA 含量仍持续上升，在 12 d 时，R1、R2 条件下的 MDA 含量分别升至 CK 的 1.36 倍和 1.41 倍。

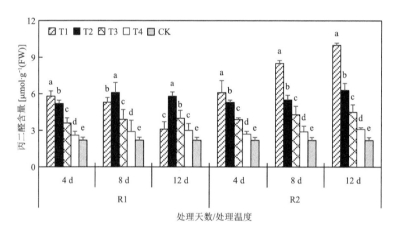

图 6-14　低温寡照对设施草莓叶片丙二醛（MDA）含量的影响

2. 超氧化物歧化酶

超氧化物歧化酶（superoxide dismutase，SOD）能清除 $O_2^{\cdot-}$，使其发生歧化反应，生成 H_2O_2 和 O_2，SOD 的活性是表征植物在逆境胁迫下衰老程度的指标之一。随着持续时间的延长，不同处理中的草莓叶片 SOD 活性呈现不同的变化趋势。T1 条件下，R1 条件下的 SOD 活性随持续时间增加而下降，R2 条件下的 SOD 活性则持续上升，在 12 d 时，R1、R2 条件下的 SOD 活性分别升高至 CK 的 2.30 倍和 6.51 倍（图 6-15）。在 T2 条件下，R1、R2 条件下的 SOD 活性总体上均随持续时间的增加而上升，在 12 d 时，R1、R2 条件下的 SOD 活性分别上升至 CK 的 3.37 倍和 3.75 倍。在 T3 条件下，R1、R2 条件下的 SOD 活性仍随持续时间的增加而上升，且 R1 条件下的 SOD 活性略高于 R2 条件下的 SOD 活性，在 12 d 时，R1、R2 条件下的 SOD 活性分别上升至 CK 的 2.26 倍和 2.29 倍。在 T4 条件下，R1、R2 条件下的 SOD 活性随持续时间的延长持续上升，且 R1 条件下的 SOD 活性仍高于 R2 条件下的 SOD 活性，在 12 d 时，R1、R2 条件下的 SOD 活性分别上升至 CK 的 1.98 倍和 1.94 倍。

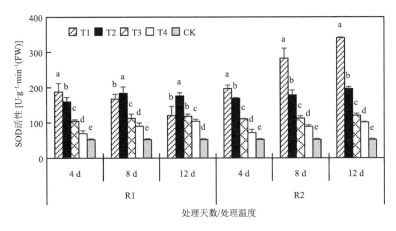

图 6-15　低温寡照对设施草莓叶片超氧化物歧化酶(SOD)含量的影响

3. 过氧化物酶

过氧化物酶(peroxidase,POD)是一种活性较强的抗氧化酶,能够有效清除 H_2O_2,参与活性氧的生成,其活性是表征植物在逆境胁迫下衰老程度的指标之一。除 T1R1 外,低温寡照后所有处理的草莓叶片的 POD 活性均呈现不同程度的上升。在 T1 条件下,R1 条件下的 POD 活性随持续时间的增加而下降,R2 条件下的 POD 活性随持续时间的增加而上升,在 12 d 时,R1、R2 条件下的 POD 活性分别上升至 CK 的 4.20 倍和 7.47 倍(图 6-16)。在 T2 条件下,R1 条件下的 POD 活性随持续时间的增加先上升后下降,R2 条件下的 POD 活性随持续时间的增加持续上升,在 12 d 时,R1、R2 条件下的 POD 活性分别上升至 CK 的 4.87 倍和 6.60 倍。在 T3 条件下,R1 和 R2 条件下的 POD 活性随持续时间的增加均持续上升,在 12 d 时,R1、R2 条件下的 POD 活性分别上升至 CK 的 3.53 倍和 4.07 倍。在 T4 条件下,R1 和 R2 条件下的 POD 活性随持续时间的增加仍持续上升,在 12 d 时,R1、R2 条件下的 POD 活性分别上升至 CK 的 2.53 倍和 2.87 倍。

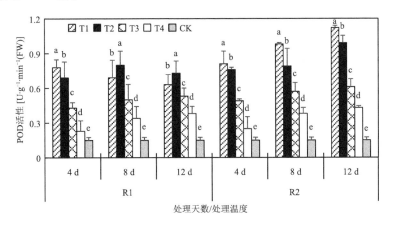

图 6-16　低温寡照对设施草莓叶片过氧化物酶(POD)含量的影响

4. 过氧化氢酶

过氧化氢酶(catalase,CAT)能够有效分解高浓度 H_2O_2,使其转化为 H_2O 和 O_2,其活性是表征植物在逆境胁迫下衰老程度的指标之一。低温寡照后所有处理的草莓叶片的 CAT 活性均呈现不同程度的上升(图 6-17)。在 T1 条件下,R1 条件下的 CAT 活性随持续时间的增加先上升后下降,R2 条件下的 CAT 活性随持续时间的增加持续上升,在 12 d 时,R1、R2 条件下的 CAT 活性分别上升至 CK 的 2.57 倍和 3.59 倍。在 T2 条件下,R1 条件下的 CAT 活性随持续时间的增加先上升后下降,R2 条件下的 CAT 活性随持续时间的增加持续上升,在12 d时,R1、R2 条件下的 CAT 活性分别上升至 CK 的 2.68 倍和 3.05 倍。在 T3 条件下,R1 和 R2 条件下的 CAT 活性随持续时间的增加均持续上升,在 12 d 时,R1、R2 条件下的 CAT 活性分别上升至 CK 的 2.03 倍和 2.14 倍。在 T4 条件下,不同辐射水平和持续天数下的 CAT 活性均与 CK 差异显著($P < 0.05$),R1 和 R2 条件下的 CAT 活性随持续时间的增加仍持续上升,在 12 d 时,R1、R2 条件下的 CAT 活性分别上升至 CK 的 1.25 倍和 1.50 倍。

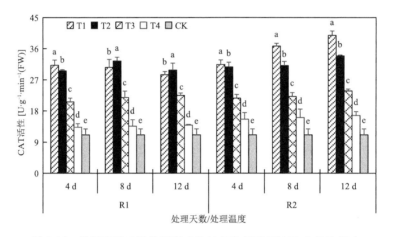

图 6-17　低温寡照对设施草莓叶片过氧化氢酶(CAT)含量的影响

第七章　低温寡照对设施草莓生长和果实品质的影响

第一节　低温寡照对设施草莓生长的影响

一、低温寡照对设施草莓叶面积生长的影响

低温寡照对设施草莓叶面积增加值的影响如表 7-1 所示。低温寡照胁迫显著抑制了草莓植株的叶面积增长,且在所有处理中,越往后的生育期叶面积增长的速度越慢。T1R1 和 T1R2 处理后的草莓植株的叶面积增长被显著抑制($P<0.05$),且 T1R1 处理后的草莓植株的叶面积增长存在对低温寡照的适应现象,即处理时间越长,叶面积增加值越接近 CK 的叶面积增加值。在坐果期,T1R1 处理的叶面积增加值随持续时间的延长而显著上升,T1R2 处理的叶面积增加值随持续时间的延长而显著下降($P<0.05$)。T1R1 处理了 4 d、8 d 和 12 d 的草莓植株叶面积增加值分别为 CK 的 9.9%、14.6% 和 17.3%;T1R2 处理了 4 d、8 d 和 12 d 的草莓植株叶面积增加值分别为 CK 的 8.8%、7.2% 和 4.0%。在果实膨大期,T1R1 处理的叶面积增加值随持续时间的延长而显著上升,T1R2 处理的叶面积增加值随持续时间的延长而显著下降($P<0.05$)。T1R1 处理了 4 d、8 d 和 12 d 的草莓植株叶面积增加值分别为 CK 的 9.1%、12.3% 和 15.2%;T1R2 处理了 4 d、8 d 和 12 d 的草莓植株叶面积增加值分别为 CK 的 8.2%、5.9% 和 4.8%。在果实成熟期,T1R1 处理的叶面积增加值随持续时间的延长而显著上升,T1R2 处理的叶面积增加值随持续时间的延长而显著下降($P<0.05$)。T1R1 处理了 4 d、8 d 和 12 d 的草莓植株叶面积增加值分别为 CK 的 8.6%、10.5% 和 13.4%;T1R2 处理了 4 d、8 d 和 12 d 的草莓植株叶面积增加值分别为 CK 的 8.0%、6.3% 和 4.3%。

T2R1 和 T2R2 处理后的草莓植株的叶面积增长较 CK 显著下降($P<0.05$)。在坐果期,T2R1 处理的叶面积增加值随持续时间的延长先下降后上升,T2R2 处理的叶面积增加值随持续时间的延长而显著下降($P<0.05$)。T2R1 处理了 4 d、8 d 和 12 d 的草莓植株叶面积增加值分别为 CK 的 22.1%、20.6% 和 21.8%;T2R2 处理了 4 d、8 d 和 12 d 的草莓植株叶面积增加值分别为 CK 的 19.0%、16.5% 和 16.2%。在果实膨大期,T2R1 处理的叶面积增加值随持续时间的延长先下降后上升,T2R2 处理的叶面积增加值随持续时间的延长而显著下降($P<0.05$)。T2R1 处理了 4 d、8 d 和 12 d 的草莓植株叶面积增加值分别为 CK 的 29.7%、27.8% 和 30.6%;T2R2 处理了 4 d、8 d 和 12 d 的草莓植株叶面积增加值分别为 CK 的 27.1%、26.7% 和 25.5%。在果实成熟期,T2R1 处理的叶面积增加值随持续时间的延长先下降后上升,T2R2 处理的叶面积增加值随持续时间的延长而显著下降($P<0.05$)。T2R1 处理了 4 d、8 d 和 12 d 的草莓植株叶面积增加值分别为 CK 的 30.3%、30.0% 和 30.4%;T2R2 处理了 4 d、8 d 和 12 d 的草莓植株叶面积增加值分别为 CK 的 29.0%、27.9% 和 27.3%。

表 7-1　低温寡照对设施草莓叶面积增加值的影响

处理	持续时间(d)	叶面积增加值(cm²)		
		坐果期	膨大期	成熟期
CK		8013±287 a	10059±975 a	6178±1078 a
T1R1	4	798±172 d	924±318 d	533±453 d
	8	1166±90 c	1245±367 c	649±679 c
	12	1393±235 b	1527±245 b	825±253 b
T1R2	4	704±143 b	823±279 b	496±120 b
	8	573±219 c	593±121 c	387±113 c
	12	321±105 d	487±460 d	265±81 d
T2R1	4	1773±567 b	2984±883 b	1872±981 b
	8	1650±303 d	2798±592 b	1856±293 b
	12	1744±251 c	3082±660 b	1876±902 b
T2R2	4	1526±309 b	2726±455 b	1792±822 b
	8	1330±420 c	2688±356 b	1721±364 c
	12	1298±389 d	2565±901 c	1684±997 d
T3R1	4	4636±711 b	6274±521 b	3562±892 b
	8	4312±896 c	6187±453 c	3528±630 c
	12	4187±576 d	6103±647 d	3487±272 d
T3R2	4	4514±474 b	6224±593 b	3582±326 b
	8	4156±375 c	6185±993 c	3476±28 c
	12	4024±274 d	5971±336 d	3318±292 d
T4R1	4	7345±875 b	9571±930 b	6025±663 b
	8	7163±718 d	9398±572 c	5752±274 c
	12	7078±476 d	9327±673 d	5689±789 d
T4R2	4	7534±583 b	9775±680 b	6067±699 b
	8	7429±591 c	9623±676 c	5823±723 c
	12	7197±480 d	9511±630 d	5787±982 d

注:表中的叶面积增加值为每一个生育期的叶面积减去前一个生育期的叶面积的值。

　　T3R1 和 T3R2 处理后的草莓植株的叶面积增长被显著抑制($P<0.05$)。在坐果期,T3R1 处理和 T3R2 处理的叶面积增加值均随持续时间的延长而显著下降($P<0.05$)。T3R1 处理了 4 d、8 d 和 12 d 的草莓植株叶面积增加值分别下降至 CK 的 57.9%、53.8% 和 52.3%;T3R2 处理了 4 d、8 d 和 12 d 的草莓植株叶面积增加值分别下降至 CK 的 56.3%、51.9% 和 50.2%。在果实膨大期,T3R1 处理和 T3R2 处理的叶面积增加值均随持续时间的延长而显著下降($P<0.05$)。T3R1 处理了 4 d、8 d 和 12 d 的草莓植株叶面积增加值分别下降至 CK 的 57.9%、53.8% 和 52.3%;T3R2 处理了 4 d、8 d 和 12 d 的草莓植株叶面积增加值分别下降至 CK 的 56.3%、51.9% 和 50.2%。在果实成熟期,T3R1 处理和 T3R2 处理的叶面积增加值仍随持续时间的延长而显著下降($P<0.05$)。T3R1 处理和 T3R2 处理持续了 12 d

的草莓植株叶面积增加值分别下降至 CK 的 56.4％和 53.7％。

T4R1 和 T4R2 处理后的草莓植株的叶面积增长被显著抑制（$P<0.05$）。在坐果期，T4R1 处理和 T4R2 处理的叶面积增加值随持续时间的延长而显著下降（$P<0.05$）。T4R1 处理和 T4R2 处理持续了 12 d 的草莓植株叶面积增加值分别下降至 CK 的 88.3％和 89.8％。在果实膨大期，T4R1 处理和 T4R2 处理的叶面积增加值随持续时间的延长而下降。在 T4R1 处理和 T4R2 处理中持续了 12 d 的草莓植株叶面积增加值分别下降至 CK 的 92.7％和 94.6％。在果实成熟期，T4R1 处理和 T4R2 处理的叶面积增加值随持续时间的延长而下降。在 T4R1 处理和 T4R2 处理中持续了 12 d 的草莓植株叶面积增加值分别下降至 CK 的 92.1％和 93.7％。

二、低温寡照对设施草莓干物质积累的影响

干物质生产与分配是作物产量和品质形成的物质基础，温度和光照的变化会对作物干物质累积和分配产生影响。低温寡照胁迫对草莓干物质积累存在抑制作用。其中图 7-1a、b、c 分别为低温寡照处理后的草莓植株在第一花序的坐果期、果实膨大期、果实成熟期的干物质量。T1 条件对于草莓植株干物质积累有显著的抑制作用，T2、T3、T4 条件对于坐果期、果实膨大期、果实成熟期的草莓植株干物质积累有着不同程度的影响。

T1 条件下的草莓植株干物质积累被显著抑制（$P<0.05$）。在坐果期，T1R1 条件下的干物质增加量随持续时间的延长呈现波动式下降，T1R2 条件下的干物质增加量随持续时间的增加而下降。T1R1 条件下持续了 4 d、8 d、12 d 的干物质增加量分别降至 CK 的 29.1％、46.1％和 41.7％，T1R2 条件下持续了 4 d、8 d、12 d 的干物质增加量分别降至 CK 的 37.6％、27.6％和 24.9％。在果实膨大期，T1R1 条件下干物质增加量随持续时间的延长持续上升，T1R2 条件下的干物质增加量随持续时间的延长先下降后上升，与坐果期相比，T1R2 条件持续 12 d 的草莓植株的干物质增加量明显上升。T1R1 条件下持续了 4 d、8 d、12 d 的干物质增加量分别降至 CK 的 25.4％、62.9％和 68.6％，T1R2 条件下持续了 4 d、8 d、12 d 的干物质增加量分别降至 CK 的 59.8％、53.7％和 69.8％。在果实成熟期，T1R1 条件下和 T1R2 条件下的干物质增加量随持续时间的延长仍先下降后上升。T1R1 条件下持续了 4 d、8 d、12 d 的干物质增加量分别降至 CK 的 28.4％、51.8％和 57.8％，T1R2 条件下持续了 4 d、8 d、12 d 的干物质增加量分别降至 CK 的 49.1％、40.7％和 52.8％。

随着草莓植株经历不同的发育期，T2 条件下的草莓植株干物质增加值与 CK 之间的差距越来越小。在坐果期，T2R1 条件下的干物质增加量随持续时间的延长持续下降，T2R2 条件下的干物质增加量则随持续时间的延长先下降后上升。T2R1 条件下持续了 4 d、8 d、12 d 的干物质增加量分别降至 CK 的 89.7％、64.2％和 12.5％，T2R2 条件下持续了 4 d、8 d、12 d 的干物质增加量分别降至 CK 的 60.6％、53.6％和 78.1％。在果实膨大期，T2R1 条件下的干物质增加量随持续时间的延长先上升后下降，T2R2 条件下的干物质增加量则随持续时间的延长先下降后上升，与坐果期相比，各处理的干物质增加量与 CK 之间的差距在果实膨大期明显缩小。T2R1 条件下持续了 4 d、8 d、12 d 的干物质增加量分别变为 CK 的 1.05 倍、1.07 倍和 90.7％，T2R2 条件下持续了 4 d、8 d、12 d 的干物质增加量分别降至 CK 的 86.6％、82.1％和 90.5％。在果实成熟期，T2R1 条件下和 T2R2 条件下的干物质增加量随持续时间的延长呈现波动式下降。T2R1 条件下持续了 4 d、8 d、12 d 的干物质增加量分别降至 CK 的 90.4％、95.4％和 87.8％，T2R2 条件下持续了 4 d、8 d、12 d 的干物质增加量分别降至 CK 的 83.9％、

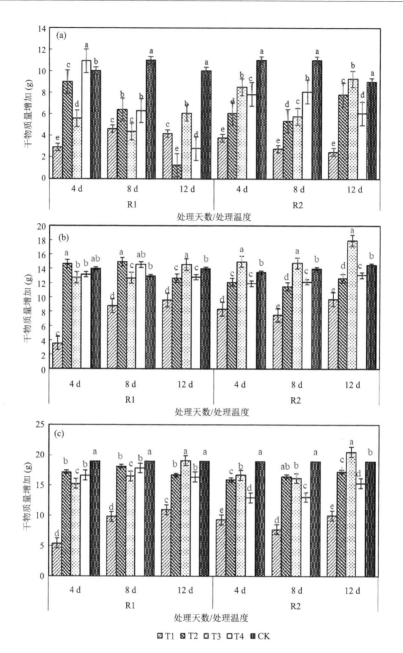

图 7-1　低温寡照对设施草莓坐果期(a)、果实膨大期(b)、果实成熟期(c)植株干物质量的影响

86.8％和90.9％。

T3条件下,草莓植株干物质增加值与CK之间的差距随着发育期的不同而越来越小。在坐果期,草莓植株干物质增加值随着辐射强度的增加而上升,随着持续时间的延长呈现波动式下降。T3R1条件下持续了4 d、8 d、12 d的干物质增加量分别降至CK的55.7％、43.6％和60.9％,T3R2条件下持续了4 d、8 d、12 d的干物质增加量分别降至CK的85.0％、57.7％和92.6％。在果实膨大期,草莓植株干物质增加值随着辐射强度的增加而上升,R1条件下的草莓植株干物质增加值随着持续时间的延长呈现波动式上升,R2条件下的草莓植株干物质增加

值随着持续时间的延长持续上升。T3R1 条件下持续了 4 d、8 d、12 d 的干物质增加量分别变为 CK 的 91.0%、90.7% 和 1.40 倍，T3R2 条件下持续了 4 d、8 d、12 d 的干物质增加量分别升至 CK 的 1.07 倍、1.06 倍和 1.28 倍。在果实成熟期，草莓植株干物质增加值随着辐射强度的增加而上升，R1 和 R2 条件下的草莓植株干物质增加值随着持续时间的延长呈现波动式上升。T3R1 条件下持续了 4 d、8 d、12 d 的干物质增加量分别变为 CK 的 80.2%、86.9% 和 1.00 倍，T3R2 条件下持续了 4 d、8 d、12 d 的干物质增加量分别变为 CK 的 87.9%、85.3% 和 1.08 倍。

在 T4 条件下，除 T4R1 条件下持续了 4 d 的处于坐果期和 T4R1 条件下持续了 8 d 的处于果实膨大期的草莓植株，其他条件和发育期的草莓植株干物质增加量均被抑制。在坐果期，R1 条件下的草莓植株干物质增加量随着持续时间的延长而下降，R2 条件下的草莓植株干物质增加量随着持续时间的延长呈现波动式下降。T4R1 条件下持续了 4 d、8 d、12 d 的干物质增加量分别变为 CK 的 1.09 倍、63.1% 和 27.9%，T4R2 条件下持续了 4 d、8 d、12 d 的干物质增加量分别降至 CK 的 78.4%、80.9% 和 60.6%。在果实膨大期，R1 条件下的草莓植株干物质增加量随着持续时间的延长呈现波动式变化，R1 条件下的草莓植株干物质增加量随着持续时间的延长先上升后下降。T4R1 条件下持续了 4 d、8 d、12 d 的干物质增加量分别变为 CK 的 94.2%、1.04 倍和 91.7%，T4R2 条件下持续了 4 d、8 d、12 d 的干物质增加量分别降至 CK 的 85.1%、86.7% 和 93.5%。在果实成熟期，R1 条件下的草莓植株干物质增加量随着持续时间的延长呈现波动式变化。T4R1 条件下持续了 4 d、8 d、12 d 的干物质增加量分别变为 CK 的 87.6%、93.9% 和 86.3%，T4R2 条件下持续了 4 d、8 d、12 d 的干物质增加量分别降至 CK 的 68.2%、68.9% 和 80.9%。

第二节　低温寡照对设施草莓果实产量和品质的影响

一、低温寡照对设施草莓产量的影响

不同的低温寡照处理对设施草莓果实产量有不同的影响（图 7-2）。T1 条件下草莓果实的产量与 CK 的差距最大，在 T1、T2 条件下，产量随辐射水平的上升而下降，这与最大光合速率的变化趋势相似。在 T1 条件下，T1R1 处理的草莓果实产量随持续时间的增加而增加，T1R2 处理的草莓果实产量随持续时间的增加而下降。在 12 d 时，T1R1 和 T1R2 处理的草莓果实产量分别降至 CK 的 28.8% 和 6.1%。在 T2 条件下，T2R1 处理的草莓果实产量随持续时间的增加而下降。在 12 d 时，T2R1 和 T2R2 处理的草莓果实产量分别降至 CK 的 76.1% 和 62.3%。在 T3 条件下，T3R1 处理的草莓果实产量随持续时间的增加而下降，T3R2 处理的草莓果实产量随持续时间的增加而波动式下降。在 12 d 时，T3R1 和 T3R2 处理的草莓果实产量分别降至 CK 的 90.0% 和 89.0%。在 T4 条件下，T4R1 处理的草莓果实产量随持续时间的增加持续下降，T4R2 处理的草莓果实产量随持续时间的增加而下降。在 12 d 时，T4R1 和 T4R2 处理的草莓果实产量分别降至 CK 的 94.2% 和 95.7%。

二、低温寡照对设施草莓果实品质的影响

低温寡照处理后的果实品质发生了显著变化。低温寡照胁迫显著降低草莓果实的维生素 C 含量和可溶性固形物含量（soluble solids content，SSC）。可溶性固形物是指果实中所有溶解于水的化合物的总称，包括糖、酸、维生素、矿物质等。

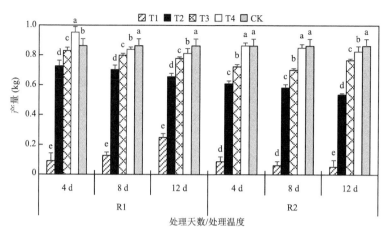

图 7-2　低温寡照对设施草莓果实产量的影响

低温寡照对果实品质影响见图 7-3。在 T1 条件下，T1R1 处理的草莓果实维生素 C 含量随持续时间的增加先上升后下降，T1R2 处理的草莓果实维生素 C 含量随持续时间的增加而下降，这与该条件下的最大光合速率的变化趋势类似。在 12 d 时，T1R1 处理和 T1R2 处理的草莓果实维生素 C 含量分别降至 CK 的 65.5% 和 56.4%。在 T2 条件下，T2R1 处理的草莓果实维生素 C 含量随持续时间的增加先下降后保持不变，T2R2 处理的草莓果实维生素 C 含量随持续时间的增加持续上升。在 12 d 时，T2R1 处理和 T2R2 处理的草莓果实维生素 C 含量分别降至 CK 的 72.7% 和 74.5%。在 T3 条件下，T3R1 处理和 T3R2 处理的草莓果实维生素 C 含量均随持续时间的增加而下降。在 12 d 时，T3R1 处理和 T3R2 处理的草莓果实维生素 C 含量分别降至 CK 的 72.7% 和 81.8%。在 T4 条件下，T4R1 处理和 T4R2 处理的草莓果实维生素 C 含量均随持续时间的增加而下降。在 12 d 时，T3R1 处理和 T3R2 处理的草莓果实维生素 C 含量分别降至 CK 的 89.1% 和 90.9%。

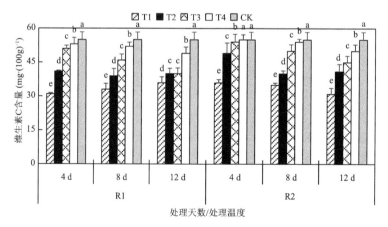

图 7-3　低温寡照对设施草莓果实维生素 C 含量的影响

草莓果实 SSC 随着处理温度的下降、辐射强度的下降而下降（图 7-4）。在 T1 条件下，T1R1 处理的草莓果实 SSC 随持续时间的增加先下降后上升，T1R2 处理的草莓果实 SSC 随持续时间的增加而下降。在 12 d 时，T1R1 处理和 T1R2 处理的草莓果实 SSC 分别降至 CK

的 69.5% 和 69.3%。在 T2 条件下,T2R1 处理和 T2R2 处理的草莓果实 SSC 均随持续时间的增加而下降。在 12 d 时,T2R1 处理和 T2R2 处理的草莓果实 SSC 分别降至 CK 的 72.7% 和 77.1%。在 T3 条件下,T3R1 处理和 T3R2 处理的草莓果实 SSC 仍随持续时间的增加而下降。在 12 d 时,T3R1 处理和 T3R2 处理的草莓果实 SSC 分别降至 CK 的 76.8% 和 77.1%。在 T4 条件下,T4R1 处理和 T4R2 处理的草莓果实 SSC 仍随持续时间的增加而下降。在 12 d 时,T4R1 处理和 T4R2 处理的草莓果实 SSC 分别降至 CK 的 82.8% 和 95.1%。

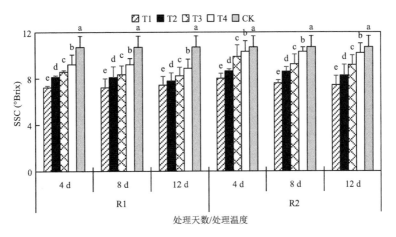

图 7-4　低温寡照对设施草莓果实可溶性固形物含量(SSC)的影响

第八章　高温对设施草莓生长发育影响的模拟模型

第一节　设施草莓生育期模拟

一、模型的描述

1. 生理发育时间模型

（1）生理发育时间的计算

生理发育时间（Physiological Development Time，PDT）是指在最适宜的温度和光照条件下植物完成从萌发到成熟所需要的时间，反映作物的发育速率。对于一个特定的品种来讲，它的 PDT 基本恒定，因此可以用 PDT 来推测不同生长环境状况下的物候期。而生理发育日（Physiological Development Day，PDD）是指植株在最适温度和光照下生长的一天，对于同一品种，在不同温度条件下完成各发育阶段所需的天数是不同的，但 PDD 的天数是恒定的。草莓的生长不可能始终处于最适条件，因此在实际应用中，用生理发育效应（Physiological Development Effectiveness，PDE）来描述，即草莓植株在实际温度和光照下生长一天完成的生理发育日值，其明显小于 PDD。因此：

$$PDT = \sum_i^n PDE_i \tag{8-1}$$

式中，i 是发育的第 i 天，n 是完成所有发育阶段所需的天数。

草莓 PDT 也可以根据温度和光周期来计算，温度包括最大温度、最适温度和最小温度（草莓温度三基点），光周期包括临界光周期和最适光周期。草莓日相对热效应（Relative Thermal Effectiveness，RTE）是指草莓植株在实际温度下生长一天完成的植株在最适温度下生长一天的相当量。草莓日相对光周期效应（Relative Photoperiod Effectiveness，RPE）是草莓植株在实际光周期下生长一天完成的植株在最适光周期下生长一天的相当量。草莓是短日照植物，草莓的生理发育效应由相对热效应和相对光周期效应共同决定，因此：

$$PDT = \sum_i^n PDE_i = \sum_i^n (RTE_i \times RPE_i) \tag{8-2}$$

式中，i 是发育的第 i 天，n 是完成所有发育阶段所需的天数。由此可见，PDT 模型的核心问题：一是描述温度对草莓发育速率影响的 RTE 值的计算，二是描述光周期对草莓发育速率影响的 RPE 值的计算。

（2）相对热效应的计算

RTE 可以根据气温与作物生长发育的三基点温度计算。计算式为：

$$\mathrm{RTE}(T_j)=\begin{cases}0 & T_{\min}>T\\[2mm]\sin\left(\dfrac{\pi}{2}\cdot\dfrac{T-T_{\min}}{T_o-T_{\min}}\right) & T_o>T\geqslant T_{\min}\\[2mm]\sin\left(\dfrac{\pi}{2}\cdot\dfrac{T_{\max}-T}{T_{\max}-T_o}\right) & T_{\max}>T\geqslant T_o\\[2mm]0 & T_{\max}<T\end{cases} \tag{8-3}$$

$$\mathrm{RTE}(i)=\frac{1}{24}\cdot\sum_{j=1}^{24}\mathrm{RTE}(T_j) \tag{8-4}$$

式中，$\mathrm{RTE}(T_j)$ 为定植后第 i 天第 j 小时的相对热效应。$\mathrm{RTE}(i)$ 为定植后第 i 天的相对热效应。T_j 第 i 天第 j 小时的气温（℃）。$T_{\max}$、T_o 和 $T_{\min}$ 分别为草莓在生长发育过程中最高、最适和最低温度（表 8-1）。

表 8-1　草莓不同发育阶段的三基点温度

发育阶段	最高温度（℃）	最低温度（℃）	最适温度（℃）
苗期（Seedling stage）	35	5	20
开花期（Flowering stage）	35	5	25
坐果期（Fruit-setting stage）	35	5	20
成熟期（Harvesting stage）	35	5	25

（3）相对光周期效应的计算

$$\mathrm{RPE}=\begin{cases}0 & DL_c<DL\\(DL_c-DL)/(DL_c-DL_o) & DL_o<DL\leqslant DL_c\\1 & DL\leqslant DL_o\end{cases} \tag{8-5}$$

式中，DL_c 和 DL_o 分别指草莓光周期效应的临界日长（16 h，16 h 以上的日照下草莓不能形成花芽，甚至不能开花结果）和草莓光周期效应的最适宜日长（10～12 h，本书采用 10 h）。DL 是实际日长，它的计算根据方程（8-6）。

$$DL=\frac{24}{\pi}\cdot\arccos(-\tan\varphi\cdot\tan\delta) \tag{8-6}$$

$$\delta=23.45\sin\left(2\pi\cdot\frac{284+n}{365}\right) \tag{8-7}$$

式中，φ 为地理纬度，试验地的 $\varphi=32°02'$；δ 为太阳赤纬，n 是所计算日期在一年中的日序数，如 1 月 1 日为 1，12 月 31 日为 365，DL 的计算从定植后开始。

2. 辐热积模型

在栽培模式一定情景下，作物的生长发育主要是受温度和光合有效辐射决定的。辐热积（Product of thermal effectiveness and PAR，TEP）来整体描述温度和光合有效辐射对作物的影响。PTI 计算如公式（8-8），即作物冠层日光合有效辐射总量与日平均热效应的乘积。

$$\mathrm{DTEP}_i=\mathrm{RTE}_i\times\mathrm{PAR}_i \tag{8-8}$$

式中，DTEP_i，RTE_i 和 PAR_i 分别是定植后第 i 天的辐热积，日平均相对热效应和日光合有效辐射总量。一定发育时间累积的辐热积如式（8-9）。

$$\mathrm{TEP}=\sum\mathrm{DTEP}_i \tag{8-9}$$

式中,TEP 是一定时期内每天的辐热积累计值,单位是 MJ·m^{-2}。

3. 有效积温模型

有效积温(Growing degree days,GDD),主要考虑温度条件,是日平均温度与作物发育下限温度之差的累计值。具体见有效积温的计算采用公式(8-10)和(8-11)(苏李君 等,2020)

$$GDD = \sum (T_{avg} - T_{min}) \tag{8-10}$$

$$T_{avg} = \begin{cases} \dfrac{T_x + T_n}{2} & T_{min} < T_{avg} < T_{max} \\ T_{min} & T_{avg} \leqslant T_{min} \\ T_{max} & T_{avg} \geqslant T_{max} \end{cases} \tag{8-11}$$

式中,T_{avg} 代表日平均气温,T_x 代表日最高气温,T_n 代表日最低气温,T_{min} 和 T_{max} 分别为生长发育的下限温度和上限温度。温度的单位为℃。

二、高温下草莓各生育期的模型建立

利用 2018 年气象数据计算各组处理下定植-开花期、定植-坐果期和定植-采摘期所需要的草莓生理发育时间(PDT)、累积辐热积(TEP)和累积有效积温(GDD),结果见图 8-1。由图可见,32 ℃处理、35 ℃处理 8 d 以内和 38 ℃处理 5 d 以内草莓进入关键生育期(开花期、坐果期和采摘期)所需的 PDT、TEP 和 GDD 均小于对照相应值,而 35 ℃处理 11 d,38 ℃处理 5~11 d 和 41 ℃持续下所需的 PDT、TEP 和 GDD 均大于对照的相应值。可见,苗期不同高温和不同处理天数影响着草莓进入关键生育期累积的 PDT、TEP 和 GDD。其中,轻度和中度持续

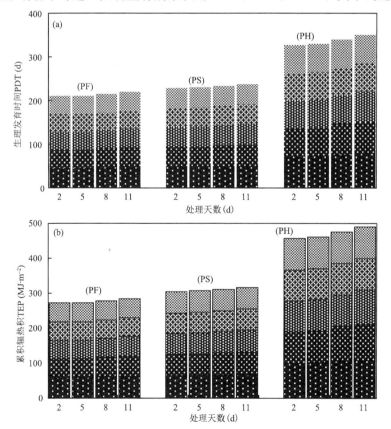

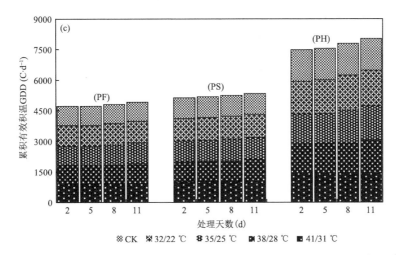

图 8-1　苗期不同高温和持续天数处理后草莓进入主要生育期对应的生理发育时间(a)、
累积辐热积(b)和累积有效积温(c)

注:PF 代表定植-开花期,PS 代表定植-坐果期,PH 代表定植-采摘期。

可以促进草莓提前进入开花期、坐果期和采摘期,而重度和特重度持续则延迟草莓进入上述关键生育期的时间。

三、模型的验证

利用 2019 年数据对模型进行检验。计算不同高温和持续天数处理后每日的 PDT、TEP 和 GDD,将各日值累计相加直到累计值达到图 8-2 中相应的值,此时所对应的天数即模拟值,同时观测各处理下达到具体生育期的天数,此时所对应的天数即实测值。模拟天数与实测天数的对比结果见表 8-2。

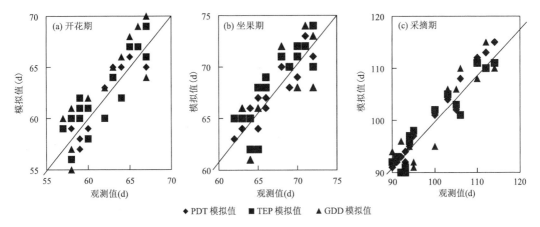

◆ PDT 模拟值　■ TEP 模拟值　▲ GDD 模拟值

图 8-2　三种模型对草莓定植-开花(a)、结果期(b)和采摘期(c)的观测值与模拟值的对比

基于 3 种模型模拟的精确度比较见表 8-2 和表 8-3。由表可见,3 种模型对草莓的开花期、坐果期和采摘期预测精度不同,其中 PDT 模型能更精确预测草莓的开花期,其次是 TEP 模型,GDD 模型预测的效果最差。PDT 模型预测开花期的 RMSE(均方根误差)和 RE(相对误差)分别为 1.39 d 和 2.27%,TEP 模型分别为 2.09 d 和 2.99%,GDD 模型分别为 2.50 d 和

4.07%。同样,对于坐果期和采摘期的预测,PDT 模型的预测精度仍最高,TEP 模型次之,GDD 模型最差。可见,与 TEP 模型和 GDD 模型相比,PDT 模型可以较好预测草莓的开花期、坐果期起止时间和采摘期。

表 8-2　三种模型模拟的精确度比较

生育期	模型	均方根误差(d)	相对误差(%)	拟合系数 R^2	样本数 n
开花期	PDT	1.39	2.27	0.84	16
	TEP	2.09	2.99	0.77	16
	GDD	2.50	4.07	0.74	16
坐果期	PDT	1.50	2.23	0.82	16
	TEP	2.26	3.38	0.71	16
	GDD	2.67	3.94	0.61	16
采摘期	PDT	1.56	1.57	0.97	16
	TEP	2.59	2.61	0.89	16
	GDD	2.86	3.53	0.84	16

表 8-3　三种模型对草莓从定植期到各生育期天数的模拟值和拟合误差(实测值－拟合值)

生育期			开花期				坐果期				采摘期			
温度			32 ℃	35 ℃	38 ℃	41 ℃	32 ℃	35 ℃	38 ℃	41 ℃	32 ℃	35 ℃	38 ℃	41 ℃
PDT	模拟值	2 d	58	57	59	66	63	66	67	71	93	91	96	108
		5 d	59	59	59	67	64	67	67	73	94	95	97	112
		8 d	58	60	63	65	66	66	70	70	92	97	104	113
		11 d	59	65	65	66	64	67	69	71	92	101	102	115
	误差	2 d	1	2	1	−1	−1	−2	−2	−1	−1	−1	−2	−2
		5 d	2	−1	−1	−1	−1	−2	−1	−1	−1	−1	−2	−2
		8 d	2	−1	−1	2	−2	0	−2	−2	−1	−2	−1	−1
		11 d	−1	−2	−1	1	1	1	1	2	1	−1	3	−1
TEP	模拟值	2 d	61	60	61	67	65	65	62	71	90	92	97	101
		5 d	59	56	60	67	65	68	69	72	90	96	98	111
		8 d	58	62	60	66	68	68	71	74	93	98	105	110
		11 d	60	64	62	69	68	70	72	70	91	102	103	111
	误差	2 d	−2	−1	−1	−2	−3	−1	3	−1	2	−2	−3	5
		5 d	−2	2	2	−1	−2	−3	−3	−1	3	−2	−3	−1
		8 d	2	−3	2	1	2	−2	−3	−2	−2	−3	−2	2
		11 d	−2	1	0	−2	−3	−1	−2	2	2	−2	2	3
GDD	模拟值	2 d	62	62	62	68	59	61	68	68	96	94	95	110
		5 d	60	57	61	69	66	66	68	74	90	97	91	108
		8 d	62	60	63	70	61	68	72	68	85	92	106	115
		11 d	55	65	66	64	68	70	72	73	91	95	106	110
	误差	2 d	−3	−3	−2	−3	−1	−4	−3	−1	−4	−4	−1	−4
		5 d	−3	1	−3	−3	−1	−4	−2	−4	3	−3	4	−2
		8 d	−2	−1	−1	−3	−4	0	−4	−4	−6	3	−3	−3
		11 d	3	−2	−2	3	−1	−1	−2	−1	−2	5	−1	−4

　　基于 PDT 模型、TEP 模型和 GDD 模型模拟值与观测值的比较如图 8-2 所示。由图可以明显看出,PDT 模型对草莓开花期、坐果期和采收期的预测精度高于 TEP 模型和 GDD 模型。基于 PDT 模型对开花期模拟的方程拟合系数 R^2 为 0.84,高于 TEP 模型和 GDD 模型的 0.77和 0.74;基于 PDT 模型对坐果期模拟的方程拟合系数 R^2 为 0.82,高于 TEP 模型和 GDD 模型的 0.71 和 0.61;基于 PDT 模型对采收期模拟的方程拟合系数 R^2 为 0.97,高于 TEP 模型和 GDD 模型的 0.89 和 0.84。

第二节　设施草莓叶面积指数的模拟

一、叶面积指数模型建立

　　不同温度不同胁迫天数下的 LAI 随 PDT 的变化规律用指数方程拟合,见表 8-4,此表中模型的决定系数均大于 0.95,说明模型能较好模拟对应温度和对应胁迫天数下的 LAI 随PDT 的变化。

表 8-4　不同高温和持续天数草莓叶面积指数数学模型及其方程的决定系数

处理温度(℃)	处理天数(d)	模型	拟合系数 R^2
CK	—	$LAI = 0.2449e^{0.0252PDT}$	0.9979
32	2	$LAI = 0.2292e^{0.0261PDT}$	0.9969
	5	$LAI = 0.1954e^{0.0274PDT}$	0.9994
	8	$LAI = 0.1764e^{0.0281PDT}$	0.9990
	11	$LAI = 0.1587e^{0.0293PDT}$	0.9960
35	2	$LAI = 0.2052e^{0.0275PDT}$	0.9964
	5	$LAI = 0.1837e^{0.0278PDT}$	0.9994
	8	$LAI = 0.1693e^{0.0284PDT}$	0.9984
	11	$LAI = 0.1544e^{0.0295PDT}$	0.9968
38	2	$LAI = 0.1566e^{0.0288PDT}$	0.9933
	5	$LAI = 0.1500e^{0.0285PDT}$	0.9982
	8	$LAI = 0.1436e^{0.0276PDT}$	0.9963
	11	$LAI = 0.1317e^{0.0271PDT}$	0.9968
41	2	$LAI = 0.1561e^{0.0284PDT}$	0.9946
	5	$LAI = 0.1503e^{0.0276PDT}$	0.9951
	8	$LAI = 0.136e^{0.0275PDT}$	0.9965
	11	$LAI = 0.1374e^{0.0249PDT}$	0.9833

　　注:式中,LAI 为叶面积指数;PDT 为定植后累积的 PDT 值,单位是 d。R^2 为方程的拟合系数。

　　综上所述,LAI 与 PDT 的关系符合指数方程

$$LAI = LAI_0 \times \exp(r_{LAI} \times PDT) \tag{8-12}$$

式中,LAI_0 是开始测量时叶面积指数;r_{LAI} 是叶面积指数随生理发育时间变化速率(PDT^{-1}),此值约为 0.03。

二、模型的验证

　　使用另一批独立数据,计算出其相对应的 LAI 值,然后与实际测的 LAI 值进行对比

（图 8-3）。可以明显看出，利用模型拟合的 LAI 值和实测的 LAI 值呈现较好的 1∶1 线，基于 1∶1 线的拟合系数 R^2 为 0.98，模拟结果精度较高。

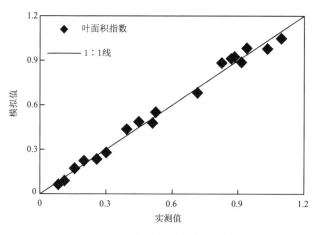

图 8-3　叶面积指数的模拟值与观测值的比较

图 8-4 是模型的预测的线性残差图（观测值－模拟值）。从图中可以看出模型模拟值和实测值的误差在 0.06 以内，总体来说，模型模拟效果与实测值一致性较好。模型对 LAI 的模拟的均方根误差（RMSE）和相对误差（RE）分别是 0.04 和 6.43%。

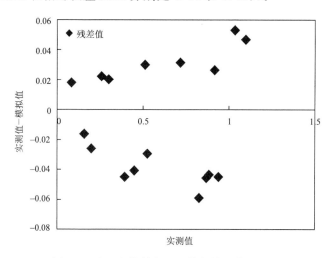

图 8-4　叶面积指数的观测值与模拟值的残差

第三节　设施草莓干物质生产的模拟

一、高温下地上总干物质生产的模拟

1. 单叶光合速率的计算

设施草莓单叶的光合速率通常可以简化为单位面积叶片的光合速率，本书采用负指数模型来计算单叶光合速率，具体的计算公式如下：

$$FG = P_{g,\max} \times [1 - \exp(-\varepsilon \times PAR/P_{g,\max})] \tag{8-13}$$

式中，FG 为设施草莓单叶的光合速率，单位是 $\mu mol \cdot m^{-2} \cdot s^{-1}$；$P_{g,max}$ 为设施草莓单叶的最大光合速率，该值是光合作用模型中非常重要的参数，反映了作物的生化过程和生理条件，单位是 $\mu mol \cdot m^{-2} \cdot s^{-1}$；$\varepsilon$ 为草莓吸收光能的初始利用效率，该值受环境影响较大；PAR 为草莓冠层吸收的光合有效辐射，单位是 $\mu mol \cdot m^{-2} \cdot s^{-1}$，通常这个值是光合有效辐射总量的 80%。

实验测得不同胁迫温度和胁迫天数下各生育期的光响应曲线。通过叶子飘模型拟合不同温度和胁迫天数下光响应曲线（具体的拟合方法和计算方式参照本书第二章第三节），得到各光响应曲线的 $P_{g,max}$。$P_{g,max}$ 与处理温度和胁迫天数之间的关系如图 8-5 所示，以 $P_{g,max}$ 为因变量，处理温度和处理天数为自变量，得到 $P_{g,max}$ 随着处理温度和处理天数变化的方程如下：

$$P_{g,max} = 44.67 - 0.88T - 0.17D \qquad R^2 = 0.9543 \tag{8-14}$$

式中，T 的取值范围为 $32 \sim 41$ ℃；D 的取值范围为 $2 \sim 11$ d。

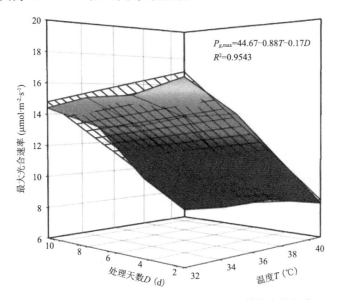

图 8-5　最大光合速率随胁迫温度和胁迫天数的变化规律

2. 冠层光合作用的计算

把草莓的冠层看作一层，通过计算整个冠层瞬时的光合速率，然后计算每日冠层的光合速率。整个冠层的瞬时光合速率计算公式如下：

$$TFG = FG \times LAI \tag{8-15}$$

式中，TFG 为草莓整个冠层的光合速率，单位是 $\mu mol \cdot m^{-2} \cdot s^{-1}$；$FG$ 为单叶光合速率，单位是 $\mu mol \cdot m^{-2} \cdot s^{-1}$；LAI 为草莓的叶面积指数。

从中午到日落之间的 3 个时间点计算如下：

$$t_h[i] = 12 + 0.5 \times DL \times DIS[i] \quad (i = 1,2,3) \tag{8-16}$$

式中，$t_h[i]$ 代表真太阳时，单位是 h；DL 代表日长，单位是 h；$DIS[i]$ 代表高斯三点积分法的距离系数。$DIS[1]$，$DIS[2]$ 和 $DIS[3]$ 分别为 0.112702、0.5 和 0.887298。

从中午到日落 3 个时间点 $t_h[i](i=1,2,3)$，可以计算出其对应的整个冠层瞬时光合速率 $TFG_i(i=1,2,3)$。然后用 TFG_i 对日常进行积分则可以得到整个冠层的每日光合总量，计算如下：

$$DTGA = \left[\sum (TFG_i \times WT_i) \right] \times DL \qquad (i = 1, 2, 3) \qquad (8\text{-}17)$$

式中，DTGA 为设施草莓整个冠层每日的总同化量，单位是 g·m^{-2}·d^{-1}；DL 为日长，单位是 h；WT_i 为中午到日落之间的 3 个时间点的权重（高斯三点积分法），WT_1、WT_2 和 WT_3 分别是 0.277778、0.444444 和 0.277778。TFG_i 为中午到日落之间的第 i 个时间点的草莓整个冠层的光合速率。

3. 呼吸作用的计算

有机体在同化有机物的同时也会消耗有机物，来维持有机体的正常状态，这种消耗有机物是通过呼吸作用实现的。因此准确计算呼吸消耗，对精准预测干物质生产就有重要意义。呼吸作用分为维持呼吸、生长呼吸和光呼吸。

维持呼吸的消耗的同化物质量计算公式如下：

$$RM = Rm(T_o) \times DTGA \times Q_{10}{}^{(T_1 - T_o)/10} \qquad (8\text{-}18)$$

生长呼吸消耗同化物质量计算公式如下：

$$RG = Rg \times DTGA \qquad (8\text{-}19)$$

光呼吸消耗同化物质量计算公式如下：

$$RP = DTGA \times Rp(T_o) \times Q_{10}{}^{(T_2 - T_o)/10} \qquad (8\text{-}20)$$

式中，RM、RG、RP 分别是维持呼吸、生长呼吸和光呼吸消耗的日同化物质量，单位是 g·m^{-2}·d^{-1}；T_1、T_2 和 T_o 分别是日平均气温、白天平均气温和作物的最适呼吸温度，单位是℃。R_m、R_g 和 R_p 分别为作物维持呼吸系数、生长呼吸系数和光呼吸系数，分别取 0.01、0.39 和 0.33。Q_{10} 为 2，为呼吸作用的温度系数。其他符号表明的意思同前。

4. 干物质生产的计算

草莓干物质量的增长速率计算如下：

$$\Delta W = 0.682 \times 0.95 \times \frac{DTGA - RM - RG - RP}{1 - 0.05} \qquad (8\text{-}21)$$

那么作为定植后干物质量计算如下：

$$BIOMASS(i+1) = BIOMASS(i) + \Delta W \qquad (8\text{-}22)$$

式中，ΔW 为草莓群体日产生的干物质量，单位是 g·m^{-2}·d^{-1}；0.682 是二氧化碳与碳水化合物的转换系数；0.95 是碳水化合物转化为干物质的转换系数；0.05 是干物质中矿物质的含量；BIOMASS($i+1$) 和 BIOMASS(i) 分别为定植 $i+1$ 和 i 天干物质的总量；DTGA、RM、RG 和 RP 的含义同上。

5. 模型验证

（1）最大光合速率的验证

使用 2019 年的数据，计算出其相对应的 P_{max} 值，然后与实验实际测的 P_{max} 值进行对比（图 8-6）。可以明显看出，利用模型拟合的 P_{max} 值和实测的 P_{max} 值呈现较好的 1：1 线，基于 1：1 线的拟合系数 R^2 为 0.83，模拟结果精度较高。

图 8-7 是模型的预测的线性残差图（观测值－模拟值）。从图中可以看出模型模拟值和实测值的误差在 3.00 $\mu mol·m^{-2}·s^{-1}$ 以内，总体来说，模型模拟效果与实测值一致性较好。模型对最大光合速率模拟的均方根误差（RMSE）和相对误差（RE）分别是 1.50 $\mu mol·m^{-2}·s^{-1}$ 和 13.17％。

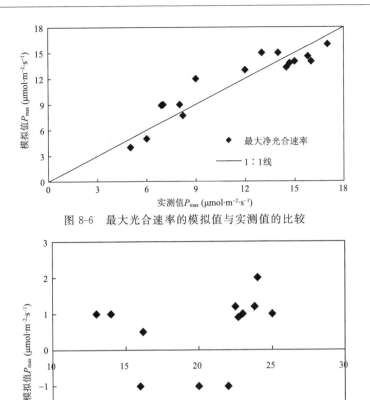

图 8-6 最大光合速率的模拟值与实测值的比较

图 8-7 最大光合速率的实测值与模拟值的残差

（2）干物质生产模型的验证

使用 2019 年的数据，计算出其相对应的地上干物质量，然后与实测的地上干物质量值进行对比（图 8-8）。可以明显看出，利用模型拟合的地上干物质的量和实测的地上干物质的量

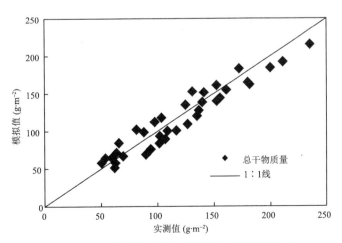

图 8-8 地上总干物质量的模拟值与实测值的比较

呈现较好的1∶1线,基于1∶1线的拟合系数R^2为0.91,模拟结果精度较高。

图8-9是模型的预测的线性残差图(观测值－模拟值)。从图中可以看出模型模拟值和实测值的最大误差为3.0 g·m^{-2},总体来说,模型模拟效果与实测值一致性良好。模型对干物质的量的模拟的均方根误差(RMSE)和相对误差(RE)分别是1.38 g·m^{-2}和11.49%。

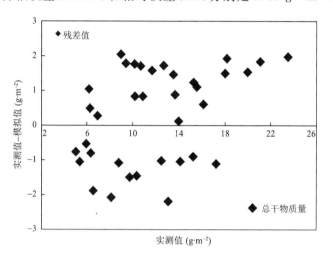

图8-9　地上总干物质量的实测值与模拟值的残差

二、干物质分配模拟

1. 高温下地上器官干物质分配的模拟

在干物质分配的研究中,常常是假设干物质首先在地上和地下部分分配,然后以地上部分的分配量为基础,再向地上器官(茎、叶和果实)分配。本试验地上器官茎、叶和果实(花和果实)的分配指数随生理发育时间的变化可用公式(8-23)至(8-25)表示。

$$\text{PIL} = \text{PIL}_0 + r_{PIL} \exp(-b_1 \times \text{PDT}_{sum}) \tag{8-23}$$

$$\text{PIF} = \text{PIF}_0 + r_{PIF} \times \ln(\text{PDT}_{sum} \times \text{PDT}_{sum,a}) \tag{8-24}$$

$$\text{PIS} = 1 - \text{PIL} - \text{PIF} \tag{8-25}$$

式中,PIL、PIF和PIS分别指叶、果实和茎的干物质分配指数。PIL_0和PIF_0分别指开始测量时叶和果实的分配指数。b_1为叶分配指数相对增加速率(某时刻叶片分配指数下降速率除以某时刻的分配指数),这个参数不受高温的影响,根据实验数据,取值为0.03(PDT^{-1})。r_{PIL}和r_{PIF}指为分配指数和果实分配指数随生理发育时间变化速率(PDT^{-1})。PDT_{sum}指定植后累积的生理发育时间,$PDT_{sum,a}$指从定值到坐果(开花)累积的生理发育时间。

r_{PIL}和r_{PIF}受温度的干扰,通过图8-10分别拟合它们与不同高温和持续天数的关系,得到公式(8-26)和(8-27)。

$$r_{PIL} = -0.29 + 0.04T + 0.02D - 0.0005T^2 - 0.0011D^2 \qquad R^2 = 0.7699 \tag{8-26}$$

$$r_{PIF} = 0.03 + 0.008T + 5.2D - 0.0001T^2 - 7.74D^2 \qquad R^2 = 0.9204 \tag{8-27}$$

式中,T的取值范围为32～41 ℃;D的取值范围为2～11 d。

根据地上部分的总干重以及地上部分器官的分配指数,可以计算叶干重(式(8-28))、茎干重(式(8-29))和果实干重(式(8-30))。

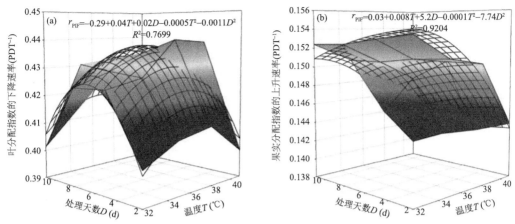

图8-10　不同高温和持续天数下叶(a)和果实(a)的分配指数

$$DWL = PIL \times W_{BIOMASS} \tag{8-28}$$

$$DWS = PIS \times W_{BIOMASS} \tag{8-29}$$

$$DWF = PIF \times W_{BIOMASS} \tag{8-30}$$

式中，DWL、DWS 和 DWF 分别是叶干重、茎干重和果实干重；$W_{BIOMASS}$ 代表地上器官总干重；PIL、PIS 和 PIF 分别代表叶分配指数、茎分配指数和果实分配指数。

2. 模型验证

使用 2019 年的数据，分别计算不同温度和胁迫天数下的叶干重、茎干重和果实干重，并与相应的实测值进行对比(图 8-11)。由图可知，利用模型拟合的叶干重、茎干重及果实干重和实测的相应值较好地呈现在 1∶1 线附近，基于 1∶1 线的决定系数 R^2 分别为 0.96、0.93 和 0.98，说明模型模拟精度较高。

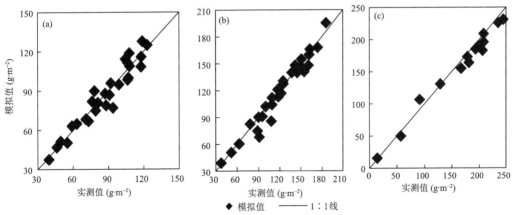

图8-11　叶干重(a)、茎干重(b)和果实干重(c)实测值与预测值的比较
(果实干重是第一个果实达到商品果采收标准时地上部分果实的干重)

从表 8-5 可以看出，模型对叶干重模拟的均方根误差(RMSE)和相对误差(RE)分别为 6.65 和 7.64%，对茎干重模拟的均方根误差(RMSE)和相对误差(RE)分别为 8.50 和 7.09%，对果实干重模拟的均方根误差(RMSE)和相对误差(RE)分别为 11.46 和 7.02%，说明模拟值与实测值的一致性较好。

表 8-5　模型模拟的精确度

地上器官干重(g·m^{-2})	均方根误差(g·m^{-2})	相对误差(%)	决定系数 R^2	样本数 n
叶的干重	6.65	7.64	0.93	28
茎的干重	8.50	7.09	0.96	28
果实的干重	11.46	7.02	0.98	14

第四节　设施草莓果实内在品质模拟

一、温室草莓果实综合内在品质评价方法

综合评价是对多个因素制约的对象的总体评价。果实内在品质是一个综合概念,就单个内在品质因素去评价果实的品质难免会有主观性和模糊性,采用模糊数学的方法对果实品质进行综合的评判可以使结果更加客观,进而能取得更好的评价效果。

1. 建立模糊评判的矩阵

本试验共测定了草莓果实 4 个内在品质指标 $U = (U_1, U_2, \cdots, U_n)$,其中 $n = 4$。每个品质指标有 16 个处理 $V = (V_1, V_2, \cdots, V_m)$,其中 $m = 16$。则草莓果实内在品质对应的模糊评价矩阵如下:

$$\boldsymbol{R} = \begin{bmatrix} & V_1 & V_2 & \cdots & V_m \\ U_1 & r_{11} & r_{12} & \cdots & r_{nm} \\ U_2 & r_{21} & r_{22} & \cdots & r_{nm} \\ \vdots & \vdots & \vdots & \vdots & \vdots \\ U_n & r_{n1} & r_{n2} & \cdots & r_{nm} \end{bmatrix} \qquad (8\text{-}31)$$

2. 评价指标的归一化处理

为了克服评价尺度的不统一,需要对原始数据 $\boldsymbol{R}$ 进行标准化处理,即样本中元素 r_{nm},首先对每一行进行中心化,然后用标准差给与标准化。具体标准化方程如式(8-32)—(8-34)。

$$r_{nm} = (r_{nm} - \overline{r_m}) / S_j \qquad (8\text{-}32)$$

$$\overline{r_m} = \sum_{n=1}^{m} r_{nm} / m \qquad (8\text{-}33)$$

$$S_j = \sqrt{\sum_{n=1}^{m} (r_{nm} - \overline{r_m}) / (m - 1)} \qquad (8\text{-}34)$$

那么标准化以后的迷糊矩阵变为式(8-35)

$$\boldsymbol{R}' = \begin{bmatrix} & V_1 & V_2 & \cdots & V_m \\ U_1 & r'_{11} & r'_{12} & \cdots & r'_{nm} \\ U_2 & r'_{21} & r'_{22} & \cdots & r'_{nm} \\ \vdots & \vdots & \vdots & \vdots & \vdots \\ U_n & r'_{n1} & r'_{n2} & \cdots & r'_{nm} \end{bmatrix} \qquad (8\text{-}35)$$

3. 评价指标的权重

利用熵权法计算各指标的权重,首先求出各指标的信息熵 E_i,然后再计算出各指标的权

重 W_i。E_i 和 W_i 的计算公式如式(8-36)—(8-38)。

$$E_i = -\ln(m)^{-1} \sum_{i=1}^{m} (P_{ij} \ln P_{ij})(i = 1, 2, \cdots, n; j = 1, 2, \cdots, m) \tag{8-36}$$

$$P_{ij} = r_{ij} / \sum_{j=1}^{m} r_{ij} \tag{8-37}$$

$$W_i = \frac{1 - E_i}{n - \sum E_i}(i = 1, 2, \cdots, n) \tag{8-38}$$

式中，$r_{ij}(i = 1, 2, 3, 4; j = 1, 2, \cdots, 16)$ 为标准化的数据；P_{ij} 为第 i 项指标下第 j 个样本值占该指标的比重值，当 $P_{ij} = 0$ 时，$\ln P_{ij} = 0$。

4. 综合评判结果

为了得到最终的评价结果，需要制定一个参照值，即标准的评价物元。由试验初始数据可知各品质指标在不同处理下变化变化很大(上升和下降交替)，以 CK 值作为标准物元也会影响结果的准确性，因为 CK 中各品质指标并不是一定最优。为了克服这个缺点，本书把各组处理标准化的最大值作物标准物元($\hat{V}$)。因此评价矩阵 $\boldsymbol{R}'$ 就可写为 $\widetilde{\boldsymbol{R}}'$：

$$\widetilde{\boldsymbol{R}}' = \begin{bmatrix} & \hat{V} & V_1 & V_2 & & V_m \\ U_1 & r'_{10} & r'_{11} & r'_{12} & \cdots & r'_{1m} \\ U_2 & r'_{20} & r'_{21} & r'_{22} & \cdots & r'_{2m} \\ \vdots & \vdots & \vdots & \vdots & \vdots & \vdots \\ U_n & r'_{n0} & r'_{n1} & r'_{n2} & \cdots & r'_{nm} \end{bmatrix} \tag{8-39}$$

该评价矩阵中 V_j 的评分越接近标准物元 $\hat{V}$，则表明品质越好。计算各组处理与标准物元接近程度可采用贴近度。计算公式如式(8-40)和(8-41)

$$\delta(\hat{V}, V_j) = \sum_{i=1}^{n} (W_i r_{ij}) \tag{8-40}$$

$$\boldsymbol{R}_\delta = \begin{bmatrix} & V_1 & V_2 & \cdots & V_m \\ \delta & \delta_1 & \delta_2 & \cdots & \delta_m \end{bmatrix} \tag{8-41}$$

二、内在品质评价模型的构建与验证

1. 高温下草莓综合内在品质评价模型的构建

(1)根据公式(8-42)我们可以求出维生素 C、花青苷、可溶性糖、可滴定酸的权重。

$$W_i = (\text{维生素 C}, \text{花青苷}, \text{可溶性糖}, \text{可滴定酸}) = (0.23, 0.25, 0.19, 0.33) \tag{8-42}$$

(2)求得评价矩阵 $\widetilde{\boldsymbol{R}}'$ 如下：

$$\widetilde{\boldsymbol{R}}' = \begin{bmatrix} & \hat{V} & V_1 & V_2 & V_3 & V_4 & V_5 & V_6 & V_7 & V_8 & V_9 & V_{10} & V_{11} & V_{12} & V_{13} & V_{14} & V_{15} & V_{16} \\ U_1 & 0.99 & 1 & 0.98 & 0.64 & 0.40 & 0.99 & 0.86 & 0.59 & 0.18 & 0.98 & 0.66 & 0.44 & 0.11 & 0.97 & 0.62 & 0.33 & 0 \\ U_2 & 0.95 & 0.67 & 0.5 & 0.75 & 0.95 & 0.72 & 0.85 & 0.90 & 1 & 0.92 & 0.95 & 0.25 & 0.10 & 0.40 & 0.35 & 0.15 & 0 \\ U_3 & 0.93 & 0.62 & 0.64 & 0.71 & 0.78 & 0.67 & 0.73 & 0.82 & 0.93 & 0.79 & 1 & 0.40 & 0.22 & 0.44 & 0.31 & 0.20 & 0 \\ U_4 & 0.97 & 0.46 & 0.49 & 0.77 & 0.88 & 0.47 & 0.59 & 0.88 & 1 & 0.63 & 0.72 & 0.97 & 0.20 & 0.20 & 0.06 & 0.02 & 0 \end{bmatrix} \tag{8-43}$$

(3)求得不同处理下模糊综合品质得分 $\boldsymbol{R}_\delta$ 如下：

$$\boldsymbol{R}_\delta = \begin{bmatrix} \hat{V} & V_1 & V_2 & V_3 & V_4 & V_5 & V_6 & V_7 & V_8 & V_9 & V_{10} & V_{11} & V_{12} & V_{13} & V_{14} & V_{15} & V_{16} \\ 0.97 & 0.67 & 0.68 & 0.72 & 0.76 & 0.69 & 0.74 & 0.81 & 0.80 & 0.81 & 0.82 & 0.56 & 0.15 & 0.47 & 0.31 & 0.16 & 0 \end{bmatrix} \tag{8-44}$$

构建模糊综合评价分数 $\boldsymbol{R}_\delta$ 与胁迫温度和胁迫天数的方程。$\boldsymbol{R}_\delta$ 与胁迫温度(T)和胁迫天数(D)之间的关系见图(8-12),对图形进行拟合得到模糊综合得分 $\boldsymbol{R}_\delta$ 与胁迫温度(T)和胁迫天数(D)之间的二次多项式如下:

$$\boldsymbol{R}_\delta = -12.21 + 0.76T + 0.01D - 0.01T^2 - 0.003D^2 \qquad (P<0.05, R^2=0.73) \quad (8\text{-}45)$$

式中,T 的取值范围为 $32\sim41$ ℃;D 的取值范围为 $2\sim11$ d。

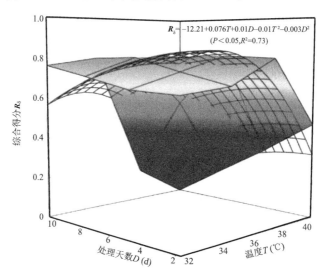

图 8-12　$\boldsymbol{R}_\delta$ 随胁迫温度和胁迫天数的变化规律

2. 模型验证

使用 2019 年的数据,计算出其相对应的 $\boldsymbol{R}_\delta$ 值,然后与实测值进行对比(图 8-13)。可以看出,模型模拟值与实测值呈现较好的 1:1 线,基于 1:1 线的拟合系数 R^2 为 0.86,模拟结果精度较高。

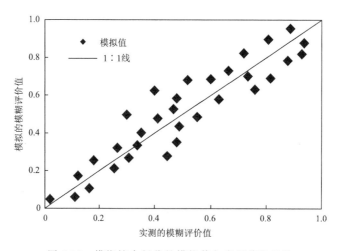

图 8-13　模糊综合得分的模拟值与实测值的比较

图 8-14 是模型的预测的线性残差图(观测值-模拟值)。从图中可以看出模型模拟值和实测值的误差在 0.25 以内。模型对果实综合评价值的模拟的均方根误差(RMSE)和相对误

差(RE)分别是 0.01 和 19.55%,说明模型模拟效果与实测值一致性较好。

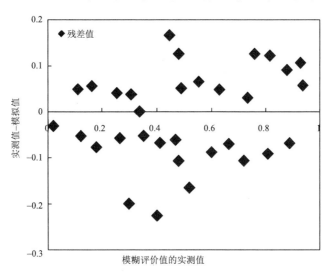

图 8-14 模糊综合评价值的观测值与模拟值的残差

第九章　设施草莓气象灾害风险评估

温度和光照对植物生长发育有着举足轻重的作用,草莓的生长发育的下限温度为 5 ℃,草莓进行光合作用的最适温度范围在 15～25 ℃,最适的光合有效辐射(optimal photosynthetically active radiation)在 400 $\mu mol \cdot m^{-2} \cdot s^{-1}$ 左右。如果温度和光照条件适宜,草莓植株会生长得比较健壮,如果温度或光照强度长时间不能达到适宜的水平,则草莓植株会较为细弱、叶片颜色偏黄、畸形果比例上升、果实甜度等品质下降、果实偏小。我国设施草莓的生产季节中,冬、春两季低温和寡照的天气现象经常出现,而夏秋季节高温天气频繁,外界的气象条件直接影响温室内的小气候。设施草莓在生长季的不同时段容易受到低温寡照、高温灾害的影响导致减产,已成为我国特别是南方影响设施草莓生长的最主要的气象灾害。同时不利的气象条件也可能引发一些草莓病虫害,如低温寡照常引起灰霉病,给草莓生产造成巨大的经济损失。为抵御气象灾害的不利影响,可通过施用化肥、农药等来缓解,但随之而来的是生产成本的增加和排放到空气和水体中带来的环境污染等问题。

农业气候适宜性评价以及风险区划对于农业发展规划的制定、减轻气象灾害影响等具有重要意义。传统的农业区划和风险评估研究主要针对粮食作物或露天栽培的经济作物,很少涉及设施农业。设施农业与露地栽培相比具有环境相对可调控的特点,不受季节限制全年皆可生产,但气象条件直接影响温室设施建造成本和生产过程中的调控成本,因此气象条件同样是布局设施农业需要考虑的重要因素。对主要设施作物的主要气象灾害进行风险评估区划对于合理布局设施农业生产、减轻不利气象条件影响、保障农户收益等具有重要的意义。本章从自然灾害风险形成的基本理论、设施草莓低温寡照灾害和高温灾害的风险评估三方面展开。

第一节　气象灾害风险评估基本理论

一、气象灾害与气象灾害风险

气象灾害是自然灾害中发生次数最多、影响范围最广、造成损失最大的灾害,随着社会经济的高速发展,人类生产生活对天气、气候条件的依赖程度进一步加深,气象灾害对人类社会的影响也不断扩大,特别是受全球气候变化加剧,暴雨洪涝、干旱、台风、低温霜冻等极端天气气候事件发生的频率和强度也呈增加趋势,给经济安全、人身安全、粮食安全和生态环境安全等带来了一系列挑战。气象灾害作为灾害的子领域,同其他灾害一样是人与自然矛盾的一种表现形式,它具有自然和社会双重属性,因此气象灾害主要强调的内容就是危险性天气(灾害性天气)对人类活动造成的已成事实的伤害和损失。气象灾害可以认为是致灾性的天气气候事件对人类的生命财产、国民经济建设及国防建设等造成的直接或间接的损害。气象灾害一般包括天气和气候灾害及气象次生和衍生灾害。直接的气象灾害是指因台风、暴雨、暴雪、雷暴、冰雹、沙尘、龙卷、洪涝和积涝等因素直接造成的灾害。是由于气象因子异常或对气象因素承载能力不足而导致的一系列人类的生存和经济社会发展及生态环境的破坏。在以往的研究中,人们常常将灾害性天气、气象灾害以及由气象原因导致的次生灾害或衍生灾害混为一谈。章国材(2010)把由于气象原因能够直接造成生命伤亡或人类社会财产的灾害称之为狭义的气象灾害,它们是原生灾害。灾害性天气并非都是气象灾害,一些气象灾害也不是灾害性天气,不能把灾害性天气与气象灾害混为一谈。灾害性天气或天气过程演变成气象灾害,是因为它对人类生存环境、人身安全和社会财富构成严重威胁,造成大量人员伤亡和物质财富损失。因此,各种灾害最根本的共同点就是对人类与人类社会造成危害作用,离开人类社会这一受体,就无所谓灾害了。

对于气象灾害风险的定义,不同人有着不同的表述,但基本思想可以统一到气象灾害风险就是危险的天气事件发生的可能性和后果。张继权等(2007)认为气象灾害风险可以定义为某一种未来可能发生的气象事件对人员或财产造成损失的可能性。因此,气象灾害风险强调的内容是未来可能发生气象事件对人类社会产生危害与损失的可能。

从气象灾害和气象灾害风险的定义可以看出,气象灾害强调天气过程已经造成的实际人员损伤和财产损失;气象灾害风险是危险性天气将来可能造成的人员损伤和财产损失。因此,如果以现在时刻为划分点,气象灾害研究的对象是过去已发生损失;气象灾害风险研究的对象是将来可能出现的危险天气,而且其一旦出现必将产生的损失。因此,气象灾害风险不一定成为气象灾害,只有随着时间和环境的变化,它由可能损失转变为现实损失才变成气象灾害。

二、农业气象灾害与农业气象灾害风险

农业是风险性产业,农业气象灾害是危害农业生产最主要的自然灾害种类。当前农业气象灾害风险研究既是灾害学领域中研究的热点,又是我国当前急需的应用性较强的课题。如何准确、定量地评估农业气象灾害风险,对国家目前农业结构调整,特别是农业可持续发展、农业防灾减灾对策和措施的制定、保障粮食安全等意义重大。

农业生产作为一种经济行为,是在一定的风险之上进行的,由于各种风险(社会的和自然的)影响,对于农业生产经营者可产生两种不同的后果:在有利的条件下达到预定的经济目标或者损失较小,在不利的条件下付出风险代价。各种农业生产方案,由于生产要求和气象条件的矛盾性可导致多种农业气象灾害,从风险的角度来说,农业气象灾害是农业风险的重要来源,这就为我们从风险的角度研究农业气象灾害提供了现实的基础。

农业气象灾害与农业经济效益紧密相联。与气象灾害概念不同,农业气象灾害是结合农业生产遭受灾害而言的,即农业气象灾害是指大气变化产生的不利气象条件对农业生产和农作物等造成的直接和间接损失。农业气象灾害一般是指农业生产过程中导致作物显著减产的不利天气或气候异常的总称,是不利气象条件给农业造成的灾害。如由温度因子引起的农业气象灾害有热害、冻害、霜冻、热带作物寒害和低温冷害等,由水分因子引起的有旱灾、洪涝灾害、雪害和雹害等,由风引起的有风害,由气象因子综合作用引起的有干热风、冷雨和冻涝害等。

农业生产对自然环境条件有强烈的依赖性,环境条件的不适必然会给农业生产带来损失;作物在长期适应与演化过程中,逐渐形成了自身对环境条件的要求。因此从风险的角度来看,农业生产面临的风险程度的高低与两大因素有关:第一是农业决策,包括耕作制度的确立、品种选择以及播种、施肥、收获等环节的技术规范;第二是本年度环境条件的优劣,主要包括气象条件、土壤条件、市场条件等。因此,农业风险就是在农业生产过程中,由于农业决策及环境条件变化的不确定性而可能引起的后果,此后果与预测目标发生多种负偏离的综合。但是由于农业系统结构复杂,环境因素众多,所以确定农业风险有很大难度。为降低分析难度,可针对特定的农业生产方案,仅研究由于不利的气象条件而形成的风险,即农业气象灾害风险,其定义如下:对于特定的农业生产方案,在当前市场状况下,由于不利的气象条件而引起的后果,与预定目标发生多种负偏离的综合称为农业气象灾害风险。霍治国等(2003)定义农业气象灾害风险是指在历年的农业生产过程中,由于孕灾环境的气象要素年际之间的差异引起某些致灾因子发生变异,承灾体发生相应的响应,使最终的承灾体产量或品质与预期目标发生偏离,影响农业生产的稳定性和持续性,并可能引发一系列严重的社会问题和经济问题。

农业气象灾害风险的特征是由风险的自然属性、社会属性、经济属性所决定的,是风险的本质及其发生规律的外在表现,主要包括以下几点。

(1)随机性。这来源于不利气象条件(气象事件)具有随机发生的特点。一方面,农业气象灾害的发生不但受各种自然因素的影响,除了气象要素本身的异常变化外,农业气象灾害的发生、程度、影响大小还与作物种类、所处发育阶段和生长状况、土壤水分、管理措施、区域和农业系统的防灾减灾能力以及社会经济水平等多种因素密切相关,其发生具有一定的随机性和不确定性。另一方面,由于客观条件的不断变化以及人们对未来环境认识的不充分性,导致人们对农业气象灾害未来的结果不能完全确定。

(2)不确定性。农业气象灾害的发生在时间、空间和强度上具有不确定性。

(3)动态性。气象事件的程度和范围及农业气象灾害大小是随时间动态变化的;农业气象灾害风险在空间上是不断扩展的。

(4)可规避性。通过发挥承灾体的主观能动性和提高防灾减灾能力,可降低或规避农业气象灾害风险。

(5)可传递性。农业气象灾害风险具有从单一灾害向其他灾害传递的可能性,从而形成灾害链。

三、区域灾害系统理论

自然灾害系指自然变异超过一定的程度,对人类和社会经济造成损失的事件。根据对自然灾害研究内容的不同,自然灾害研究主要存在如下几个理论。致灾因子论认为灾害的形成是致灾因子对承灾体作用的结果,没有致灾因子就不会形成灾害;孕灾环境论认为近年来灾害发生频繁,灾害损失与日俱增,其原因与区域环境变化有密切的关系,其中最为主要的是气候与地表覆被的变化以及物质文化环境的变化。由于不同的致灾因子产生于不同的致灾环境系统,因此研究灾害可以通过对不同致灾环境的分析,研究不同孕灾环境下灾害类型、频度、强度、灾害组合类型等,建立孕灾环境与致灾因子之间的关系,利用环境演变趋势分析致灾因子的时空特征,预测灾害的演变趋势。承灾体论,承灾体即为灾害作用对象,是人类活动及其所在社会各种资源的集合,一般包括生命和经济两个部分。承灾体的特征主要包括暴露性和脆弱性两个部分,承灾体暴露性描述了灾害威胁下的社会生命和经济总值,脆弱性描述了暴露于灾害之下的承灾体对灾害的易损特征(如承灾体结构、组成、材料等)。通过对承灾体研究,确定区域经济发展水平和社会脆弱性,为防灾减灾、灾后救助提供指导。

区域灾害系统论认为灾害是地球表层异变过程的产物,在灾害的形成过程中,致灾因子、孕灾环境、承灾体缺一不可,灾害是地球上致灾因子、孕灾环境、承灾体综合作用的结果,忽略任何一个因子,对灾害的研究都是不全面的。史培军(2002)认为由孕灾环境(E)、致灾因子

(H)、承灾体(S)复合组成了区域灾害系统(D)的结构体系(图9-1),即$D_s = E \cap H \cap S$,并认为致灾因子、承灾体与孕灾环境在灾害系统中具有同等重要的地位。

致灾因子包括自然致灾因子,例如地震、火山喷发、滑坡、泥石流、台风、暴风雨、风暴潮、龙卷、尘暴、洪水、海啸等,也包括环境及人为致灾因子,如战争、动乱、核事故等。因此,持致灾因子论的有关研究者认为,灾害的形成是致灾因子对承灾体作用的结果,没有致灾因子就没有灾害。孕灾环境包括孕育产生灾害的自然环境与人文环境。近年灾害发生频繁,损失与年俱增,其原因与区域及全球环境变化有密切关系。其中最为主要的是气候与地表覆盖的变化,以及物质文化环境的变化。承灾体就是各种致灾因子作用的对象,是人类及其活动所在的社会与各种资源的集合。其中,人类既是承灾体又是致灾因子。承灾体的划分有多种体系,一般先划分人类财产与自然资源二大类。

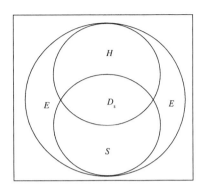

图9-1 灾害系统的结构体系

四、灾害风险形成理论

在"国际减灾十年"活动中,灾害风险管理学者就灾害风险的形成基本上形成共识。目前国内外关于灾害风险形成机制的理论主要有"二因子说""三因子说"和"四因子说"。

(1)灾害风险形成的"二因子说"

该学说认为灾害风险是一定区域内致灾因子危险性(Hazard,H)和承灾体脆弱性(Vulnerability,V)综合作用的结果,危险性指致灾因子本身发生的可能性,脆弱性指承灾体系统抵御灾害造成破坏和损失的可能性。致灾因子危险性是灾害形成的必要条件,承灾体脆弱性是灾害形成的根源,同一致灾强度下,灾情随脆弱性的增大而加重,将灾害风险的数学表达为:

$$R = f(H,V) = H + V \tag{9-1}$$

式中,R 为灾害风险,H 为致灾因子危险性,V 为承灾体脆弱性。

联合国人道主义事务部认为自然灾害风险是在一定区域和给定时段内,由于特定的自然灾害而引起的人民生命财产和经济活动的期望损失值,并将灾害风险表达为危险性和脆弱性之积;危险性是灾害风险形成的关键因子和充分条件,没有危险性就没有灾害风险,认为灾害风险大小应该表述为危险性与脆弱性之积,并进一步解释了风险表达式中为什么危险性和脆弱性只能相乘而不能相加的问题。灾害风险可以表述为:

$$R = f(H,V) = H \times V \tag{9-2}$$

式中,R 为灾害风险,H 为致灾因子危险性,V 为承灾体脆弱性。

目前多数学者认为将灾害风险表达为危险性和脆弱性的乘积,一方面符合风险的本质及其数学解释,即风险是不期望事件发生可能性和不良结果,表述为事件发生的概率及其后果的函数;另一方面也符合灾害风险形成理论实际,即灾害风险是致灾因子对承灾体的非线性作用产生的,危险性是灾害风险形成的必要条件,没有危险性就没有灾害风险,将灾害风险的致灾因子的危险性(或发生概率)和承灾体的脆弱性的线性叠加(加法公式),从理论和方法而论都是不正确的。

(2)灾害风险形成的"三因子说"

一些学者认为灾害风险除了与致灾因子危险性和承灾体脆弱性有关外,还与特定地区的人和财产暴露(Exposure,E)于危险因素的程度有关,即该地区暴露于危险因素的人和财产越多,孕育的灾害风险也就越大,因而灾害造成的潜在损失就越重。暴露性是致灾因子与承灾体相互作用的结果,反映暴露于灾害风险下的承灾体数量与价值,与一定致灾因子作用于空间的危险地带有关。因此,一定区域灾害风险是由危险性、暴露性和脆弱性三个因素相互综合作用而形成的。灾害风险的表达式转换为:

$$R = f(H,E,V) = H \times E \times V \qquad (9-3)$$

式中,R 为灾害风险,H 为致灾因子危险性,E 为暴露性,V 为承灾体脆弱性。

(3)灾害风险形成的"四因子说"

除了上述的三个因素外,有学者认为防灾减灾能力(emergency response & recovery capability,C)也是制约和影响灾害风险的重要因素,一个社会的防灾减灾能力越强,造成灾害的其他因素的作用就越受到制约,灾害的风险因素也会相应地减弱。防灾减灾能力具体指的是一个地区在应对灾害时,其拥有的人力、科技、组织、机构和资源等要素表现出的敏感性和调动社会资源的综合能力,构成要素包括灾害识别能力、社会控制能力、行为反应能力、工程防御能力、灾害救援能力和资源储备能力等。防灾减灾能力越高,可能遭受潜在损失就越小,灾害风险越小。在危险性、易损性和暴露性既定的条件下,加强社会的防灾减灾能力建设将是有效应对日益复杂的灾害和减轻灾害风险最有效的途径和手段。

从动力学的角度看,是上述四项要素孕育生成了灾害风险。在构成灾害风险的 4 项要素中,危险性、脆弱性和暴露性与灾害风险生成的作用方向相同,而防灾减灾能力与灾害风险生成的作用方向是相反的,即特定地区防灾减灾能力越强,灾害危险性、易损性和暴露性生成灾害风险的作用力就会受到限制,进而减少灾害风险度。因此,灾害风险的表达式为:

$$R = f(H,E,V,C) = (H \times E \times V)/C \qquad (9-4)$$

式中,R 为灾害风险,H 为致灾因子危险性,E 为暴露性,V 为承灾体脆弱性,C 为防灾减灾能力。基于以上对灾害风险形成机制的认识,并将其应用到灾害风险评价中去,可以得出农业气象灾害风险是危险性、暴露性、脆弱性和防灾减灾能力综合作用的结果(图 9-2)。

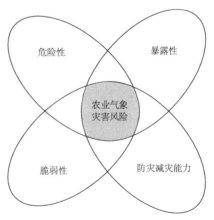

图 9-2　灾害风险因素构成图

农业气象灾害风险既具有自然属性,也具有社会属性,无论气象因子异常或人类活动都可能导致气象灾害发生。因此,农业气象灾害风险是普遍存在的。同时气象灾害风险又具有不确定性,其不确定性一方面与气象因子自身变化的不确定性有关,同时也与认识与评价农业气象灾害的方法不精确、评价的结果不确切以及为减轻气象风险采取的措施有关。因此,气象灾害风险的大小是由四个因子相互作用决定的。在构成农业气象灾害风险的四项要素中,危险性、暴露性和脆弱性与风险生成的作用方向相同,而防灾减灾能力与风险生成的作用方向是相反的,即特定地区防灾减灾能力越强,灾害危险性、暴露性和脆弱性生成农业气象灾害风险的作用力就会受到限制,进而减少灾害风险度。研究农业气象灾害风险中四个因子相互作用规律、作用方式以及动力学机制对于认识农业气象灾害风险具有重要作用。

灾害风险形成的"二因子说"中的脆弱性的内涵要较"三因子说""四因子说"更为广泛,因为实际研究中脆弱性与暴露性、敏感性的界线并不清晰,经常将暴露性、敏感性和防灾减灾能力统归于脆弱性中一起进行研究。

第二节　设施草莓低温寡照灾害风险评估

一、设施草莓低温寡照危险性评估

1. 致灾因子危险性评估的基本方法

农业气象灾害风险形成的致灾因子是指能够引发农业损失的异常气象事件,也称为风险源。对农业气象灾害致灾因子的分析,主要是分析引发农业气象灾害的气象事件强度、发生可能性以及时空特征。气象灾害风险危险性的高低是异常气象事件的变异强度及发生概率的函数:

$$H = f(M, P) \tag{9-5}$$

式中,H(Hazard)为致灾因子的危险性,M(Magnitude)为异常气象事件的变异强度,P(Possibility)为异常气象事件可能发生的概率。

致灾因子危险性分析是农业气象灾害风险研究的一个方向,它是研究给定地理区域内一定时段内各种强度的致灾因子发生的可能性、概率或重现期、发生强度、发生区域分布等的方法。这种方法认为危险性的高低是异常气象事件的变异强度及发生概率的函数,这种方法侧重于自然系统。例如,利用标准化降水指数(SPI)识别干旱事件及其强度,把干旱频率、强度作为危险性指标分析其变化规律,对农业干旱灾害风险的危险性进行评估。

2. 设施农业低温寡照事件识别

(1)设施农业低温寡照识别指标的确定

温室作物主要有番茄、黄瓜、辣椒、茄子、甜瓜、西瓜、草莓等,目前已开展了一些针对这些温室作物的低温寡照研究。由表 9-1 可知,以往研究中,低温寡照胁迫处理的日最低温度范围为 2~15 ℃,温室内光照强度范围为 14~600 $\mu mol \cdot m^{-2} \cdot s^{-1}$。草莓光饱和点约为 1000 $\mu mol \cdot m^{-2} \cdot s^{-1}$,光合作用最适温度为 18~25 ℃(程云清 等,2011)。根据前人研究可知,低温寡照灾害致灾因子主要为日最低气温、光照强度、持续时间这三方面。所有低温寡照处理均抑制了温室作物的生长发育,因此选取这些胁迫处理中较高的温度和光照水平、较短的持续时间作为温室作物开始受到低温寡照灾害胁迫的起始点。温度水平的选取参考王永健等(2001),日最低气温低于 15 ℃时开始受到低温胁迫;光照水平的选取参考邹雨伽(2017)和高冠(2017)研究中设置的低温寡照处理的光照水平,光照强度低于 400 $\mu mol \cdot m^{-2} \cdot s^{-1}$ 开始受到胁迫。由于在低温寡照条件下处理 2 d 后,番茄植株的株高、茎粗等生长指标的变化不显著,且在低温寡照处理 5 d 后,黄瓜生长被显著抑制,因此取 3 d 为低温寡照灾害持续时间的起始点。综合上述条件,可得设施农业低温寡照事件识别的条件(表 9-2)。

表 9-1　以往研究针对温室作物的低温寡照复合胁迫试验处理

物种	日最低温度(℃)	光照强度(μmol·m^{-2}·s^{-1})	持续时间(d)
番茄	15/8	80、300	1、4
	2、4、6、8	200、400	2、4、6、8、10
	2、4、6、8	200、400	2、4、6、8、10
	28/18	1000	CK
	2、4、6、8	200、400	2、4、6、8、10
	14、8、5	136、64、44	7
	18	600	CK
	10	60	8
	5	60	8
	5、8	44、64	7
	14	136	7
黄瓜	18/25	600	CK
	18/25	100	2、5、10
	12	100	2、5、10
	7	100	2、5、10
	15	100	1、2
	11	35、100	6
辣椒	14	300	CK
	5、8	150、100	7
	18	600	CK
茄子	18	1000	CK
	10、5	60、120	7
甜瓜	18	95	0.5
	5	20	0.5
	9	14	1、2、3、4
西瓜	10	100	7、14
	18	250	CK
西葫芦	5、10、15	50、150、250	1、4、7
	18	1000	CK
	5	60	7
	5	120	7
	8	30、60	6
南瓜	8	80	2、4
	18	600	CK

注:表中的试验处理均参考以往的研究;表中的"x_1/x_2"为该处理的日最高气温/日处理气温,"x_1、x_2"为不同处理的日最低气温、光照强度和持续时间,CK 为对照组处理。

表 9-2　设施农业低温寡照灾害事件识别条件

日最低温度(℃)	光照强度($\mu mol \cdot m^{-2} \cdot s^{-1}$)	持续时间(d)
≤15	≤400	≥3

(2)温室内日最低气温和光照强度模拟

以江苏、安徽、湖北、重庆、四川、云南、贵州、湖南、江西、浙江、福建、广东、广西 13 个省(自治区、直辖市)(以下简称"南方 13 省(自治区、直辖市)")为研究区(图 9-3),该区域是中国太阳辐射最少的区域之一,特别是在冬春季节,受低温寡照影响严重,也是我国塑料大棚最主要分布的地区,占我国设施农业总面积的 67%。塑料大棚较日光温室保温效果差,更容易受外界气象条件的影响。中国南方的气候分类为湿润的亚热带地区,年平均降水量为 1323 mm,气温为 18.3 ℃。

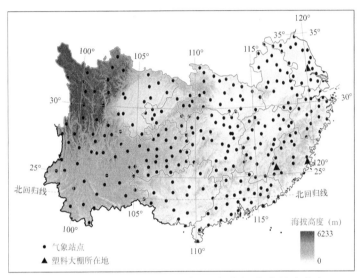

图 9-3　中国南方 13 个省(自治区、直辖市)气象站点分布

我国南方有着观测历史悠久、分布密集的自动气象站。然而,对塑料温室内小气候的观测却很少,一般为研究人员用于自己研究的零星观测。因此,利用室外气象站观测资料模拟温室内小气候条件,对于区域尺度的设施农业气象灾害分析具有重要价值和现实意义。研究所使用的数据包括南方 13 省(自治区、直辖市)的 303 个国家基本气象站 1990—2019 年的气温、湿度、日照时数等逐日自动气象站观测资料,以及研究团队观测的南方典型塑料大棚内观测的逐日小气候资料,所观测塑料大棚的地理位置和观测时段见表 9-3。采用上述数据构建温室内小气候与室外气象条件之间的关系。气象站观测数据由中国气象局保存,可在 http://data.cma.cn/获得,并已经过数据质量控制。

表 9-3　塑料大棚位置与观测时期

位置	观测时间
福清市	2017 年 5 月 1 日—2019 年 9 月 10 日
连城县	2017 年 6 月 9 日—2019 年 8 月 30 日
姜堰区	2013 年 8 月 30 日—2015 年 12 月 30 日

采用六种机器学习方法,包括支持向量机(SVM)、XGBoost、随机森林(RF)、极限学习机(ELM)、BP 神经网络(ANN)、多元线性回归(MLR),利用南方 13 省(自治区、直辖市)的室外气象站观测资料,对塑料大棚内长期日最低气温进行模拟。

所观测的典型塑料大棚内日最低气温数据在剔除异常观测值后,共有 2248 个。以附近气象站逐日观测资料为输入自变量用于模拟温室内日最低气温。由于不同气象要素对温室内最低气温的影响程度不同,采用逐步回归模型筛选影响温室内日最低气温的关键室外气象因子,经过反复组合测试,筛选出 4 个气象因子,分别为 $T_{\min}$(当日室外最低温度)、$T_{\min\_p}$(前一日室外最低气温)、$T_{\min\_n}$(第二日室外最低气温)、$RH_{\min}$(当日室外最低相对湿度)用于预测温室内日最低气温。根据奇、偶日期将数据分为两个子集,奇数日期的数据集被用作训练,另一个被用作测试。采用六种机器学习方法分别进行塑料大棚内日最低气温的模拟,具体操作在软件 R 中实现。以拟合系数(R^2)、均方根误差(RMSE)和回归线斜率(β)等指标评价这六种机器学习方法对温室内日最低气温的模拟效果。R^2 值越大,RMSE 值越小,β 值接近 1 意味着模型模拟性能越高。

表 9-4 中展示了六种机器学习方法对温室内日最低气温的模拟效果。可以看出,ELM 模型的模拟效果优于其他方法,测试数据集的 R^2 值在六个模型中最大,RMSE 值最小,β 接近于 1,表明没有明显的系统高估或低估。图 9-4 为利用 ELM 模型对塑料大棚日最低气温的模拟值与观测值的比较,其中 n 是测试集中的样本量,样本在理想线(1∶1 线)附近分布,模拟效果非常好,可用该模型根据室外气象站观测数据模拟塑料大棚内日最低气温。研究中利用 ELM 模型模拟了 1990—2019 年南方不同地区塑料大棚内的逐日最低气温,用于后续低温寡照事件的识别。

表 9-4　六种机器学习方法模拟效果对比

模型	训练集			测试集		
	R^2	β	RMSE	R^2	β	RMSE
MLR	0.9552	0.9552	1.76	0.9663	0.9625	1.53
ANN	0.9587	0.9537	1.69	0.9677	0.9581	1.50
ELM	0.9590	0.9591	1.69	0.9690	0.9679	1.49
RF	0.9849	0.9675	1.04	0.9336	0.9345	2.14
SVM	0.9355	0.9574	2.14	0.9422	0.9655	2.01
XGBoost	0.9787	0.9671	1.23	0.9277	0.9358	2.24

我国虽然有 2000 多个气象观测站,但进行长期太阳辐射观测的站点仅有 130 个。本研究根据 Ångström-Prescott 模型(Ångström,1924),利用日照时数数据转换为太阳辐射,以提高太阳辐射数据的空间分辨率和时间序列的长度:

$$R_s = R_0 \times \left(a + b \times \frac{n}{N}\right) \tag{9-6}$$

式中,R_s 和 R_0 分别是到达地面的辐射量和大气层顶水平面上的日总辐射量(MJ·m^{-2}·d^{-1});n 是每日实际的日照时数(h);N 是理论上每日的日照时数(h);a 和 b 是模型系数,在不同区域模型系数的取值不同,可参考 Li 等(2013)的计算(表 9-5)得到。R_0 和 N 的计算参考公式(9-7)—(9-11)。

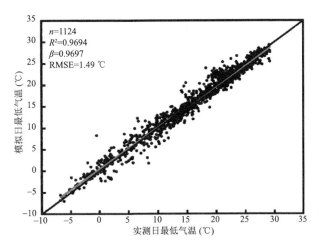

图 9-4　采用 ELM 模型的塑料大棚日最低气温的模拟值与观测值

$$R_0 = 37.6d_r(\omega_s \sin\varphi\sin\delta + \cos\varphi\cos\delta\sin\omega_s) \qquad (9\text{-}7)$$

$$d_r = 1 + 0.033\cos\left(\frac{2\pi}{365}n\right) \qquad (9\text{-}8)$$

$$\delta = 0.4093\sin\left(\frac{2\pi}{365}n - 1.39\right) \qquad (9\text{-}9)$$

$$\omega_s = \arccos(-\tan y\tan\delta) \qquad (9\text{-}10)$$

$$N = \frac{24}{\pi}\omega_s \qquad (9\text{-}11)$$

式中，d_r 是太阳和地球间的相对距离；ω_s 是日落时角（rad）；y 是纬度（rad）；δ 是太阳赤纬（rad）。

表 9-5　不同太阳辐射区的模型系数 a 和 b 的计算公式

太阳辐射区	系数
1	$a = -4.0154\times10^{-3}x - 1.437\times10^{-4}y + 4.7267\times10^{-6}z + 0.5809$
	$b = 3.3411\times10^{-3}x - 2.5937\times10^{-3}y + 4.0251\times10^{-5}z + 0.2394$
2	$a = -1.6791\times10^{-3}x - 2.8984\times10^{-3}y - 3.1107\times10^{-5}z + 0.5764$
	$b = 5.1597\times10^{-3}x - 9.0242\times10^{-3}y + 4.1183\times10^{-5}z + 0.2754$
3	$a = -4.0766\times10^{-3}x + 7.2451\times10^{-3}y + 2.2822\times10^{-5}z + 0.3525$
	$b = 1.9863\times10^{-3}x - 4.0733\times10^{-3}y + 3.7908\times10^{-6}z + 0.4855$
4	$a = -1.4409\times10^{-3}x - 4.8707\times10^{-4}y - 1.9018\times10^{-5}z + 0.328$
	$b = 3.8595\times10^{-3}x + 8.1466\times10^{-4}y + 1.455\times10^{-4}z + 0.0953$
5	$a = -9.9688\times10^{-4}x + 2.4799\times10^{-3}y + 8.3594\times10^{-6}z + 0.1827$
	$b = 8.7085\times10^{-4}x + 1.1277\times10^{-3}y + 3.4923\times10^{-6}z + 0.4038$

注：x 为经度（°E）；y 为纬度（°N）；z 为海拔高度（m）。南方 13 省（自治区、直辖市）中，对应的太阳辐射区编号为 1 的有云南省，为 3 的有四川省、重庆市和贵州省，其他省自治区都为 4 区。

根据汤庆等（2012）的研究，双层拱架塑料大棚对于地面太阳净辐射的透过率为 0.76，利用该转换系数将塑料大棚的室外太阳辐射 R_s 转化为温室内太阳辐射。再将温室内 R_s（MJ·m^{-2}·d^{-1}）转化为辐照度（W·m^{-2}），设定每日照射时间为 12 h，根据 Reis 等（2020）的研究，换算系数为 23.15。

$$1\ \frac{MJ}{m^2 \cdot 12\ h} \rightarrow 23.15\ \frac{W}{m^2} \tag{9-12}$$

将辐照度（W·m^{-2}）转化为光合有效辐射 PAR（μmol·m^{-2}·s^{-1}），2.02 的换算系数：

$$1\ \frac{W}{m^2} \rightarrow 2.02\ \frac{\mu mol}{m^2 \cdot s} \tag{9-13}$$

采用历史观测的各站点逐日日照时数数据转化为太阳辐射，进而转化为塑料大棚内的光合有效辐射。选取太阳辐射数据观测历史较长、数据完整的南京为例展示由日照时数转化太阳辐射的效果。表 9-6 为 1990—2015 年的太阳辐射观测值与采用日照时数的转化值的对比。可以看出在 1990—2015 年期间，每年观测和模拟值的 R^2 均在 0.87 以上，效果很好。图 9-5 以 2015 年为例展示了逐日的太阳辐射观测值和转化值，可以发现整体转换效果良好，只有当日照时数较低时，转换后的 R_s 略高于观测值，但并不会对我们识别低温寡照事件造成较大影响。

表 9-6　南京站 1990—2015 年太阳辐射观测值与转化值的对比

年份	R^2	β	RMSE	年份	R^2	β	RMSE
1990	0.9506	0.9191	1.7870	2003	0.8921	0.9178	2.2629
1991	0.9037	0.8696	2.2449	2004	0.9081	0.9962	2.1085
1992	0.9459	0.9985	1.9119	2005	0.9121	0.8965	2.8119
1993	0.9230	0.9525	2.0347	2006	0.9090	0.9366	2.2607
1994	0.9366	1.0108	2.1416	2007	0.8796	0.9111	2.6495
1995	0.9291	1.0610	2.1628	2008	0.9090	0.8949	2.4392
1996	0.8948	0.9313	2.1444	2009	0.9379	0.9437	1.8903
1997	0.9328	0.9679	1.8517	2010	0.9204	0.9071	2.0846
1998	0.9440	0.9638	1.8711	2011	0.9424	0.9257	1.7541
1999	0.9095	0.9218	2.0363	2012	0.9433	0.9106	1.9127
2000	0.9415	0.9660	1.8825	2013	0.9393	0.9286	1.8862
2001	0.9250	0.9546	1.9463	2014	0.9416	0.8799	2.0470
2002	0.9359	0.9587	1.8281	2015	0.9346	0.8684	2.4246

（3）低温寡照事件时空分布特征

根据前面确定的设施农业低温寡照事件的识别指标，以及塑料大棚内逐日最低气温和光照强度的转化方法，识别 1990—2019 年南方 13 省（自治区、直辖市）各站点低温寡照事件，分析低温寡照事件的时空分布特征。

①低温寡照事件的年内、年际分布特征

低温寡照事件在不同月份的分布特征如图 9-6 所示。我国南方 13 省（自治区、直辖市）的低温寡照主要发生在 11 月至次年 3 月，这段时间发生的低温寡照事件占全年总发生次数的 79.48%，低温寡照日数占全年总低温寡照事件累计天数的 87.22%，每次事件的持续天数也较长，平均每月发生次数约为 1.7 次，平均持续时间约为 9 d。从 5 月到 9 月，几乎没有低温寡照事件发生。我国为北半球季风气候区，冬半年温度较低，而冬春季节也是全年日照条件最差的时间，这些共同造成了冬春季节低温寡照事件最多。

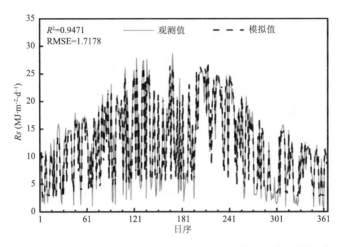

图 9-5 南京气象观测站 2015 年逐日太阳辐射观测值与模拟值

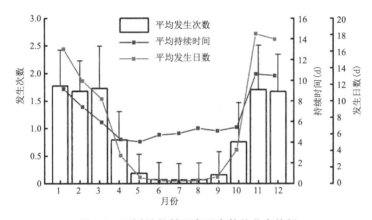

图 9-6 不同月份低温寡照事件的分布特征

图 9-7 显示了低温寡照事件的年际变化趋势。可以看出在 1990—2019 年期间,低温寡照事件的年发生次数和年累计日数均呈下降趋势。低温寡照事件的年累计日数下降趋势在 3.5 d/10 a,且达到了 0.05 显著性水平。同时还分析了不同月份低温寡照事件的年际变化情况,发现只有在 4 月和 5 月低温寡照事件的下降的趋势达到了显著,其他月份没有明显的年际变化趋势,图 9-7 中以 4 月份为例展示了低温寡照事件发生次数和累计日数的年际变化趋势,两者的下降趋势都达到了 0.05 显著性水平。由此看见,全年低温寡照事件的减少趋势主要是由于 4、5 月份的减少所带来。全球变暖背景下,我国南方 13 省(自治区、直辖市)平均温度和极端温度自 20 世纪 90 年代以来有显著的增高趋势,特别是在冬半年;同时 20 世纪 90 年代以来也是一个重要的"全球变亮"的时期(Wild et al.,2005),在我国特别是南方日照时数有所增加。南方 13 省(自治区、直辖市)近 30 年低温寡照事件的减少趋势与上述温度、光照的变化情况密切相关。

②低温寡照事件的空间分布特征

提取我国南方 13 省(自治区、直辖市)各站点 1990—2019 年低温寡照事件,统计各站点低温寡照事件的发生次数、持续时间、年均累计低温寡照日数,空间分布情况见图 9-8。可以发

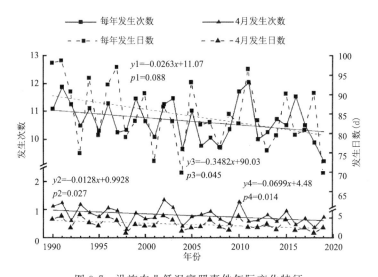

图 9-7　设施农业低温寡照事件年际变化特征

（图中■为低温寡照事件的发生次数，▲为年累计日数）

现，年低温寡照累计日数在四川盆地地区最高，且低温寡照事件的持续天数最久，该地区的低温寡照事件持续时间大多在 13 d 以上。在研究区的西南部和最南端，低温寡照事件的累计日数出现最低值。在东部沿海地区，低温寡照事件的年平均发生次数并不少，但持续时间较短，一般持续 5～7 d。四川盆地由于地形原因，日照条件是我国最差的地区之一，这是导致该地区低温寡照日数明显高于同纬度其他地区的主要原因。四川西北部海拔较高，温度低，是低温寡照事件较同纬度其他地区高的主要原因。

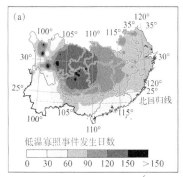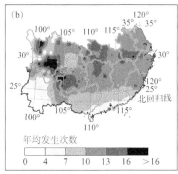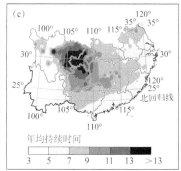

图 9-8　我国南方 13 省（自治区、直辖市）低温寡照事件发生日数（a）、年均发生次数（b）和

平均持续时间（c）的空间分布

③不同月份低温寡照事件的空间分布

不同月份发生低温寡照事件的累计日数如图 9-9 所示。可以看出研究区西北部部分地区由于海拔较高等原因各个月份的低温寡照日数都较其他地区高；从 9 月开始低温寡照日数超过 10 d 的区域逐渐扩大，到 11 月达到最大，除了研究区西南和最南部，大多数地区低温寡照日数超过 15 d；随后低温寡照日数超过 10 d 的区域有所减小，一直到次年 3 月；4 月开始低温寡照日数超过 10 d 的区域骤然减少。5—8 月低温寡照事件的发生日数很少有超过 3 d 的地区。

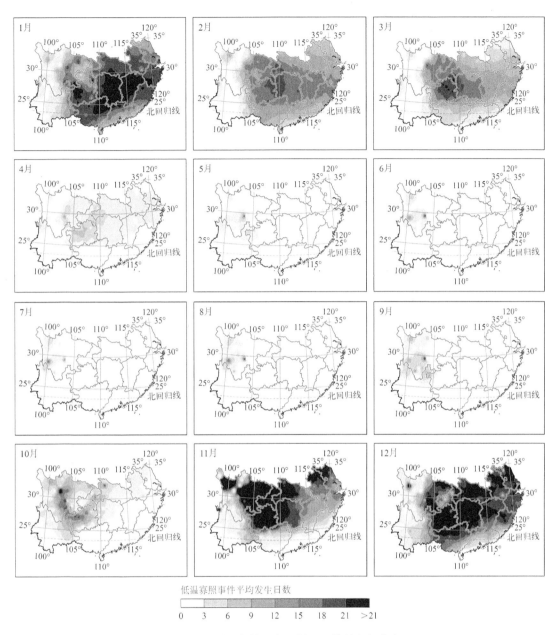

图 9-9 不同月份低温寡照累积日数的空间分布

不同月份低温寡照事件发生次数的空间分布如图 9-10 所示。5—9 月仅在研究区西北部有低温寡照事件发生,发生次数在 1 次左右,其他地区很少有低温寡照事件发生;从 9 月开始低温寡照事件发生次数有明显提高,一直到次年 3 月,除了西南和最南端其他地区低温寡照发生次数多在 2 次以上;其中,11 月低温寡照事件超过两次的区域范围最广;从 4 月开始低温寡照发生次数明显减少。

不同月份低温寡照事件的平均持续时间的空间分布如图 9-11 所示。11 月和 12 月在四川盆地,发生一次低温寡照事件的平均持续时间超过 18 d,同纬度的其他地区低温寡照事件的持续时间一般也能达到 9 d 以上;1 月开始持续时间有所减少,4—9 月在研究区的大部分地区发

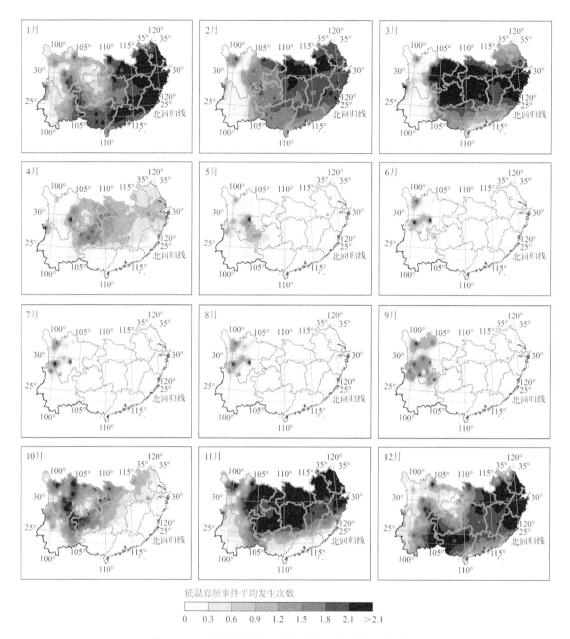

图 9-10　不同月份低温寡照事件发生次数的空间分布

生一次低温寡照事件的平均持续时间少于 6 d。不同月份之间,四川盆地低温寡照事件持续时间的差异最大。

　　3. 南方 13 省(自治区、直辖市)设施农业低温寡照危险性评估

　　由前面介绍的致灾因子危险性评价的基本原理可知,危险性与可能带来危害的致灾因子可能发生的强度和频率有关,一个地区危险事件发生的频率越高、事件强度越大,则该地区危险性越高。本研究的对象为低温寡照,某一次低温寡照事件的强度与事件发生过程中的温度情况、光照情况以及事件的持续时间有关,低温寡照事件过程中温度越低、光照条件越差、持续

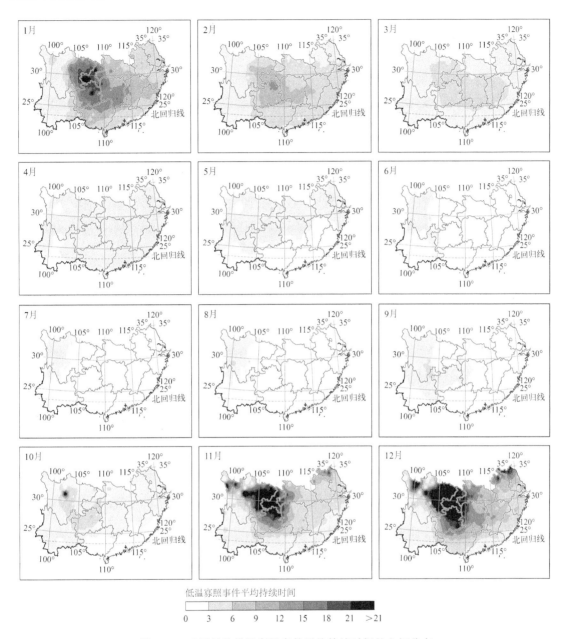

图 9-11 不同月份低温寡照事件平均持续时间的空间分布

时间越久,则低温寡照事件的强度越高。因此需要构建一个综合强度指数,描述这三个方面的特征,然后再统计过去几十年不同强度低温寡照事件发生的频率,进行危险性评估。

(1)设施草莓低温寡照综合强度指数建立

构建一个综合强度指数来联合低温寡照事件中温度、光照、持续时间这三方面的效果。首先需要确定三个因素之间的相对重要程度。按照前面确定的设施草莓低温寡照事件的识别标准,识别 1990—2019 年研究区各站点设施草莓低温寡照事件,并统计每次低温寡照事件的持续时间、记录每次事件发生过程中的日最低气温最小值和光照强度最小值。根据所有低温寡照事件的日最低气温、光照强度和持续时间,采用信息量权重法对低温寡照事件中的温度、光照、持续时间三个因子的相对重要程度赋值，用于构建综合强度指数。

①信息量权重法

信息量权重法为一种客观赋权的方法，是基于各因子所包含的信息量来确定因子权重的一种方法，其利用数据的变异系数对多个因子进行打分，若某一因子的变异系数越大，则其包含的信息量越大，所赋的权重也越大。设某一评价体系有 m 个因子，因子 X_i 有 n 个样本，x_i 为因子 X_i 的平均值，S_i 为因子 X_i 的标准差，那么该因子的变异系数：

$$CV = \frac{S_i}{x_i} \tag{9-14}$$

根据 CV 衡量各个指标的相对重要程度，CV 经归一化处理后即为该因子的信息量权重系数。通过对低温寡照事件的统计分析，可得温度、光照、持续时间三个致灾因子的权重分别为 0.745、0.119 和 0.136，即低温寡照事件中温度带来的影响远远大于光照和持续时间。

②因子归一化处理

在将温度、光照、持续时间这三方面因子进行联合之前需要对各个因子进行归一化处理，以消除各因子量纲不同带来的影响，具体归一化的方法见式(9-15)—(9-17)。考虑到草莓的生长状况随着日最低温度的下降而下降，以及随着光照强度的下降而下降，即数值越低，带来的影响越大，因此将温度和光照强度作为负向指标进行归一化。持续时间越久，带来的影响越大，因此持续时间作为正向指标进行归一化。结合前面得到的各个因子的权重系数，可得到低温寡照综合强度指数 CI(式(9-18))。

$$对温度归一化：\frac{T_{\max} - T}{T_{\max} - T_{\min}} = \frac{14.4 - T}{14.4 - (-14.9)} \tag{9-15}$$

$$对光照强度归一化：\frac{R_{\max} - R}{R_{\max} - R_{\min}} = \frac{378.9 - R}{378.9 - 3.9} \tag{9-16}$$

$$对持续时间归一化：\frac{D - D_{\min}}{D_{\max} - D_{\min}} = \frac{D - 3}{29 - 3} \tag{9-17}$$

$$CI = 0.745 \times \frac{14.4 - T}{14.4 - (-14.9)} + 0.119 \times \frac{378.9 - R}{378.9 - 3.9} + 0.136 \times \frac{D - 4}{19 - 4} \tag{9-18}$$

式中，CI 为某次低温寡照事件的综合强度；T 为该低温寡照事件过程中日最低温度；$T_{\max}$ 为 1990—2019 年所有站点的所有低温寡照事件中的日最低温度最大值，即 14.4 ℃；$T_{\min}$ 为所有站点的 1990—2019 年所有低温寡照事件中的日最低温度最小值，为 -14.9 ℃；R 为日均光合辐射强度；$R_{\max}$ 为 1990—2019 年所有站点的所有低温寡照事件中的日均光合辐射强度最大值，即 378.9 μmol · m^{-2} · s^{-1}；$R_{\min}$ 为 1990—2019 年所有站点的所有低温寡照事件中的日均光合辐射强度最小值，为 3.9 μmol · m^{-2} · s^{-1}；D 为持续时间；$D_{\max}$ 为 1990—2019 年所有站点的所有低温寡照事件中的持续时间最大值，为 29 d；$D_{\min}$ 为 1990—2019 年所有站点的所有低温寡照事件中的持续时间最小值，为 3 d。由该公式即可计算出每次低温寡照事件的综合强度。

(2)南方 13 省(自治区、直辖市)设施农业低温寡照事件综合强度指数的空间分布

参考王晓峰等(2017)关于重现期确定的方法，按照如下公式计算各地不同重现期的低温寡照事件的强度。

$$T(CI)_j = N / [n_j \times (1 - F_j(CI))] \tag{9-19}$$

式中，$T(CI)_j$ 为站点 j 某一重现期的低温寡照事件的综合强度；N 为研究的时间跨度，本研究时间段为 1990—2019 年，因此 N 取 30；n_j 为站点 j 在 1990—2019 年低温寡照事件发生总次

数;$F_j(CI)$为站点 j 低温寡照事件综合强度指数 CI 的边缘分布函数,使用广义极值分布函数对原始综合强度数据拟合得到,使用极大似然法估计概率分布函数中的参数,并使用 Kolmogorov-Smirnov 方法对拟合效果进行检验。K-S 检验是一种检验观测数据是否符合某种理论分布的假设检验方法,可以将它的统计检验量进行如下定义:

$$D_n = \sup_n |F_n(x) - F(x)| \tag{9-20}$$

式中,$F_n(x)$ 为观察值序列,$F(x)$ 为理论值序列。使用 K-S 检验进行假设检验的步骤为:提出假设 $H_0:F_n(x)=F(x)$;计算样本累积频率和理论分布累积概率的绝对差,令最大的绝对差为 D_n;查出临界值 $D(n,\alpha)$,其中,n 为样本容量,α 为显著性水平;如果 $D_n < D(n,\alpha)$,则接受 H_0;若 $p < \alpha$ 则拒绝 H_0,若 $p \geqslant \alpha$ 则不拒绝 H_0。通常,p 越小,否定 H_0 的样本证据越强大,反之,p 越大,接受 H_0 的样本证据越强大,所以可以通过 p 值来确定最优边际分布,p 值越大,拟合越优。

　　不同重现期的 CI 值的空间分布情况如图 9-12 所示。由图可知,随着重现期变大,低温寡照事件综合强度值增加,在研究区的西北部地区增加幅度最大,西北部地区 10 年一遇的低温寡照事件的综合强度一般在 0.6 以上,同纬度的其他地区 10 年一遇的低温寡照事件综合强度

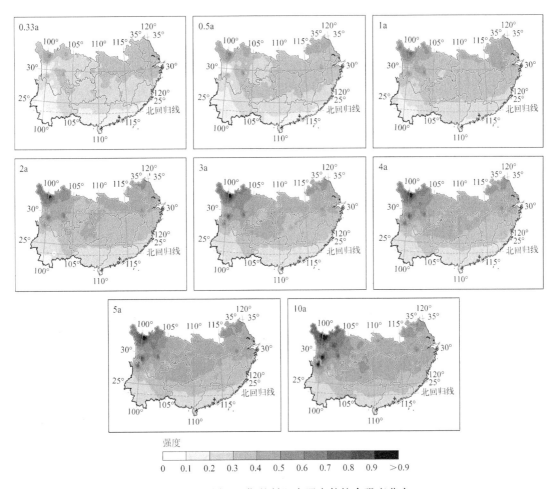

图 9-12　不同重现期的低温寡照事件综合强度分布

一般在 0.4～0.6。在研究区的西南和最南部的地区,低温寡照事件综合强度随着重现期的提高增加幅度最低,在这些地区,即使是 10 年一遇的低温寡照事件综合强度一般也低于 0.3,说明较少发生强度较高的低温寡照事件。重现期相同时,研究区的北部强度高于南部,强度较高的低温寡照事件更多。

（3）南方 13 省（自治区、直辖市）设施农业低温寡照危险性空间分布

低温寡照危险性由低温寡照发生的强度与频率决定。因此引入低温寡照危险性指数（DI）用于描述不同地区低温寡照危险性的强弱,具体公式为:

$$DI_{ij} = \sum_{j=1}^{n} x_{ij} \times F_{ij} \tag{9-21}$$

式中,DI_{ij} 为危险性指数,i 为站点序号,$j=1,2,\cdots,n$,j 为 CI 值的等级,本研究中 $n=3$;x_{ij} 为第 j 级的 CI 值中位数,j 数值越大,在该等级中的 CI 值越大,单次低温寡照事件的强度越大;F_{ij} 为 1990—2019 年第 i 个站点第 j 级的 CI 值出现次数。某一站点的危险性指数为各级 CI 值的中位数与该站点在该等级的 CI 值个数的乘积。

$$CI_{i1} = (CI_{\max i} - CI_{\min i})/3 + CI_{\min i} \tag{9-22}$$

$$CI_{i2} = 2(CI_{\max i} - CI_{\min i})/3 + CI_{\min i} \tag{9-23}$$

式中,$CI_{\min i}$ 为第 i 个站点第 1 级的下界,CI_{i1} 为第 i 个站点第 1 级的上界,CI_{i2} 为第 2 级的上界;$CI_{\max i}$ 为第 i 个站点 1990—2019 年所有低温寡照事件综合强度指数的最大值,$CI_{\min i}$ 为第 i 个站点 1990—2019 年所有低温寡照事件综合强度指数的最小值。

当第 i 个站点的某一次低温寡照事件的综合强度指数落在 $[CI_{\min i},CI_{i1}]$ 范围时,该次事件属于第 1 级;当第 i 个站点的某一次低温寡照事件的综合强度指数落在 $(CI_{i1},CI_{i2}]$ 范围时,该次事件属于第 2 级;当第 i 个站点的某一次低温寡照事件的综合强度指数落在 $(CI_{i2},CI_{\max i}]$ 范围时,该次事件属于第 3 级。统计各站点落在三个等级中的 CI 值个数,代入式（9-21）进行计算,得到各站点的危险性指数 DI。

对我国南方 13 省（自治区、直辖市）303 个站点的 DI 值进行计算后,用反距离权重法在南方 13 省（自治区、直辖市）范围内对 DI 值进行空间插值,结果如图 9-13 所示。可以看出,低温寡照危险性在南方 13 省（自治区、直辖市）总体呈现南低北高的趋势,在北部地区,四川盆地较同纬度其他地区危险性较低。低温寡照危险性的空间分布规律与前面低温寡照事件的发生次数的空间分布基本一致。结合危险性的计算公式,可知低温寡照事件的发生次数对危险性的高低具有非常重要的作用;由低温寡照事件强度的计算公式可知温度条件对综合强度的贡献最大,四川盆地虽然总体低温寡照日数最高,但盆地地区较同纬度其他地区温度偏高,这也是四川盆地地区低温寡照事件综合强度较低的主要原因,同时发生频率也较低,共同造成了该地区较同纬度其他地区低温寡照危险性更低。

二、设施草莓低温寡照脆弱性评估

1. 承灾体脆弱性评估的基本方法

20 世纪 80 年代以来,人们对灾害形成中致灾因子与承灾体的脆弱性的相互作用予以关注,尤其是脆弱性研究逐步受到重视。脆弱性主要用来描述相关系统及其组成要素易于受到影响和破坏,并缺乏抗拒干扰、恢复的能力。脆弱性衡量承灾体遭受损害的程度,是灾损估算和风险评价的重要环节。脆弱性分析被认为是把灾害与风险研究紧密联系起来的重要桥梁,对灾害脆弱性的理解和表达成为灾害风险评估的核心,主要分析社会、经济、自然与环境系统

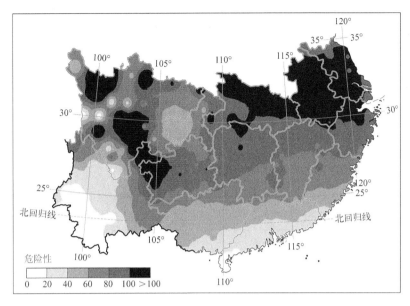

图 9-13 我国南方 13 省(自治区、直辖市)设施农业低温寡照危险性指数空间分布

相互耦合作用,及其对灾害的驱动力、抑制机制和响应能力。20 世纪 70 年代,英国学者把"脆弱性"的概念引进到自然灾害研究领域,在《自然》杂志上发表了一篇题为排除自然灾害的"自然"观念的论文。文中指出:自然灾害不仅仅是"天灾"(Act of God),由社会经济条件决定的人群脆弱性才是造成自然灾害的真正原因。脆弱性是可以改变的,应该排除自然灾害的"自然"观念,采取相应的预防计划减少损失。目前,国际上在灾害脆弱性研究领域取得了众多成果。

脆弱性是承灾体的本身属性,通过自然灾害发生后表现出来,即自然外力作用于承灾体后的易损属性,承灾体的该属性无论自然灾害是否发生都存在。以往的研究中,与脆弱性相联系的表述主要有暴露性、敏感性、应对能力(包括适应性)和恢复力。暴露性是致灾因子与承灾体相互作用的结果,反映暴露于灾害风险下的承灾体数量与价值,与一定致灾因子作用于空间的危险地带有关,而非承灾体本身属性,因此并不属于脆弱性的组分;敏感性强调承灾体本身属性,灾害发生前就存在;应对能力主要表现在灾害发生过程中;恢复力则为灾害发生之后表现出来的脆弱性属性。灾害风险形成的"二因子说"中的脆弱性内涵广泛,往往包括上述的暴露性、敏感性、适应能力等。

目前,脆弱性分析方法主要包括了 3 类:①基于历史灾情数据,根据灾害类型和产生后果对区域脆弱性进行评估;②基于指标的脆弱性评估。在脆弱性形成机制和原理研究还不充分的情况下,指标合成是目前脆弱性评价中较常用的一种方法。该方法从脆弱性表现特征、发生原因等方面建立评价指标体系,利用统计方法或其他数学方法综合成脆弱性指数,来表示评价单元脆弱性程度的相对大小;③基于实际调查的承灾个体脆弱性评估。该方法通过建立不同强度的致灾因子危险性与承灾体损失(率)之间的量化关系,以表格或曲线数学方程(脆弱性曲线)等形式表示,结果精度相对较高。

承灾体脆弱性曲线构建方法有基于灾情数据的脆弱性曲线构建、基于系统调查的脆弱性曲线构建、基于模型模拟的脆弱性曲线构建、基于试验模拟的脆弱性曲线构建等,是当前承灾体脆弱性研究中较为主流的研究方法。

（1）基于灾情数据的脆弱性曲线构建方法

基于实际灾情数据构建脆弱性曲线是脆弱性曲线研究中最为常用的方法。研究者利用收集到的灾情数据中致灾因子与灾损一一对应的关系，采用曲线拟合、神经网络等数学方法发掘其间的脆弱性规律。灾情数据来自历史文献、灾害数据库、实地调查或保险数据等。其中，历史文献、政府统计数据及灾害数据库是脆弱性曲线的主要数据源，基于灾后实地调查，可以获取第一手数据。自然灾害保险相关险种的历史赔付清单，可反映灾害的实际损失，从保险数据推定易损性曲线的方法，在北美、澳大利亚、日本等保险市场较为发达的地区已得到有效应用，水灾、台风灾害等是自然灾害保险中发展较为成熟的险种。保险数据对灾情信息记录较为完善精细，在一定程度上弥补了灾情记录缺乏的情况。

利用灾情数据构建的脆弱性曲线可以较好地反映实际灾害情景中承灾体的脆弱性水平。在现实中灾情大小往往还受孕灾环境、灾害预警、防灾水平等多因素影响，因此灾情记录很难真正刻画出承灾体自身的脆弱性水平，并且案例数据的不完备也使脆弱性曲线具有一定的不确定性。因此，应当大力加强灾后实地调查，获取第一手数据，特别是每一次灾害过程致灾因子的识别和量值的确定，对于提高脆弱性曲线的精度十分重要；实地灾情调查可以与问卷和访谈等方式相结合。

由于承灾体脆弱性曲线是承灾体自身固有的脆弱性的表现，不同地区同种承灾体的脆弱性不同，各地这种承灾体脆弱性曲线各异。因此，在已有脆弱性曲线的基础上，通过研究区的实际灾情数据对曲线参数进行本地化的修正，形成新的脆弱性曲线，即脆弱性曲线的再构建也是十分必要的。

（2）基于系统调查的脆弱性曲线构建

基于对承灾体价值调查和受灾情景假设，推测出不同致灾强度下的损失率进而构建脆弱性曲线的方法，被称为系统调查法。在水灾脆弱性曲线研究中首次出现这种方法并得到广泛应用。系统调查法基于土地覆盖和土地利用模式、承灾体类型、调查问卷等信息，发掘致灾参数和损失的一一对应关系，进而构建曲线。以建筑物的系统调查为例：首先对建筑物进行分类，并对实地建筑物中的财产分类登记；然后根据财产的类型、质量和使用年限，估算财产价值；再根据每类财产放置的平均高度（距地面），判断不同水位情景下该类财产的淹没深度；利用淹没深度和历时下建筑物损失的个例资料，建立不同类别建筑物的水灾脆弱性曲线。这种方法在英国、澳大利亚等地的水灾脆弱性评估中被广泛采用。

基于系统调查法构建脆弱性曲线，虽然仍然需要所研究承灾体损失的个例资料，但不需要完备的灾害案例数据，这是它的优点，但是调查的工作量较大是其缺点。为了解决这个矛盾，可对不同经济发展阶段中的承灾体脆弱性进行调查评估。仍以建筑物为例，为了评估地震、强风、洪涝建筑物的脆弱性，我们不可能对每一栋建筑物的脆弱性都进行调查评估，但是可以认为不同的经济发展阶段不同种类的建筑物（木结构、砖混结构、钢筋水泥结构）的脆弱性具有同一性，这样我们只需对不同经济发展阶段的典型建筑物（木结构、砖混结构、钢筋水泥结构）进行脆弱性调查评估就可以了。当然，这种方法，调查数据准确性和假设情景的合理性决定了脆弱性曲线的精度，会一定程度上受人为因素影响。

（3）基于模型模拟的脆弱性曲线构建

随着我们对承灾体脆弱性认识的深入，研制出一些表征承灾体脆弱性的数学模型，基于计算机模型模拟的脆弱性曲线应运而生。此方法的关键在于承灾体脆弱性的数学模型是否能真实地反映致灾因子和承灾体的相互作用过程,不同的灾害研究中发展了各自的灾害评估模型用于脆弱性曲线的构建。在地震灾害中,大量研究者利用模型模拟的方法构建了以超越概率表示的结构理论易损性曲线。在旱灾研究中,有学者利用作物生长模型模拟不同旱灾致灾强度情景,并计算出相应的产量损失率,构建了作物的旱灾脆弱性曲线。

基于模型模拟构建的脆弱性曲线的优点在于:可以模拟任意灾害情景中的承灾体脆弱性水平,深入发掘灾害信息,较少受到实际灾情数据缺乏的限制;可以从灾害自身机理出发细致刻画承灾体的脆弱性。此方法的主要问题:一是模型是否能真实地反映致灾的机理,能否精确模拟出致灾的过程;二是处理海量数据,模型的运算量较大,技术要求高。前者研究难度大,很多灾害难以找到其数学模型;后者有了高性能计算机是容易解决的。此外,在模型构建和模拟的过程中,还需要利用实际灾情数据进行检验和修正,从而保证脆弱性曲线的精度。

(4)基于试验模拟的脆弱性曲线构建

试验模拟法是在人为模拟的灾损环境下,研究致灾因子强度对承灾体的影响,然后用统计方法拟合试验数据得到承灾体脆弱性曲线(曲面)。如果一种成灾过程可以用一种试验模拟很好地描述,那么我们就可以用该模型去研究承灾体的脆弱性。例如,尹圆圆等(2012)设计了"基于人工控制雹灾的棉花脆弱性机理实验",来测定棉花不同生育期雹灾损失率。李香颜等(2011)进行了淹水对夏玉米性状及产量的影响试验研究。后文关于设施草莓低温寡照脆弱性曲线的构建就是基于这种试验模拟的方法。

2. 设施草莓花期对低温寡照的脆弱性

低温寡照对草莓的影响是多方面的,例如会影响设施草莓叶片的光合特性、荧光特性、衰老特性,以及草莓植株的生长和果实品质等,特别是发生在草莓对低温寡照敏感的花期,带来的损失更为严重。为系统研究草莓植株对低温寡照灾害的综合响应,研究中综合上述各方面的指标构建综合胁迫指数,进而构建综合胁迫指数随低温寡照强度变化的脆弱性曲线,用于设施草莓低温寡照风险评估。

(1)设施草莓低温寡照胁迫试验设计

试验于2019年11月至2020年5月在南京信息工程大学农业气象实验站南北朝向的连栋温室(Venlo型,顶高5.0 m、肩高4.5 m、宽9.6 m、长30.0 m)中进行。供试草莓品种为'红颜',草莓苗于2019年11月从江苏省南京市盘城草莓园购进,种植在树脂盆中,下径22 cm、上径27.5 cm,高31 cm。土壤的pH值为6.8,盆栽土壤有机碳、氮、速效钾、速效磷含量分别为11600 mg・kg^{-1}、1190 mg・kg^{-1}、94.2 mg・kg^{-1}、29.3 mg・kg^{-1}。种植期间进行常规的田间管理,水分和养分保持在适宜水平。定植期间环境温度为15~25 ℃,相对湿度为60%±10%,日长为12 h,白天光合有效辐射(PAR)为800 μmol・m^{-2}・s^{-1}。植株移栽后生长两周,然后选取生长状况、大小、叶片数均一的花期草莓植株移至人工气候室(TPG1260,Australia)中进行低温寡照控制试验。其中低温设置4个试验水平,分别为3 ℃、6 ℃、9 ℃、12 ℃;寡照设置两个试验水平,分别为200 μmol・m^{-2}・s^{-1}和400 μmol・m^{-2}・s^{-1};持续时间设置3个试验水平,分别为持续4 d、8 d、12 d。试验为3因素完全随机试验,即一共24个试验处理组合,1个对照处理(CK),每个处理重复3次,具体试验处理设计如表9-7。

表 9-7　低温寡照试验设计

处理	光合有效辐射($\mu mol \cdot m^{-2} \cdot s^{-1}$)	日最低/高气温(℃)	持续时间(d)
CK	800	15/25	—
T1R1	200	3/13	
T2R1	200	6/16	
T3R1	200	9/19	
T4R1	200	12/22	
T1R2	400	3/13	4、8、12
T2R2	400	6/16	
T3R2	400	9/19	
T4R2	400	12/22	

　　处理过程中在人工气候室内模拟气温的逐时变化,日长设置为 12 h,相对湿度为 60%±10%。试验中,低温寡照处理对草莓植株形态指标和干物质积累的影响均以 CK 植株第一花序的果实进入成熟期为结束时间,低温寡照胁迫对草莓果实品质影响的研究则是在各处理草莓植株第一花序的果实进入成熟期后分别进行采样研究。在处理结束后,仍将草莓植株置于定植时的气象条件中生长,并保持土壤水分处于适宜水平。当第一花序 60% 的花进入坐果期,则算作该处理草莓植株的坐果期,果实膨大期和果实成熟期同理。

　　观测不同低温寡照胁迫处理下设施草莓叶片的光合特性:最大净光合速率 P_{max}($\mu mol \cdot m^{-2} \cdot s^{-1}$)、光饱和点 LCP($\mu mol \cdot m^{-2} \cdot s^{-1}$)、光补偿点 LSP($\mu mol \cdot m^{-2} \cdot s^{-1}$)、AQE、$Gs$、$Tr$、$Ci$;荧光特性:$F_v/F_m$、$ABS/RC$、$TR_o/RC$、$DI_o/RC$、$ET_o/RC$、$PI_{total}$;衰老特性:Chla 含量、Chlb 含量、MDA 含量、SOD 活性、POD 活性、CAT 活性;生长和果实品质:叶面积增加量、干物质增加量、产量、果实维生素 C 含量、可溶性固形物(SSC),这 24 个指标。图 9-14 以设施草莓果实产量和 SSC 为例展示了低温寡照处理中温度、光照和持续时间带来的影响。可以看出,随着低温胁迫程度的加强,设施草莓产量和 SSC 都呈显著下降,特别是产量下降幅度更大,特别是在温度低于 6 ℃的处理,产量下降幅度最大。两个低辐射强度试验处理的草莓产量和 SSC 都显著低于对照,但降低幅度低于低温胁迫;持续时间的作用效果与辐射类似。

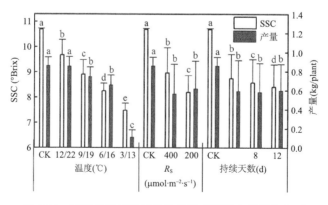

图 9-14　不同低温寡照试验处理的草莓果实产量和 SSC

（2）设施草莓低温寡照综合胁迫指数建立

从上述 24 个能够描述低温寡照对设施草莓影响的指标中采用主成分分析的方法进行降维，筛选出具有代表性的指标，构建反映草莓低温寡照胁迫的综合指数。低温寡照试验处理后各指标的主成分分析结果见表 9-8。按累计贡献率确定主成分个数（主成分的累计贡献率要达到 85% 及以上）。本研究中前 2 个主成分的累计贡献率达 87.22%，第一主成分的方差贡献率最大为 75.44%，第二主成分的方差贡献率为 11.78%，说明第一主成分和第二主成分能够解释绝大多数指标的变化。低温寡照处理下各指标的主成分分析解释的总方差见表 9-8。

表 9-8　低温寡照处理下各指标的主成分分析解释的总方差

主成分数	特征值	方差贡献率（%）	累计贡献率（%）
1	18.10	75.44	75.44
2	2.83	11.78	87.22
3	0.82	3.40	90.62
4	0.68	2.84	93.46
5	0.46	1.92	95.37
6	0.32	1.34	96.72
7	0.20	0.82	97.53
8	0.17	0.69	98.22
9	0.13	0.54	98.76
10	0.08	0.34	99.10

同一主成分中，不同指标特征向量绝对值越大，表示该指标对该主成分的影响越大。如表 9-9 所示，第一主成分中指标 P_{max}、LSP、PI_{total}、AQE、叶面积增加量的特征向量值最高，其绝对值在 0.95~0.96 的范围内，这 5 个指标表征草莓的光合、荧光特性以及生长特性。第二主成分中 DI_o/ABS 和 F_v/F_m 的特征向量绝对值明显高于其他指标，其绝对值在 0.65~0.94 的范围内，这 2 个指标代表了草莓叶片的荧光特性。

表 9-9　低温寡照处理下各指标主成分分析后的特征向量

参数	特征向量	
	第一主成分	第二主成分
P_{max}	0.964	0.045
LSP	0.962	0.063
PI_{total}	0.954	−0.157
AQE	0.953	0.084
叶面积增加量	0.953	−0.063
果实维生素 C 含量	0.945	0.144
Tr	0.930	0.251
Gs	0.926	0.223
SSC	0.910	0.353
ET_o/RC	0.907	0.337
产量	0.869	−0.162
Chlb 含量	0.865	−0.285

参数	特征向量	
	第一主成分	第二主成分
TR_o/RC	0.840	0.471
Chla 含量	0.735	−0.099
ABS/RC	0.710	0.660
F_v/F_m	0.674	−0.659
干物质增加量	0.660	0.225
DI_o/ABS	−0.229	0.935
Ci	−0.878	0.173
MDA 含量	−0.881	0.309
SOD 活性	−0.899	0.277
POD 活性	−0.940	0.220
CAT 活性	−0.952	0.175
LCP	−0.960	0.028

为了更加简便地反映设施草莓受低温寡照胁迫影响的程度,本研究引入综合胁迫程度指数 SI:

$$SI_n = \frac{\left|\dfrac{a(A_n-A_{ck})}{A_{ck}}\right| + \left|\dfrac{b(B_n-B_{ck})}{B_{ck}}\right| + \left|\dfrac{c(C_n-C_{ck})}{C_{ck}}\right| + \cdots}{|a|+|b|+|c|+\cdots} \tag{9-24}$$

式中,SI_n 为不同处理的综合胁迫指数,a、b、c… 表示不同指标的权重系数,A_n、A_{ck} 表示不同处理和 CK 处理下的某一指标值,A、B、C… 表示不同指标。

第一主成分可表征 75.44% 的主要信息量,其中以果实维生素 C 含量、AQE、P_{max}、LSP、LCP、叶面积增加量、CAT 活性、PI_{total} 等 8 个指标的特征向量值最高,表明这些指标对第一主成分的影响较大。最大净光合速率 P_{max} 表征植物光合作用的最大潜力,也反映了植物干物质的积累能力,是植物生长发育的一个重要参数,故选取 P_{max} 构建设施草莓低温寡照综合胁迫指数。CAT 活性反映了植物叶片处于逆境时清除过氧化物的能力,表征了植物的衰老特性,故选取 CAT 活性构建指数。果实维生素 C 含量是表征果实品质的重要指标,且在第一主成分中特征向量值较高,故选取果实维生素 C 含量构建指数。SSC 是果实品质最重要的指标之一,对其经济效益产生较大影响,且该指标的测量简单方便,故选取 SSC 构建指数。PI_{total} 是综合性能指数,其计算过程包含了多个荧光参数,可表征荧光特性,故可选取其建立指数。产量对经济效益有直接影响,且测定便捷,故选取。第二主成分 DI_o/RC 的特征向量值绝对值显著高于其他指标,该指标反映了植物叶片受到灾害时,叶绿素分子利用光能的效率,故选其构建指数。

综合主成分分析贡献率、经济效益、指标测定的难易程度和生物学意义等情况,筛选得到 P_{max}、CAT 活性、PI_{total}、果实维生素 C 含量、SSC、产量、DI_o/RC 这 7 个指标用于建立设施草莓花期低温寡照综合胁迫指数。在综合性评价函数中各指标的权重系数代表该指标在系统中的重要程度,在其他因子不变的情况下,它表征该指标对结果的影响程度。本研究再次对筛选得到的 7 个指标进行主成分分析,根据指标特征向量值(表 9-10)及第一主成分的贡献率(表 9-

11)，得到每个指标的权重系数，即 0.91、0.95、0.89、0.97、－0.94、－0.29、0.96。5.91 为各项权重的绝对值之和，将各指标权重系数带入式(9-24)得到设施草莓花期低温寡照综合胁迫指数 SI。

表 9-10　筛选得到的主要指标的主成分分析解释的总方差

主成分数	特征值	方差贡献率(%)	累计贡献率(%)
1	5.37	76.68	76.68
2	1.16	16.62	93.31
3	0.24	3.41	96.72
4	0.08	1.20	97.91
5	0.07	1.01	98.92
6	0.04	0.63	99.56
7	0.03	0.45	100

表 9-11　筛选指标主成分分析后的特征向量

参数	特征向量	
	第一主成分	第二主成分
产量	0.91	－0.19
果实维生素 C 含量	0.95	0.19
SSC	0.89	0.40
P_{max}	0.97	0.09
CAT 活性	－0.94	0.08
DI_o/RC	－0.29	0.95
PI_{total}	0.96	－0.10

$$SI_n = \left(\left| \frac{0.91(y_n - y_{ck})}{P_{ck}} \right| + \left| \frac{0.95(V_n - V_{ck})}{G_{ck}} \right| + \left| \frac{0.89(S_n - S_{ck})}{M_{ck}} \right| + \left| \frac{0.97(P_n - P_{ck})}{PI_{ck}} \right| \right.$$
$$\left. + \left| \frac{-0.94(C_n - C_{ck})}{PI_{ck}} \right| + \left| \frac{-0.29(D_n - D_{ck})}{PI_{ck}} \right| + \left| \frac{0.96(PI_n - PI_{ck})}{PI_{ck}} \right| \right) \div 5.91 \quad (9-25)$$

式中，SI_n 是某一处理的设施草莓花期低温寡照综合胁迫指数，y_n 是该处理单株草莓的产量，y_{ck} 是 CK 处理单株草莓的产量；V_n 是该处理草莓果实维生素 C 含量，V_{ck} 是 CK 处理草莓果实维生素 C 含量；S_n 是该处理草莓果实的 SSC，S_{ck} 是 CK 处理的 SSC；P_n 是该处理草莓叶片 P_{max}，P_{ck} 是 CK 处理草莓叶片 P_{max}；C_n 是该处理草莓叶片 CAT 活性，C_{ck} 是 CK 处理草莓叶片 CAT 活性；D_n 是该处理草莓叶片 DI_o/ABS，D_{ck} 是 CK 处理草莓叶片 DI_o/ABS；PI_n 是该处理草莓叶片 PI_{total}，PI_{ck} 是 CK 处理草莓叶片 PI_{total}。SI_n 从产量、品质、生长、光合、荧光等方面综合反映了低温寡照胁迫处理下设施草莓的生长状况，SI_n 值越大，设施草莓受到伤害和损失的程度越深，SI_{ck} 为 0。

(3)设施草莓低温寡照脆弱性曲线

根据不同低温寡照胁迫下草莓生长状况指标(产量、果实维生素 C 含量、SSC、P_{max}、PI_{total})，以及对应的低温寡照综合强度可构建设施草莓低温寡照脆弱性曲线。为了使各个草莓生长状况指标的脆弱性曲线具有可比性，计算设施草莓产量、果实维生素 C 含量、SSC、P_{max}、PI_{total} 在低温寡照处理后的损失率，具体计算方法如下：

$$LR_{Y_k} = (Y_{ck} - Y_k)/Y_{ck} \tag{9-26}$$

式中,LR_{Y_k}为指标Y在处理k后的损失率,Y_k为指标Y在处理k后的值,Y_{ck}为指标Y在对照组中的值。拟合各指标损失率随低温寡照综合强度(CI)变化的曲线,即为脆弱性曲线,如图9-15所示,图中纵坐标为各描述草莓生长状况的指标的损失率,横坐标为低温寡照的综合强度。逻辑斯特生长曲线是常用的拟合脆弱性曲线的方程类型。由各指标的脆弱性曲线图可以看出,草莓产量损失率随低温寡照强度升高而增加的幅度最大,特别是当CI值大于0.2时,草莓产量损失骤然提升到80%左右,是对低温寡照最敏感、脆弱的生长状况指标;$P_{\max}$和PI_{total}的损失率随低温寡照严重程度升高而增加的幅度次之,当CI值在0.3附近时一般可以带来50%～60%的$P_{\max}$和PI_{total}损失;果实维生素C和SSC损失率随低温寡照胁迫强度升高而增加的幅度最低,当CI值在0.3附近时,损失率在30%左右,是对低温寡照响应最不敏感和脆弱的生长状况指标。各指标脆弱性曲线的方程表达式与拟合效果R^2如表9-12所示,可以看出果实维生素C和SSC的脆弱性曲线拟合效果最优,R^2在0.9以上;$P_{\max}$和PI_{total}的脆弱性曲线拟合效果相对较差,R^2在0.8以下,但各个指标的脆弱性曲线都通过了0.05显著性检验,可用于根据低温寡照强度预测可能带来的草莓各指标的潜在损失。

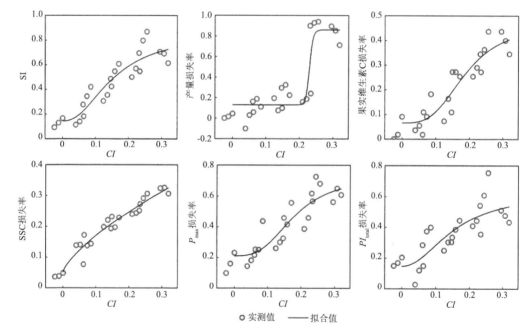

○ 实测值　　—— 拟合值

图 9-15　设施草莓花期低温寡照脆弱性曲线

表 9-12　设施草莓花期低温寡照灾害脆弱性曲线拟合效果

指标	拟合方程	R^2
SI	$y = \dfrac{-0.70}{1 + \left(\dfrac{x}{0.15}\right)^{2.2}} + 0.84$	0.832
产量	$y = \dfrac{-0.73}{1 + \left(\dfrac{x}{0.23}\right)^{44.33}} + 0.86$	0.808

续表

指标	拟合方程	R^2
维生素 C	$y=\dfrac{-0.40}{1+\left(\dfrac{x}{0.19}\right)^{3.26}}+0.46$	0.912
SSC	$y=\dfrac{-109.4}{1+\left(\dfrac{x}{1304.04}\right)^{0.72}}+109.45$	0.924
$P_{\max}$	$y=\dfrac{-0.51}{1+\left(\dfrac{x}{0.18}\right)^{3.02}}+0.73$	0.797
PI_{total}	$y=\dfrac{-0.48}{1+\left(\dfrac{x}{0.16}\right)^{2.06}}+0.62$	0.626

注:拟合方程均通过 $P<0.05$ 显著性水平检验。

三、设施草莓低温寡照灾害风险区划

1. 风险评估模型的构建

根据本章第一节中介绍的自然灾害风险形成的基本理论,本研究选用自然灾害风险形成二因子理论,从风险形成的危险性和脆弱性两方面进行风险评估模型的构建,即风险＝危险性×脆弱性。该理论是联合国国际减灾战略(the United Nations International Strategy for Disaster Reduction,UN/ISDR,2007)推荐的方法,近年来有较多的应用。根据前面两部分得到的各站点低温寡照危险性和设施草莓对低温寡照的脆弱性曲线,采用下面的公式来计算设施草莓低温寡照灾害风险。

$$R=f(H,V)=YL_{H_i},V\{YL,H\} \tag{9-27}$$

式中 YL_{H_i} 为当低温寡照强度为 H_i 时的设施草莓潜在损失; H_i 为 i 年一遇的低温寡照事件的强度, H_i 可由各个站点拟合的低温寡照事件综合强度的超越概率得到; $V\{YL,H\}$ 为脆弱性曲线,即潜在损失随着低温寡照事件综合强度变化的曲线。潜在损失 YL_{H_i} 可通过脆弱性曲线获得,潜在损失的大小与脆弱性曲线即设施草莓对低温寡照的脆弱程度有关,脆弱性较大时,同样的低温寡照强度带来的损失更多,风险越高;潜在损失 YL_H 的大小还与不同重现期下低温寡照事件的综合强度有关,若某站点低温寡照事件普遍强度较高,发生较为频发,则相同的重现期低温寡照事件的综合强度值会更大,即危险性较高。因此潜在损失 YL_H 的数值体现了风险的危险性和脆弱性这两方面内涵,可用来描述不同地区设施草莓低温寡照灾害风险。

2. 南方 13 省(自治区、直辖市)设施草莓低温寡照灾害风险区划

图 9-16 为不同重现期的低温寡照事件带来的设施草莓综合胁迫指标 SI 的空间分布。不同重现期下的设施草莓综合胁迫程度都呈现出研究区北部地区高逐渐向南部地区减少,可见北部地区设施草莓低温寡照灾害风险明显高于南部地区,主要与北部地区低温寡照灾害危险性较高有关。随着重现期的提高潜在损失增加,风险提高。在描述设施草莓损失的各项指标中,产量和品质是人们最关心的两个方面,因此计算了不同重现期的低温寡照事件带来的设施草莓产量和 SSC 的潜在损失,空间分布见图 9-17,SSC 是衡量果实品质的重要指标。由图可以看出在各个重现期水平下产量的损失率都要高于 SSC,可见低温寡照对设施草莓产量的风险要高于对 SSC 造成的风险,结合产量和 SSC 的脆弱性曲线可以发现产量风险更高主要是由

产量对低温寡照响应更敏感、脆弱造成的。在空间分布上,产量和 SSC 的风险都呈现出与综合胁迫风险一样的北高南低,主要是由北部地区低温寡照危险性更高有关。四川盆地低温寡照风险明显低于同纬度其他地区,且随着低温寡照事件重现期提升潜在损失的增加幅度最低,主要是由于该地区低温寡照危险性较低,即使在较高的重现期,低温寡照事件的综合强度仍较低,不会带来较多的设施草莓产量和品质的损失。

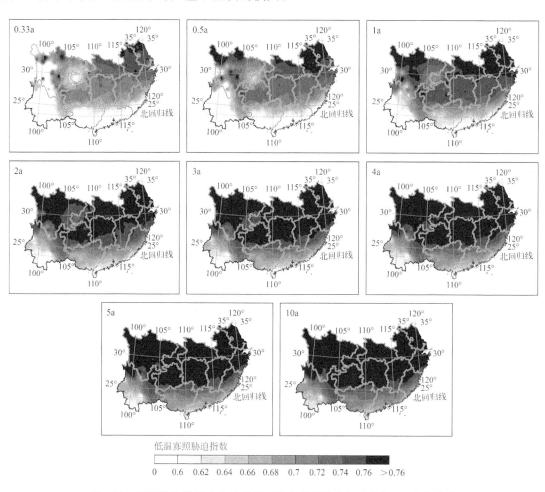

图 9-16　不同低温寡照事件重现期下设施草莓综合胁迫指标 SI 空间分布

　　上述设施草莓低温寡照灾害风险评估结果对于指导设施草莓布局和明确不同地区设施草莓生产中防灾减灾重点具有重要意义,同时本章介绍的设施草莓低温寡照灾害风险评估技术流程也可以为其他设施作物、其他设施农业气象灾害的风险评估提供参考。例如,风险评估结果显示南方研究区的北部设施农业低温寡照灾害风险较高,这些地区在进行温室设施建造时需重点考虑温室设施的保温性能,或者主要生产一些对温度要求不高的设施作物;在同纬度的四川盆地,低温寡照风险较同纬度地区较低,低温寡照灾害的风险源主要是当地寡照天数较多,在温室设施修建时需要适当配备补光设备,或者推广对光照条件要求不高的一些设施作物品种;在研究区的南部,设施农业的低温寡照灾害风险非常低,一般不需要重点防范低温寡照灾害,但在这些地区,往往夏季非常炎热,当地修建温室设施时需要重点考虑温室设施的通风

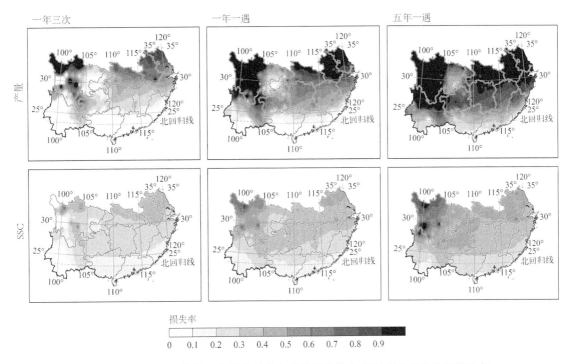

图 9-17　不同重现期低温寡照事件带来的草莓产量和 SSC 潜在损失的空间分布

降温功能。此外从设施草莓低温寡照灾害危险性在不同月份的分布情况可以发现低温寡照风险在 11 月份最为严重,在进行设施作物生产过程中可适当调整移栽日期,使得设施作物对低温寡照最为敏感的时期,如花期,与低温寡照频发期错开,从而降低生产过程中遭遇低温寡照灾害的风险,保障农户的收益。

第三节　设施草莓高温灾害风险评估

一、设施草莓高温危险性评估

1. 设施农业高温事件识别

温室作物主要有番茄、黄瓜、草莓、茄子、大白菜、辣椒、甜瓜等,目前已经开展了一些高温胁迫的试验研究。由表 9-13 可知,前人的高温胁迫处理的日最高气温处理范围为 30～44 ℃,处理日数范围为 1～12 d。番茄的最适宜的生长温度为 15～25 ℃(韦婷婷 等,2019);黄瓜最适宜的生长温度为 25～30 ℃(崔庆梅 等,2021);草莓最适宜的生长温度为 15～25 ℃(徐超等,2021)。根据以往研究可知设施农业高温灾害致灾因子主要为日最高气温和持续时间。表 9-13 中所有高温胁迫处理均对温室作物的生长发育起到了一定的抑制作用,因此选择胁迫水平中较低的温度水平和较短的持续时间作为温室作物开始受到高温灾害胁迫的指标。表 9-14 中日最高气温和持续时间的指标选取参考徐超等(2021),日最高气温大于等于 32 ℃、高温持续日数至少 2 d 作为一次高温事件。

表 9-13 以往针对温室作物的高温胁迫试验处理

物种	日最高温度(℃)	持续时间(d)
番茄	32、34、36	2
	25	CK
	32、35、38、41	3、6、9、12
	28	CK
	38	1、3、5、7、9
	30、32、34、36	1
	25	CK
	32、34、36、38、40	1、2、3、4、5
	25	CK
黄瓜	32、34、36、38、40	1、2、3、4、5
	25	CK
	35、40	3、6、9、12
	28	CK
	38、42	3
	32、34、36、38、40	1、2、3、4、5
	25	CK
草莓	30、32、34、36、38	1、3、5
	25	CK
	32、35、38、41	2、5、8、11
	28	CK
茄子	38、45	1、2、4
	28	CK
辣椒	30、35、40、45	3
	25	CK
甜樱桃	35	3
	18	CK
甜瓜	44	2
	30	CK
大白菜	36、40	2、4、6、8、10
	27	CK
菊花	35、40	3、6、9、12
	30	CK

表 9-14 设施农业高温事件识别条件

日最高温度(℃)	持续时间(d)
≥32	≥2

2. 温室内日最高气温模拟

采用六种机器学习方法,包括支持向量机(SVM)、XGBoost、随机森林(RF)、极限学习机(ELM)、BP神经网络(ANN)、多元线性回归(MLR),利用南方13省(自治区、直辖市)室外气象站观测资料,对塑料大棚内长期日最高气温进行模拟。

所观测的典型塑料大棚内日最高气温数据在剔除异常观测值后,共有2230个。以附近气象站逐日观测资料为输入自变量用于模拟温室内日最高气温。由于不同气象要素对温室内最高气温的影响程度不同,采用逐步回归模型筛选影响温室内日最高气温的关键室外气象因子,经过反复组合测试,筛选出8个气象因子,分别为 T_{max}(当日室外最高温度)、RH_{ave}(当日室外平均相对湿度)、RH_{min}(当日室外最低相对湿度)、SSD(当日日照时数)、T_{max_p}(前一日室外最高气温)、T_{max_n}(第二日室外最高气温)、RH_{ave_n}(第二日室外平均相对湿度)、RH_{min_n}(第二日室外最小相对湿度)用于预测温室内日最高气温。根据奇、偶日期将数据分为两个子集,奇数日期的数据集被用作训练,另一个被用作测试。采用六种机器学习方法分别进行塑料大棚内日最高气温的模拟。以拟合系数(R^2)、均方根误差(RMSE)和回归线斜率(β)等指标评价这六种机器学习方法对温室内日最高气温的模拟效果。R^2值越大,RMSE值越小,β值接近1意味着模型模拟性能越高。

表9-15中展示了六种机器学习方法对温室内日最高气温的模拟效果。可以看出,ELM模型的模拟效果优于其他方法,测试数据集的 R^2 值在六个模型中最大,RMSE值最小,β 为0.8906。图9-18为利用ELM模型对塑料大棚日最高气温的模拟值与观测值的比较,其中 n 是测试集中的样本量,样本基本在理想线(1∶1线)附近分布,模拟效果较好,可用该模型根据室外气象站观测数据模拟塑料大棚内日最高气温。研究中利用ELM模型模拟了1990—2019年南方不同地区塑料大棚内的逐日最高气温,用于后续高温事件的识别。

表9-15　六种机器学习方法模拟效果对比

模型	训练集			测试集		
	R^2	β	RMSE	R^2	β	RMSE
MLR	0.8584	0.8584	3.17	0.8618	0.8648	3.09
ANN	0.8976	0.8949	2.70	0.8893	0.9232	2.78
ELM	0.8833	0.8829	2.88	0.8904	0.8906	2.75
RF	0.9765	0.9373	1.33	0.8810	0.8707	2.87
SVM	0.8996	0.8986	2.67	0.8873	0.8974	2.79
XGBoost	0.9664	0.9423	1.56	0.8749	0.8906	2.95

3. 高温事件时空分布特征

根据前面确定的设施农业高温事件的识别指标,以及塑料大棚内逐日最高气温转化方法,识别1990—2019年南方13省(自治区、直辖市)各站点高温事件,分析高温事件的时空分布特征。

(1)高温事件的年内、年际分布特征

高温事件在不同月份的分布特征如图9-19所示。南方13省(自治区、直辖市)高温灾害事件主要发生在5—9月,这段时间发生的高温事件占全年总发生次数的84.65%,高温日数占全年总高温事件累计天数的91.24%,每次事件的持续天数也较长,平均每月发生次数约为

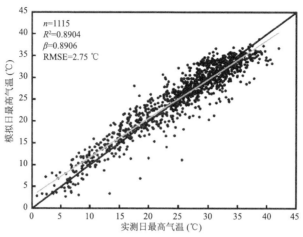

图 9-18　采用 ELM 模型的塑料大棚日最高气温的模拟值与观测值

1.8 次,平均持续时间约为 7 d;其中 6 月高温事件的平均发生次数在全年中最高,7 月在全年中高温事件的累计日数最多、平均持续时间最长;从 11 月到次年 3 月,几乎没有高温事件发生。我国为北半球季风气候区,冬半年温度较低,夏半年温度较高,这些共同造成了夏季高温事件最多。

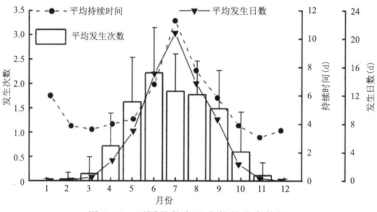

图 9-19　不同月份高温事件的分布特征

图 9-20 显示了高温事件的年际变化趋势。可以看出在 1990—2019 年期间,高温事件的年累计日数均呈上升趋势。高温事件的年累计日数下降趋势在 2.6 d/10 a,且达到了 0.05 显著性水平,高温事件的年发生次数则无明显变化趋势。同时还分析了不同月份高温事件的年际变化情况,发现只有在 9 月高温事件累计日数的上升趋势达到了显著,其他月份没有明显的年际变化趋势,图 9-20 中以 9 月为例展示了高温事件发生次数和累计日数的年际变化趋势,累计日数的上升趋势达到了 0.05 显著性水平。由此可见,全年高温事件年累计日数的上升趋势主要是由于 9 月份的增加所带来。

(2)高温事件的空间分布特征

提取我国南方 13 省(自治区、直辖市)各站点 1990—2019 年高温事件,统计各站点高温事件的年均发生次数、持续时间、累计高温事件日数,空间分布情况见图 9-21。可以发现,年均高温事件累计日数在研究区南部最多,且高温事件的发生次数最多、持续天数最久,该地区的

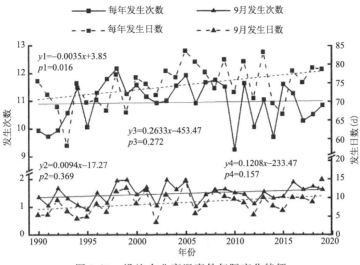

图 9-20 设施农业高温事件年际变化特征

高温事件年均发生次数大多在 12 次以上,平均持续时间大多在 6 d 以上;在研究区的西部,高温事件的累计日数、发生次数以及持续时间出现最低值。两广地区的南部及海南省地区属于热带季风气候,全年温度较高,年平均气温在 20 ℃以上,这是导致该地区高温事件日数明显高于同纬度其他地区的主要原因。

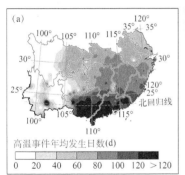 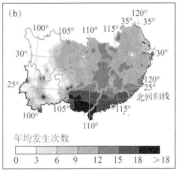 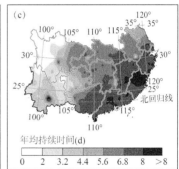

图 9-21 1990—2019 年我国南方 13 省(自治区、直辖市)高温事件年均发生日数(a)、
年均发生次数(b)、年均持续时间(c)空间分布

(3)不同月份高温事件的空间分布

不同月份发生高温事件的累计日数如图 9-22 所示。可以看出高温事件主要发生在研究区的中部、东部和南部,从 5 月开始累计日数超过 8 d 的区域从南部逐渐向研究区的中部和东部延伸,7 月时研究区内受到高温灾害影响的区域达到最大,此时除了研究区西部外的大部分地区高温事件累计日数都超过了 14 d;11 月至次年 2 月研究区的大部分地区基本不发生高温事件。

不同月份高温事件发生次数的空间分布如图 9-23 所示。11 月至次年 2 月,研究区内基本无高温事件发生;从 3 月开始研究区南部开始有高温事件发生,到 6 月高温事件发生的区域达到最大,由研究区南部延伸至研究区除西部以外的大部分地区,这些区域发生高温事件的次数大多在 2 次以上;7~8 月,研究区发生高温事件的区域无明显变化,但东部地区发生高温事件的次数减少到 1.5~1.8 次;9 月开始,研究区内发生高温事件的区域明显减少。

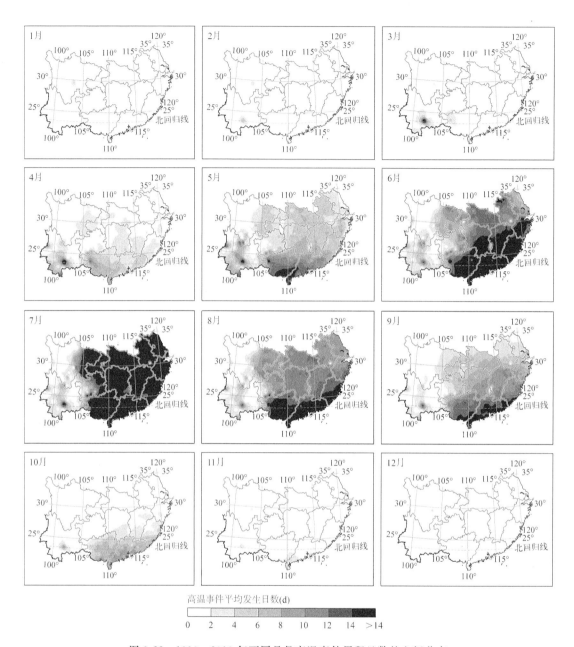

图 9-22　1990—2019 年不同月份高温事件累积日数的空间分布

不同月份高温事件的平均持续时间的空间分布如图 9-24 所示。在 5—9 月中,7 月发生高温事件的平均持续时间较长的区域最大,主要发生在研究区东部、中部和南部地区,发生 1 次高温事件的平均持续时间超过 10 d,同纬度的其他地区高温事件一般能达到 6 d 以上;10 月至次年 3 月在研究区的大部分地区发生 1 次高温事件的平均持续时间少于 4 d。

4. 南方 13 省(自治区、直辖市)设施农业高温事件危险性评估

由前面介绍的致灾因子危险性评价的基本原理可知,危险性与可能带来危害的致灾因子可能发生的强度和频率有关,一个地区危险事件发生的频率越高、事件强度越大则该地区危险

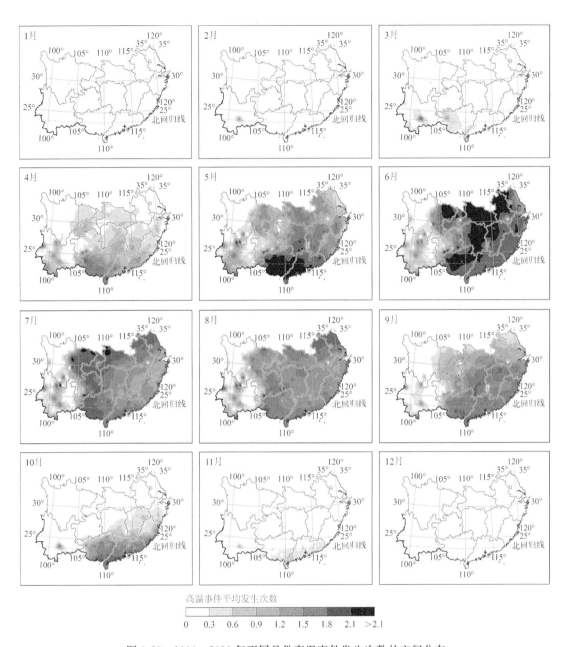

高温事件平均发生次数

0　0.3　0.6　0.9　1.2　1.5　1.8　2.1　>2.1

图 9-23　1990—2019 年不同月份高温事件发生次数的空间分布

性越高。本研究的对象为高温事件,某一次高温事件的强度与事件发生过程的温度情况以及持续时间有关,高温事件过程中温度越高、持续时间越长则高温事件的强度越大。因此需要构建一个综合强度指数用来描述这两个方面的特征,然后再统计研究区内过去几十年不同强度高温事件的发生频率,进行危险性评估。

　　按照前面确定的设施草莓高温事件的识别标准,识别出 1990—2019 年研究区各站点设施草莓高温事件,并统计每次高温事件的持续时间、记录每次事件的日最高气温和累积温度。根据研究区内和实验中所有高温事件的累积温度范围,对累积温度进行归一化处理,可得到高温

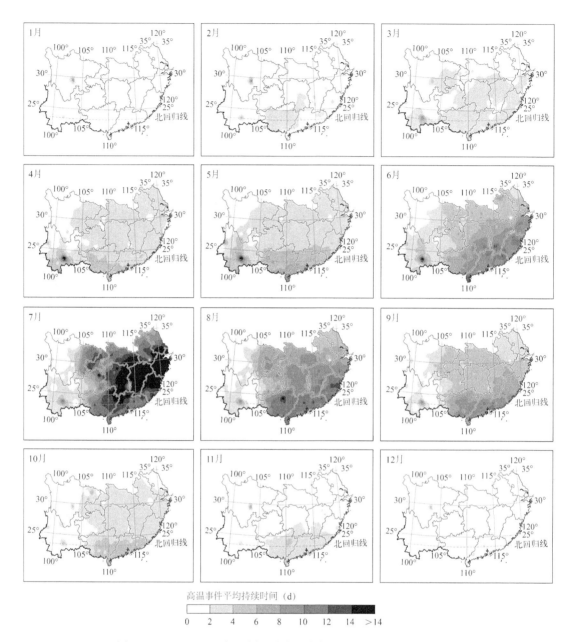

图 9-24　1990—2019 年不同月份高温事件平均持续时间的空间分布

事件综合强度指数 CI。

$$T_a = \sum_{i=1}^{D}(T_i - T_0) = \sum_{i=1}^{D}(T_i - 32) \tag{9-28}$$

$$CI = \frac{T_a - T_{a\_max}}{T_{a\_max} - T_{a\_min}} = \frac{T_a - 0}{656.34 - 0} \tag{9-29}$$

式中，T_a 为某次高温事件的累积温度，T_i 为该高温事件中第 i 日的最高气温，T_0 是高温阈值即 $32\ ℃$，D 为该次高温事件的持续时间；CI 为高温事件的综合强度，T_{a_max} 是所有高温事件中累积温度的最大值，为 $656.34\ ℃$，T_{a_min} 是所有高温事件中累积温度的最小值，为 $0\ ℃$。

不同重现期的 CI 值的空间分布情况见图 9-25。由图可知,随着重现期变大,高温事件综合强度值在增加,在研究区的东南沿海地区和云南部分地区增加幅度最大,东南沿海地区 10 年一遇的高温事件综合强度一般在 0.9 以上,同纬度其他地区 10 年一遇的高温事件综合强度一般低于 0.6,云南省内高温事件在不同重现期内差异较大是由于云南省内同时具有寒带、温带和热带的三种气候。在研究区西部的大部分地区,高温事件综合强度随着重现期的提高增加幅度最低,在这些地区,即使是 10 年一遇的高温事件综合强度也低于 0.2,说明较少发生强度较高的高温事件。重现期相同时,研究区的东南部强度高于西北部,强度较高的高温事件更多。

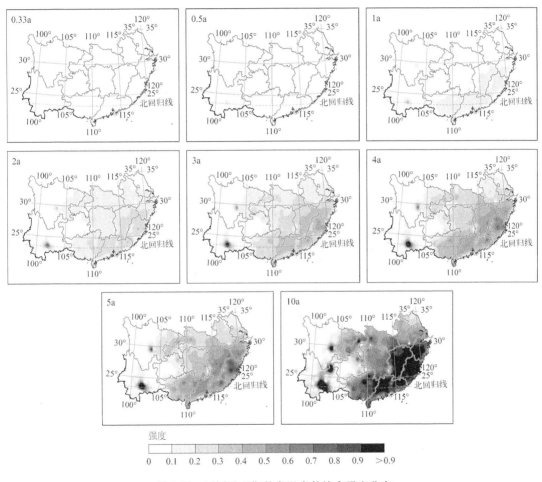

图 9-25　不同重现期的高温事件综合强度分布

根据前面介绍的危险性计算方法(式(9-21)—(9-23))对我国南方地区 303 个站点高温危险值进行计算后,用反距离权重法在我国南方 13 省(自治区、直辖市)范围内对高温危险性进行空间插值,结果见图 9-26。可以看出高温事件危险性在研究区范围内总体呈现出东高西低的趋势,在东部地区、江苏省北部同纬度其他地区相比危险性较低。高温事件危险性的空间分布规律与前面我国南方地区高温事件的空间分布基本一致。结合危险性的计算公式,高温事件的发生次数对危险性的高低具有非常重要的作用;由高温事件强度计算公式可知,累计日数对高温事件的综合强度的贡献最大,江苏省北部地区与同纬度地区相比,发生高温事件时温度条件差异不大,但累计日数和发生次数明显少于同纬度地区,这是造成江苏省北部地区高温事件危险性较低的原因。

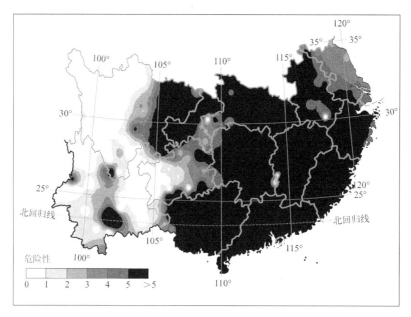

图 9-26　我国南方 13 省(自治区、直辖市)设施草莓高温危险性指数空间分布

二、设施草莓高温脆弱性评估

高温胁迫对草莓的影响是多方面的,例如会影响草莓的叶面积指数、草莓植株的地面上干物质的总量等,在草莓的不同生育期发生高温胁迫时,也会带来不同的损失。为系统研究草莓植株对高温胁迫的综合响应,构建草莓不同生育期的叶面积指数和地面上总干物质的损失率随高温综合强度指数 CI 变化的脆弱性曲线,用于设施草莓高温灾害风险评估。

1. 设施草莓高温胁迫试验设计

试验于 2018—2020 年在南京信息工程大学的人工气候室(PGC-FLEX,Conviron,加拿大)中开展环境控制试验,以草莓品种'红颜'为试验材料,在草莓苗期(9～12 片真叶,叶长 ≥5 cm)进行动态高温处理实验,处理期间草莓幼苗为盆栽,塑料盆规格为高 15 cm,上口径 12 cm,下口径 8 cm,土壤取自温室苗床,处理期间,每日 17 时向盆中补充适量水分,保证土壤湿润。试验中日最高气温/最低气温设置分别为 32 ℃/22 ℃、35 ℃/25 ℃、38 ℃/28 ℃ 和 41 ℃/31 ℃共 4 个水平(表 9-16),处理时长分别为 2 d、5 d、8 d 和 11 d,空气相对湿度设置 65%～70%,光周期为 12/12 h(白昼 06:00—18:00/夜间 18:00—06:00),辐射强度为 800 μmol・m^{-2}・s^{-1},以 28/18 ℃作为对照试验,每组处理 3 次重复,每个重复 100 株,共计 1500 株,具体试验处理设计如表 9-16。于 2018 年 10 月 2 日 09:00 将长势相近的草莓植株放入人工气候室进行高温处理,于 2 d、5 d、8 d 和 11 d 后陆续将草莓移出。其中一部分用于分析研究高温对草莓幼苗生长发育影响的机理,另一部分移植到 Venlo 型玻璃温室中继续生长,定植密度为 10 株/m^2。

表 9-16　试验设计

处理	日最高/最低气温(℃)	持续时间(d)
CK	28/18	—
T1	32/22	2、5、8、11
T2	35/25	
T3	38/28	
T4	41/31	

人工控制实验结束后,移栽至南京信息工程大学农业气象实验站的 Venlo 型玻璃温室继续进行栽培实验。温室南北长 30 m,由 12 跨组成,东西跨度为 6 m,檐高和脊高分别为 4 m 和 4.73 m,温室的内加热系统、灌溉系统、帘幕开展、通风窗开张均由计算机自动控制。栽培土壤为沙壤土,pH 值为 6.5～6.8,有机质含量 178.58 mg·kg^{-1},有效氮、有效磷和有效钾含量分别为 70.52 mg·kg^{-1}、30.15 mg·kg^{-1} 和 179.25 mg·kg^{-1}。栽培实验种植期间向草莓根部滴灌浇水,苗期每 3～5 d 滴灌一次,开花期和采收期每 2～4 d 滴灌一次,滴灌时间在 17:00—18:00,确保苗期土壤持水量为 60%～70%,开花期、坐果期和成熟期土壤持水量为 70%～80%。施肥采用每次滴灌每次施肥的原则,苗期每公顷施用 30～45 kg 滴灌专用肥(N:P:K=20:20:20),开花期、坐果期和成熟期每公顷施用 30～45 kg 滴灌专用肥(N:P:K=19:8:27)。

观测不同高温胁迫处理下设施草莓在不同生育期的生长情况:叶面积指数和地面上总干物质这两个指标。图 9-27—图 9-29 分别为不同高温处理下设施草莓开花期、坐果期和成熟期叶面积指数与地面上总干物质。由图 9-27 可以看出,随着高温胁迫程度的加强,设施草莓开花期叶面积指数和地面上总干物质的量都有下降,特别是当温度高于 35 ℃持续时间超过 5 d 较对照下降程度达到显著。高温胁迫处理后草莓在坐果期和成熟期叶面积指数和干物质重的变化情况与开花期相似。

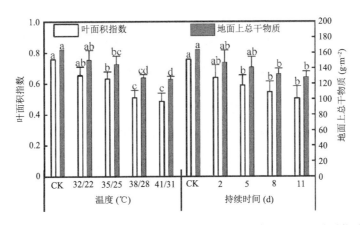

图 9-27　不同高温试验处理的草莓开花期叶面积指数和地面上总干物质

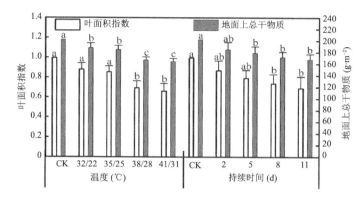

图 9-28　不同高温试验处理的草莓坐果期叶面积指数和地面上总干物质

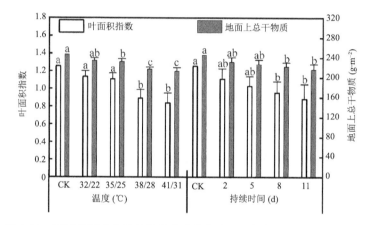

图 9-29　不同高温试验处理的草莓成熟期叶面积指数和地面上总干物质

2. 设施草莓高温灾害响应指标提取

试验观测了草莓光合生理生化指标共计 36 个,各变量之间关系较为复杂,且部分变量之间相关性较好(图 9-30)。为了更好地简化 36 个变量之间的复合关系,本节引用了主成分分析(PCA)方法,该方法是一种数据降维或数据简化的方法,它可以把大量杂糅重叠的相关变量转变为一组或几组不相关的变量(且这些不相关的变量能较大程度反演原始数据的信息),这些不相关的变量就称为主成分(Ringnér,2008)。

通过高温处理下的光合生理生化指标的做主成分分析,其特征值、方差贡献率和累计贡献率见表 9-17。第 1 主成分,其特征值为 22.4998,占总体变异的 62.50%。同理,第 2 主成分的特征值为 5.3651,占总体变异的 14.90%,以此类推。一般来说,如果某一项主成分的特征值小于 1,那么我们就认为该主成分对数据变异的解释程度比单个变量小,应该剔除,根据这个标准,本研究中前五位主成分的特征值大于 1,应该选取前五个主成分。但是在数据处理过程中,主成分只要能反映 85% 以上的指标就可以认为包含所有的变量,根据这个标准应该选择前三个主成分,同时结合陡坡图(scree plot)检验(图 9-31),本节选择前三个主成分比较符合研究实际需要,且这三个主成分能解释 86.33% 的原始数据。

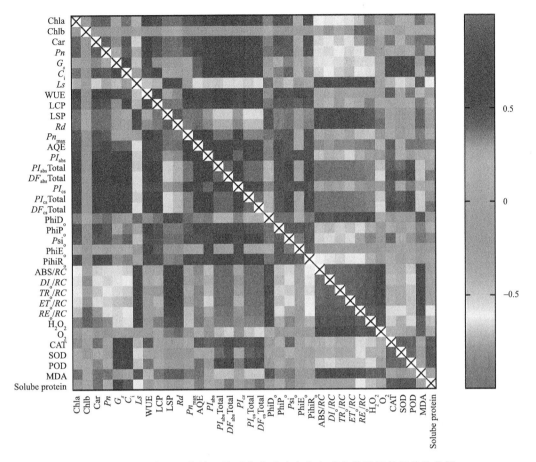

图 9-30　不同高温和持续天数下草莓叶片光合生理生化指标的相关性分析

表 9-17　不同高温和持续天数下草莓叶片光合生理生化指标的总方差解释

主成分数	初始特征值		
	特征值	方差贡献率(%)	累积贡献率(%)
1	22.4998	62.4996	62.4996
2	5.3651	14.9030	77.4026
3	3.2151	8.9310	86.3335
4	1.6506	4.5850	90.9185
5	1.1839	3.2885	94.2070
6	0.6455	1.7931	96.0001
7	0.4464	1.2400	97.2400
8	0.2715	0.7540	97.9941
9	0.2440	0.6778	98.6718
10	0.1449	0.4025	99.0743
11	0.1175	0.3265	99.4008
12	0.0997	0.2771	99.6778
13	0.0587	0.1630	99.8408
14	0.0363	0.1010	99.9417
15	0.0210	0.0583	100

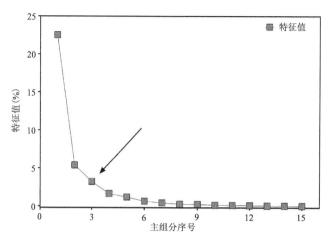

图 9-31　主成分解释因子的特征值

（图中,箭头表示三个主成分累积贡献达 85% 以上）

高温下光合生理生化指标旋转后的主成分得分矩阵如表 9-18,得分的绝对值大小,能反映该指标在该组主成分的影响程度。在 SPSS 中选择个案排序,结果显示:第一主成分中各指标绝对值大于 0.5 的指标分别是:光合指标（Pn_{max}、Chla、Pn、Car、LSP、Rd、AQE 和 LCP）,荧光指标（φP_o、φD_o、Ψ_o 和 φR_o）,氧化胁迫指标（MDA 和 H_2O_2）;第二主成分中各指标绝对值大于 0.5 的指标分别是:荧光指标（PI_{abs} Total、PI_{cs} Total、ET_o/RC、ABS/RC、DF_{abs} Total、DF_{cs} Total、TR_o/RC、DI_o/RC 和 RE_o/RC）,氧化胁迫指标（O_2^-）;第三主成分中各指标绝对值大于 0.5 的指标分别是:光合指标（G_s）,氧化胁迫指标（Soluble protein）,抗氧化胁迫指标（SOD、POD 和 CAT）。上述指标具有 29 个,涵盖了 80.56% 的测定指标（即表示提取三个主成分能包含了大部分指标信息）。结合得分的绝对值以及测定指标的难易程度,在接下来高温等级胁迫划分中,选取光合指标（Chla 和 Pn）,荧光指标（φP_o 和 PI_{abs}）,氧化胁迫指标（MDA）这 5 个指标作为高温胁迫等级划分的判定依据。

表 9-18　不同高温和持续天数下光合生理生化指标旋转后的主成分得分矩阵

指标	PC1(62.5%)	PC2(14.9%)	PC3(8.9%)	指标	PC1(62.5%)	PC2(14.9%)	PC3(8.9%)
Pn_{max}	0.899	0.017	−0.012	ABS/RC	−0.234	−0.813	−0.266
Chla	0.872	0.261	0.144	DF_{abs} Total	0.194	0.797	0.327
Pn	0.848	0.183	0.069	DF_{cs} Total	0.177	0.796	0.349
Car	0.839	0.314	0.215	TR_o/RC	−0.260	−0.795	−0.25
MDA	−0.821	−0.416	−0.181	DI_o/RC	−0.185	−0.786	−0.316
LSP	−0.816	−0.355	−0.174	RE_o/RC	−0.369	−0.636	−0.518
Rd	−0.783	−0.398	−0.141	Soluble protein	0.194	0.007	0.940
φP_o	0.770	0.076	0.009	SOD	−0.108	0.114	0.936
φD_o	−0.770	−0.076	−0.009	POD	−0.005	0.228	0.935
Ψ_o	0.756	0.239	0.175	CAT	0.109	0.062	0.931
AQE	0.675	0.495	0.201	G_s	−0.110	0.209	0.675
LCP	0.646	0.373	0.050	φE_o	−0.096	0.043	−0.092

指标	PC1(62.5%)	PC2(14.9%)	PC3(8.9%)	指标	PC1(62.5%)	PC2(14.9%)	PC3(8.9%)
φR_o	0.623	0.243	−0.050	PI_{abs}	0.458	0.235	0.150
H_2O_2	−0.577	−0.564	−0.399	PI_{cs}	0.428	0.296	0.203
$O_2^{\cdot -}$	−0.092	−0.925	0.262	WUE	0.400	0.358	0.181
PI_{abs}Total	0.191	0.824	0.250	Chlb	−0.075	−0.214	−0.496
PI_{cs}Total	0.174	0.822	0.286	C_i	0.008	0.110	0.457
ET_o/RC	−0.232	−0.814	−0.267	Ls	−0.189	−0.137	−0.576

注：提取方法：主成分分析法、旋转方法、凯撒正态化等量最大法。

3. 设施草莓高温胁迫等级构建

引入高温胁迫指数 Z，计算公式如下：

$$Z = \left(Z_A \times \frac{|A_{CK} - A|}{|A_{CK}|} + Z_B \times \frac{|B_{CK} - B|}{|B_{CK}|} + Z_C \times \frac{|C_{CK} - C|}{|C_{CK}|} + \right.$$
$$\left. Z_D \times \frac{|D_{CK} - D|}{|D_{CK}|} + Z_E \times \frac{|E_{CK} - E|}{|E_{CK}|} \right) \times 10 \tag{9-30}$$

式中，Z 为高温胁迫指数；Z_A、Z_B、Z_C、Z_D 和 Z_E 分别为 Chla、Pn、$\varphi(P_o)$、PI_{abs} 和 MDA 的权重；A_{CK}、B_{CK}、C_{CK}、D_{CK} 和 E_{CK} 分别为对照下的 Chla、Pn、$\varphi(P_o)$、PI_{abs} 和 MDA 的值；A、B、C、D 和 E 分别为高温胁迫下的 Chla、Pn、$\varphi(P_o)$、PI_{abs} 和 MDA 的值。

（1）先用极差法把各指标标准化处理

极差法是常见的数据标准化处理方式，通过该方法可以把各项指标映射到 $[0,1]$ 之间。首先计算出数据的最大值、最小值，以及最大值和最小值的差值，然后根据下列公式得出新的数据：新数据＝（原数据－最小值）/（最大值－最小值）正向指标；新数据＝（最大值－原数据）/（最大值－最小值）负向指标。

（2）指标权重值的计算

把标准化数据进行主成分分析，利用主成分分析的数据来计算 MDA、PI_{abs}、Chla、Pn 和 $\varphi(P_o)$ 的权重值。

第一步：根据公式［各指标成分矩阵所对应系数/对应主成分特征根的平方根］计算出 MDA、PI_{abs}、Chla、Pn 和 $\varphi(P_o)$ 的线性组合中的系数（表 9-19）。

表 9-19　线性组合中 MDA、PI_{abs}、Chla、Pn 和 $\varphi(P_o)$ 的系数

指标	PC1	PC2	PC3
MDA	−0.19026	0.11851	−0.04153
PI_{abs}	0.18543	−0.07620	0.06057
Chla	0.17831	−0.15224	0.11142
Pn	0.17778	−0.19536	0.11883
$\varphi(P_o)$	0.17317	−0.18087	0.02114

第二步：根据公式［第一主成分方差×对应指标线性组合系数＋第二主成分方差×对应指标线性组合系数＋第三主成分方差×对应指标线性组合系数)/(第一主成分方差＋第二主成分方差＋第一主成分方差]计算 MDA、PI_{abs}、Chla、Pn 和 $\varphi(P_o)$ 综合模型中的得分系数（表

9-20)。

表 9-20　综合模型中 MDA、PI_{abs}、Chla、Pn 和 $\varphi(P_o)$ 的得分系数

指标	综合模型系数
MDA	-0.19026
PI_{abs}	0.18543
Chla	0.17831
Pn	0.17778
$\varphi(P_o)$	0.09786

第三步：根据公式[综合模型系数/各指标综合模型系数之和]计算 MDA、PI_{abs}、Chla、Pn 和 $\varphi(P_o)$ 权重（表 9-21）。

表 9-21　MDA、PI_{abs}、Chla、Pn 和 $\varphi(P_o)$ 的权重

指标	权重
MDA	-0.37382
PI_{abs}	0.391571
Chla	0.351534
Pn	0.329826
$\varphi(P_o)$	0.300892

因此，高温胁迫指数 Z 可以优化成下列公式：

$$Z=\left\{\begin{array}{l}0.35\times\dfrac{|A_{CK}-A|}{|A_{CK}|}+0.33\times\dfrac{|B_{CK}-B|}{|B_{CK}|}+0.30\times\dfrac{|C_{CK}-B|}{|C_{CK}|}+\\ 0.39\times\dfrac{|D_{CK}-D|}{|D_{CK}|}-0.38\times\dfrac{|E_{CK}-E|}{|E_{CK}|}\end{array}\right\}\times10 \quad (9\text{-}31)$$

根据高温胁迫指数方程可以计算出高温胁迫指数随胁迫时间的变化规律如表 9-22 所示。

表 9-22　高温胁迫指数随胁迫时间的变化规律

温度	胁迫 2 d		胁迫 5 d		胁迫 8 d		胁迫 11 d	
	Z 值	等级	Z 值	等级	Z 值	等级	Z 值	等级
CK	0	正常	0	正常	0	正常	0	正常
32 ℃	1.29	正常	1.91	正常	3.51	轻度	4.31	中度
35 ℃	1.95	正常	2.73	轻度	4.73	中度	5.97	中度
38 ℃	4.63	中度	5.32	中度	6.94	重度	8.26	特重
41 ℃	6.55	重度	8.06	特重	10.14	特重	10.91	特重

草莓正常生长时，其高温胁迫指数是 0。随着高温胁迫指数的逐渐升高，胁迫的程度越明显。根据表 9-22 高温胁迫指数随时间变化关系，把草莓胁迫等级分为轻度、中度、重度、特重四个胁迫等级（如表 9-23）。

表 9-23　草莓高温胁迫等级的划分

高温胁迫指数 Z	胁迫等级	指标
$2 < Z \leqslant 4$	轻度（Ⅰ）	32 ℃下持续 8 d；35 ℃下持续 5 d
$4 < Z \leqslant 6$	中度（Ⅱ）	32 ℃下持续 11 d；35 ℃下持续 8～11 d；35 ℃下持续 2～5 d
$6 < Z \leqslant 8$	重度（Ⅲ）	35 ℃下持续 8 d；41 ℃下持续 2 d
$Z > 8$	特重（Ⅳ）	35 ℃下持续 11 d；41 ℃下持续 5～11 d

4. 设施草莓高温脆弱性曲线

如前面高温胁迫试验设计中介绍的，本研究中设有 16 个高温胁迫处理，根据这些处理中测得的不同高温胁迫下草莓不同生育期的生长状况（叶面积指数、地面上总干物质），以及试验处理对应的高温综合强度，可构建设施草莓高温脆弱性曲线，如图 9-32 所示。由各个生育期中不同指标的脆弱性曲线可以看出，在草莓成熟期叶面积指数损失率随着高温胁迫强度升高而增大的幅度最大，当 CI 值在 0.3 左右时一般会损失 60% 左右的叶面积指数；草莓开花期和坐果期的叶面积指数损失率随着高温胁迫严重程度升高而增加的幅度次之，当 CI 值在 0.3 左右时大约会损失 50% 的叶面积指数。草莓开花期和坐果期 CI 值在 0.2 左右时，地面上总干物质损失率大约在 25%；草莓成熟期地面上总干物质的损失率随着高温胁迫强度升高而增加的幅度最低，当 CI 值在 0.6 左右时，损失率在 25%～30%。草莓各生育期中各个指标脆弱性曲线的方程表达式与拟合效果如表 9-24 所示，可以看出各个时期各个指标的脆弱性曲线都通过了 0.01 的显著性检验，除了草莓开花期地面上总干物质的脆弱性曲线 $R^2 = 0.7543$，剩下的脆弱性曲线 R^2 在 0.8 以上，说明这些脆弱性曲线拟合效果都较好，可以用于根据高温胁迫强度预测可能带来的草莓各个时期各项指标的潜在损失。

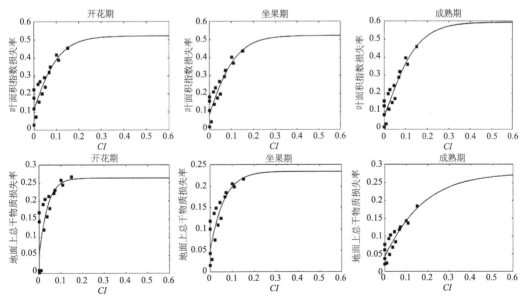

图 9-32　设施草莓不同生育期高温脆弱性曲线

（图中，■表示不同高温协迫处理）

表 9-24　设施草莓不同生育期高温胁迫灾害脆弱性曲线拟合效果

生育期	指标	拟合方程	R^2
开花期	叶面积指数	$y=\dfrac{1}{1+0.6843\,e^{-15.1346x}}-0.4781$	0.8623**
	地面上总干物质	$y=\dfrac{1}{1+0.267\,e^{-21.0194x}}-0.7361$	0.7543**
坐果期	叶面积指数	$y=\dfrac{1}{1+0.7681\,e^{-14.5482x}}-0.478$	0.8794**
	地面上总干物质	$y=\dfrac{1}{1+0.223\,e^{-17.8892x}}-0.7656$	0.8078**
成熟期	叶面积指数	$y=\dfrac{1}{1+1.0933\,e^{-13.0179x}}-0.4059$	0.8808**
	地面上总干物质	$y=\dfrac{1}{1+0.302\,e^{-6.818x}}-0.7248$	0.8285**

注：** 表示拟合方程通过 $p<0.01$ 显著性水平检验。

三、设施草莓高温灾害风险区划

图 9-33、9-34、9-35 分别为我国南方 13 省（自治区、直辖市）各地不同重现期的高温事件带来的设施草莓在开花期、坐果期和成熟期的叶面积指数和地面上总干物质的潜在损失。不同重现期下各个生育期设施草莓叶面积指数的损失率都高于地面上总干物质的损失率，特别是在东南部地区较高重现期的高温事件带来的潜在损失的相差的幅度更大，可以看出高温对设施草莓叶面积指数的风险要高于对地面上总干物质的风险，结合叶面积指数与地面上总干物质的脆弱性曲线可以发现叶面积指数风险更高主要是由于叶面积指数对高温胁迫的响应更敏感。空间分布上，叶面积指数和地面上总干物质的风险都呈现出东高西低的趋势，主要是由于

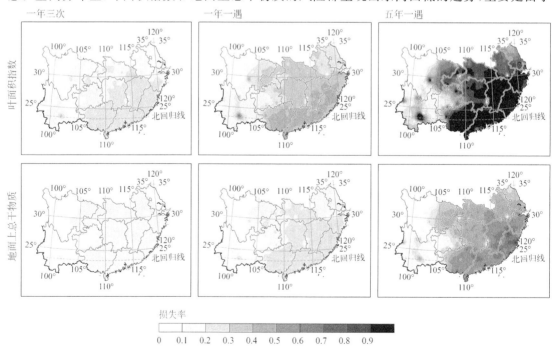

图 9-33　不同重现期高温事件带来的草莓开花期叶面积指数和地面上总干物质潜在损失的空间分布

东部地区高温危险性更高。江苏省高温胁迫风险明显低于同纬度其他地区,主要是由于该地区高温胁迫危险性较低,即使在较高的重现期,高温事件的综合强度仍然较低,不会带来较多的设施草莓叶面积指数和地面上总干物质的损失。

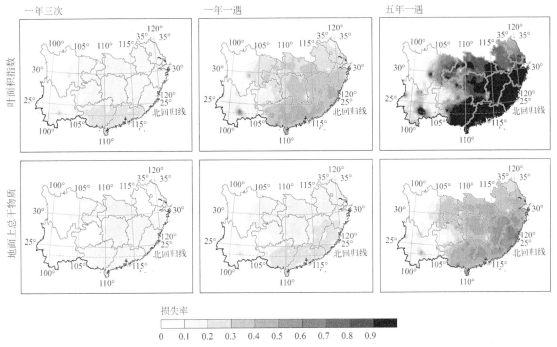

图 9-34　不同重现期高温事件带来的草莓坐果期叶面积指数和地面上总干物质潜在损失的空间分布

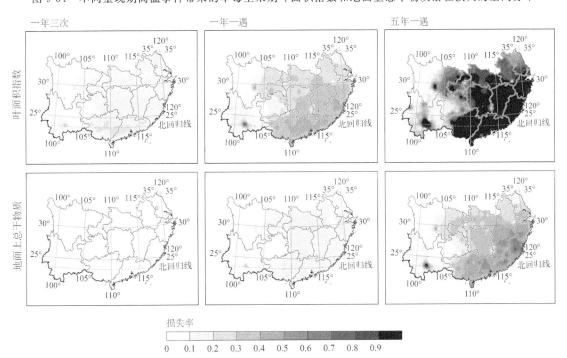

图 9-35　不同重现期高温事件带来的草莓成熟期叶面积指数和地面上总干物质潜在损失的空间分布

第十章　设施草莓生长及环境监测

第一节　基于图像的作物生长监测

一、研究进展

现有作物图像检测方法主要包括依据色彩、形状特征的传统图像处理算法,以及通过大量人工标注图像数据,并对标注图像进行训练得到相关作物种类检测模型的深度学习方法。其中传统图像处理算法比较灵活,具有易于构建不同目标物的色彩(包括不同颜色、亮度、灰度等广义的色彩)和形状(包括外轮廓形状、区域清晰度、纹理特征等广义形状)参数,以及便于计算叶面积等优势。在人工智能发展的初期阶段,程序很容易处理一些难度较高、计算量较大的问题,这些问题往往可以用数学公式和模型来表示。人工智能面临的更艰难的任务是难以用数学公式和模型来描述的问题,这些问题对于人而言往往很容易解决。比如,人能轻松识别图像中的物体,遇到类似的问题,程序难以进行处理。早在20世纪,计算机就在国际象棋方面战胜了人类选手。但一直到最近几年,计算机才在图像检测问题中接近人类一般水平。一般而言,人的知识习得需要大量外界知识,很大一部分的知识是主观的,所以难以用数学公式和模型进行清晰的描述。对程序而言也是同样的,程序同样需要大量学习外部知识才能使本身变得更加智能。

与传统图像处理算法相比,深度学习方法计算速度更快,模型学习能力较强,对目标物的检测准确度极高,并且能够排除复杂背景的影响。可见传统图像处理算法以及深度学习方法都广泛用于作物识别与统计。两类方法具有各自的特点,虽然深度学习模型计算速度快,目标识别准确,能够准确统计目标物数量。但深度学习模型以矩形区域作为卷积核,图像特征处理的单位为矩形,结果仅能标注目标物的上下左右范围,往往不能直接精确计算叶片的面积。同时,深度学习对训练集数据依赖较强,对训练集图像的数量、质量要求都较高,在实际应用中环境变化较大,并非在所有场景下都能获得大量的训练集图像资料,难以保证模型在不同背景物以及不同环境下的适用性。因此,将传统图像计算方法与深度学习方法结合,充分发挥各类方法的优势显得尤为重要。

要自动获取图像目标物的高度,首先要对图像目标物进行准确检测。传统图像目标物检测方法主要依赖色彩和形状特征。Kondo 等(1996)较早地利用颜色特征识别了成熟的番茄果实。Shigehiko 等(2002)利用图像分割算法实现了不同光照条件下茄子果实的识别,增加了传统图像目标检测算法的鲁棒性。将"积分图像"算法引入图像处理,在提高了处理速度的前提下,实现了较为准确的人脸识别。与传统图像处理方法相比,深度学习网络具有速度快、精度高的优点。Hinton 等(2006)提出了梯度消失问题的解决方案,从此图像目标物检测进入了深度学习时代,其团队基于卷积神经网络(Convolution Neural Network,CNN)的基本原理开发了 AlexNet 模型(Krizhevsky et al. ,2012),并在 ImageNet 图像识别大赛中击败了所有利用传统图像处理方法的团队,从此深度学习进入了高速发展阶段。YOLO系列深度学习神经网络同样由 CNN 的基本原理改进而来,同时提高了计算速度和目标检测精度。YOLO 系列模型提出时间较晚,但取得了比其他深度学习网络更好的精度和更快的速度(傅隆生 等,2020)。YOLO 模型在机器人采摘苹果的目标定位、番茄果实的定位上效果都较好,结果较准确。目前深度学习主要用于目标物检测和计数,用于株高等定量计算的较少。

实现图像目标的检测后,需要进一步获取目标物的高度。丁启朔等(2020)利用图像灰度特征,利用麦穗和茎秆的宽度差异,实现了麦穗和茎秆的区分,在脱离大田,取出麦穗置于纯净背景前提下计算了麦穗和茎秆的长度,结果准确度较高。王建利等(2013)在利用激光辅助仪器的前提下,利用相似三角形原理计算了图像中的树木胸径值。双目测距算法也是图像测距测高的有效手段,是计算机模拟人的双眼看到不同距离上的目标物产生不同视差的原理来计算真实距离的一种常用算法。陶法等(2013)利用双目测距算法计算了云底的高度,效果较好。

二、主要监测模型及方法

(1)深度学习模型

深度学习(Deep Learning,DL)是机器学习(Machine Learning,ML)领域中一个新的研究方向,它被引入机器学习使其更接近于最初的目标——人工智能(Artificial Intelligence,AI)。深度学习是学习样本数据的内在规律和表示层次,这些学习过程中获得的信息对诸如文字,图像和声音等数据的解释有很大的帮助。它的最终目标是让机器能够像人一样具有分析学习能力,能够识别文字、图像和声音等数据。深度学习是一个复杂的机器学习算法,在语音和图像识别方面取得的效果,远远超过先前相关技术。YOLO 属于一步检测算法,它将图片输入到主干网络中,并且利用 CNN 网络来提取图片的特征信息,最后再对图片进行回归分析来实现目标的检测。尽管 Faster R-CNN 算法已经减少了滑动窗口的计算量,但也只是局限于固定大小的窗口。而 YOLO 模型则是将整幅图像分割为互不重合的区域,从而避免使用滑动窗口,加快了图像检测的速度。

具体来说,YOLO 模型利用卷积神经网络将输入的图像分割为 $s \times s$ 个单元格,每个单元格用于检测中心点落在该单元格内的物体,并且每个单元格都设置 B 个边界框(bounding box),并且设置其对应的置信度(confidence score)。置信度由边界框包含目标的概率大小和边界框预测目标的准确率两部分组成。边界框包含目标的概率大小用 $P_r(object)$ 表示,$P_r(object)=0$ 说明边界框内没有包含目标物体,相反,$P_r(object)=1$ 说明边界框中包含目标物体。边界框预测目标的准确率由交并比表示,记为 IOU_{pred}^{truth}。最终置信度表示为 $P_r(object) \times IOU_{pred}^{truth}$。每个边界框都产生 5 个预测值 (x,y,w,h,c)。x,y 为相对于单元格中心点的偏移量;w,h 为边界框的宽高,参数为边界框高宽与整幅图像宽高的占比,所以,4 个参数数值都在 $[0,1]$ 内,c 为边界框的置信度(徐融,2020)。

大多数深度神经网络都具有与卷积神经网络类似的主要结构。以 YOLOv3 模型为例。模型默认将输入图像下采样到 416×416 分辨率,再传入主干网络进行特征提取。YOLOv3 模型的主干网络是以 Darknet53 为基础的网络。模型通过对图像卷积运算,得到不同尺度的特征信息,得到 3 个特征层,大小分别为 52、26、13。在三个特征图层中,分别利用多个卷积核进行卷积预测。预设边框数量为 3。YOLO 模型的网络结构如图 10-1 所示,共有 26 层,前 24 层为卷积层,最后 2 层为全连接层。模型边界框数量和尺寸见表 10-1。

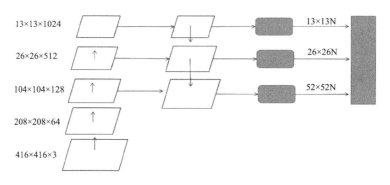

图 10-1　YOLO 模型网络结构图

表 10-1　型边界框数量和尺寸

特征图层	特征图大小	预设边界框尺寸	预设边界框数量
特征图 1	13×13	$116 \times 90, 156 \times 198, 373 \times 326$	$13 \times 13 \times 3$
特征图 2	26×26	$30 \times 61, 62 \times 45, 59 \times 119$	$26 \times 26 \times 3$
特征图 3	52×52	$10 \times 13, 16 \times 30, 33 \times 23$	$52 \times 52 \times 3$

YOLOv3 模型的损失函数分为置信度损失、位置损失和类别损失。其中位置损失主要由检测框与标记框的位置、高宽度的欧氏距离决定。YOLOv3 运行环境,解压环境压缩包,运行程序时指定环境目录即可。安装 CUDA 和 CUDNN 神经网络加速库。安装 LabelImg 软件。利用 LabelImg 软件标注训练集图像,以 VOC 数据集为例。打开 LabelImg 软件,设置数据集格式、打开和保存数据的路径(图 10-2),即可开始框选标记目标物。本实验训练集图像为4000 张,测试集图像为 1000 张,模型训练集的标注过程见图 10-3。

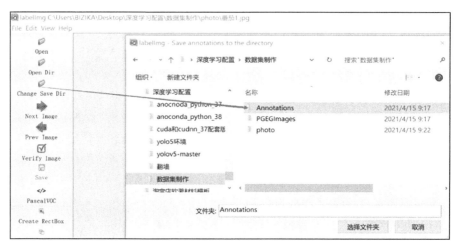

图 10-2　设置保存路径

在本实验中,设置初始学习率 lr 为 0.001,实验系统为 Ubantu20.04,测试的框架为 Tensorflow 和 Pytorch 1.7.0 版本,采用 CUDA 11.1 版本并行计算框架,配合 CUDNN 7.4 版本深度神经网络加速库,主要硬件环境见表 10-2。

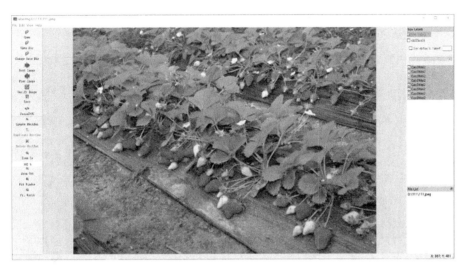

图 10-3 练集的标注过程

表 10-2 硬件环境

硬件类型	硬件名称
处理器	Ryzen R7 5900X
显卡	RTX 3080Ti
内存	64GB
固态硬盘	SSD 2TB
主板	X570

运行 YOLOv3 模型前，进行数据的预处理。运行 voc2yolo3. py 程序。得到需要处理的图片路径和标注的目标物信息。运行 voc_annotation. py 程序，将上述结果整理为 YOLOv3 模型可以输入和识别的格式。结果如图 10-4 所示。

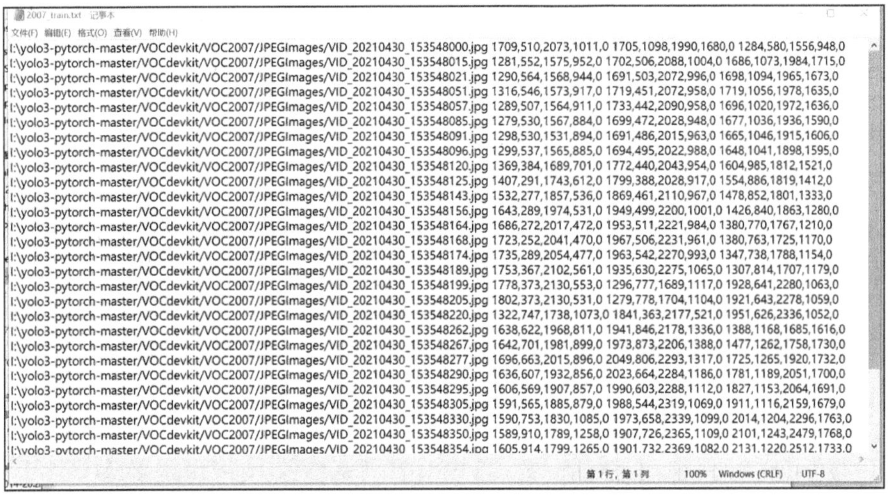

```
2007_train.txt - 记事本
文件(F) 编辑(E) 格式(O) 查看(V) 帮助(H)
I:\yolo3-pytorch-master/VOCdevkit/VOC2007/JPEGImages/VID_20210430_153548000.jpg 1709,510,2073,1011,0 1705,1098,1990,1680,0 1284,580,1556,948,0
I:\yolo3-pytorch-master/VOCdevkit/VOC2007/JPEGImages/VID_20210430_153548015.jpg 1281,552,1575,952,0 1702,506,2088,1004,0 1686,1073,1984,1715,0
I:\yolo3-pytorch-master/VOCdevkit/VOC2007/JPEGImages/VID_20210430_153548021.jpg 1290,564,1568,944,0 1691,503,2072,996,0 1698,1094,1965,1673,0
I:\yolo3-pytorch-master/VOCdevkit/VOC2007/JPEGImages/VID_20210430_153548051.jpg 1316,546,1573,917,0 1719,451,2072,958,0 1719,1056,1978,1635,0
I:\yolo3-pytorch-master/VOCdevkit/VOC2007/JPEGImages/VID_20210430_153548057.jpg 1289,507,1564,911,0 1733,442,2090,958,0 1696,1020,1972,1636,0
I:\yolo3-pytorch-master/VOCdevkit/VOC2007/JPEGImages/VID_20210430_153548085.jpg 1279,530,1567,884,0 1699,472,2028,948,0 1677,1036,1936,1590,0
I:\yolo3-pytorch-master/VOCdevkit/VOC2007/JPEGImages/VID_20210430_153548091.jpg 1298,530,1531,894,0 1691,486,2015,963,0 1665,1046,1915,1606,0
I:\yolo3-pytorch-master/VOCdevkit/VOC2007/JPEGImages/VID_20210430_153548096.jpg 1299,537,1565,885,0 1694,495,2022,988,0 1648,1041,1898,1595,0
I:\yolo3-pytorch-master/VOCdevkit/VOC2007/JPEGImages/VID_20210430_153548120.jpg 1369,384,1689,701,0 1772,440,2043,954,0 1604,985,1812,1521,0
I:\yolo3-pytorch-master/VOCdevkit/VOC2007/JPEGImages/VID_20210430_153548125.jpg 1407,291,1743,612,0 1799,388,2028,917,0 1554,886,1819,1412,0
I:\yolo3-pytorch-master/VOCdevkit/VOC2007/JPEGImages/VID_20210430_153548143.jpg 1532,277,1857,536,0 1869,461,2110,967,0 1478,852,1801,1333,0
I:\yolo3-pytorch-master/VOCdevkit/VOC2007/JPEGImages/VID_20210430_153548156.jpg 1643,289,1974,531,0 1949,499,2200,1001,0 1426,840,1863,1280,0
I:\yolo3-pytorch-master/VOCdevkit/VOC2007/JPEGImages/VID_20210430_153548164.jpg 1686,272,2017,472,0 1953,511,2221,984,0 1380,770,1767,1210,0
I:\yolo3-pytorch-master/VOCdevkit/VOC2007/JPEGImages/VID_20210430_153548168.jpg 1723,252,2041,470,0 1967,506,2231,961,0 1380,763,1725,1170,0
I:\yolo3-pytorch-master/VOCdevkit/VOC2007/JPEGImages/VID_20210430_153548174.jpg 1735,289,2054,477,0 1963,542,2270,993,0 1347,738,1788,1154,0
I:\yolo3-pytorch-master/VOCdevkit/VOC2007/JPEGImages/VID_20210430_153548189.jpg 1753,367,2102,561,0 1935,630,2275,1065,0 1307,814,1707,1179,0
I:\yolo3-pytorch-master/VOCdevkit/VOC2007/JPEGImages/VID_20210430_153548199.jpg 1778,373,2130,553,0 1296,777,1689,1117,0 1928,641,2280,1063,0
I:\yolo3-pytorch-master/VOCdevkit/VOC2007/JPEGImages/VID_20210430_153548205.jpg 1802,373,2130,531,0 1279,778,1704,1104,0 1921,643,2278,1059,0
I:\yolo3-pytorch-master/VOCdevkit/VOC2007/JPEGImages/VID_20210430_153548220.jpg 1322,747,1738,1073,0 1841,363,2177,521,0 1951,626,2336,1052,0
I:\yolo3-pytorch-master/VOCdevkit/VOC2007/JPEGImages/VID_20210430_153548262.jpg 1638,622,1968,811,0 1941,846,2178,1336,0 1388,1168,1685,1616,0
I:\yolo3-pytorch-master/VOCdevkit/VOC2007/JPEGImages/VID_20210430_153548267.jpg 1642,701,1981,899,0 1973,873,2206,1388,0 1477,1262,1758,1730,0
I:\yolo3-pytorch-master/VOCdevkit/VOC2007/JPEGImages/VID_20210430_153548277.jpg 1696,663,2015,896,0 2049,806,2293,1317,0 1725,1265,1920,1732,0
I:\yolo3-pytorch-master/VOCdevkit/VOC2007/JPEGImages/VID_20210430_153548290.jpg 1636,607,1932,856,0 2023,664,2284,1186,0 1781,1189,2051,1700,0
I:\yolo3-pytorch-master/VOCdevkit/VOC2007/JPEGImages/VID_20210430_153548295.jpg 1606,569,1907,857,0 1990,603,2288,1112,0 1827,1153,2064,1691,0
I:\yolo3-pytorch-master/VOCdevkit/VOC2007/JPEGImages/VID_20210430_153548305.jpg 1591,565,1885,879,0 1988,544,2319,1069,0 1911,1116,2159,1679,0
I:\yolo3-pytorch-master/VOCdevkit/VOC2007/JPEGImages/VID_20210430_153548330.jpg 1590,753,1830,1085,0 1973,658,2339,1099,0 2014,1204,2296,1763,0
I:\yolo3-pytorch-master/VOCdevkit/VOC2007/JPEGImages/VID_20210430_153548350.jpg 1589,910,1789,1258,0 1907,726,2365,1109,0 2101,1243,2479,1768,0
I:\yolo3-pytorch-master/VOCdevkit/VOC2007/JPEGImages/VID_20210430_153548354.jpg 1605,914,1799,1265,0 1901,732,2369,1082,0 2131,1220,2512,1733,0
第1行，第1列 100% Windows (CRLF) UTF-8
```

图 10-4 模型数据预处理结果

接下来设置标注目标物的类别。打开 config.py 程序,在 classes 处设置目标物类别数。在 anchors 处设置锚框数量和大小(图 10-5)。

```
Config = \
{
    #----------------------------------------------------------#
    #   训练前一定要修改classes参数
    #   anchors可以不修改,因为anchors的通用性较大
    #   而且大中小的设置非常符合yolo的特征层情况
    #----------------------------------------------------------#
    "yolo": {
        "anchors": [[[116, 90], [156, 198], [373, 326]],
                    [[30, 61], [62, 45], [59, 119]],
                    [[10, 13], [16, 30], [33, 23]]],
        "classes": 1,
    },
    #----------------------------------------------------------#
    #   img_h和img_w可以修改成608x608
    #----------------------------------------------------------#
    "img_h": 416,
    "img_w": 416,
}
```

图 10-5　锚框信息和类别数设置

接下来指定目标物的名称。打开 model_data 文件夹,新建 txt 文本,输入各类别目标物名称(图 10-6)。打开 yolo.py 程序,设置上述 txt 文本的路径,以便程序读取类别名称。

```
class YOLO(object):
    _defaults = {
        "model_path"        : 'logs/Epoch33-Total_Loss19.4883-Val_Loss10.0430.pth',
        "classes_path"      : 'model_data/classes_test220424.txt',
        "model_image_size"  : (416, 416, 3),
        "confidence"        : 0.5,
        "iou"               : 0.3,
        "cuda"              : True,
        #----------------------------------------------------------#
        #   该变量用于控制是否使用letterbox_image对输入图像进行不失真的resize,
        #   在多次测试后,发现关闭letterbox_image直接resize的效果更好
        #----------------------------------------------------------#
        "letterbox_image"   : False,
    }
```

图 10-6　目标物类别设置

然后运行 train.py 对模型进行训练。首先设置训练参数,包括迭代次数、学习率、batch-size 每次训练张数等(图 10-7)。

```
if True:
    lr = 1e-4
    Batch_size = 8
    Freeze_Epoch = 300
    Unfreeze_Epoch = 300
```

图 10-7　模型训练参数设置

模型训练后，得到各次训练的权值文件，即训练结果。选取 loss 值较小或按照其他指标选择合适的模型，用于对数据进行预测（图 10-8）。

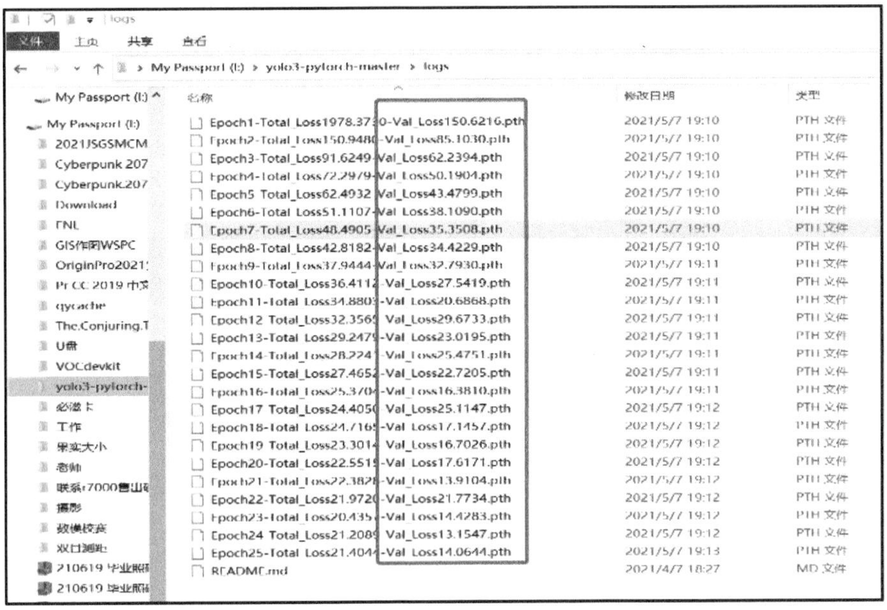

图 10-8　模型训练结果

选择好使用哪一个模型进行预测后，将选中的模型输入程序。打开 yolo. py 程序，输入选中的模型路径和名称。运行 predict. py 程序进行预测（图 10-9）。

一般使用 AP 值来评价模型检测效果，AP 利用式(10-1)—(10-3)计算，其中 P 为准确率，R 为召回率，TP 为真实的正样本数量，FP 为虚假的正样本数量，FN 为虚假的负样本数量。YOLOv3 模型在自然场景下对于普通目标物检测的 AP 值一般在 75%～95%。

$$P=\frac{TP}{TP+FP} \tag{10-1}$$

$$R=\frac{TP}{TP+FN} \tag{10-2}$$

$$AP=\int_0^1 P(R)\mathrm{d}R \tag{10-3}$$

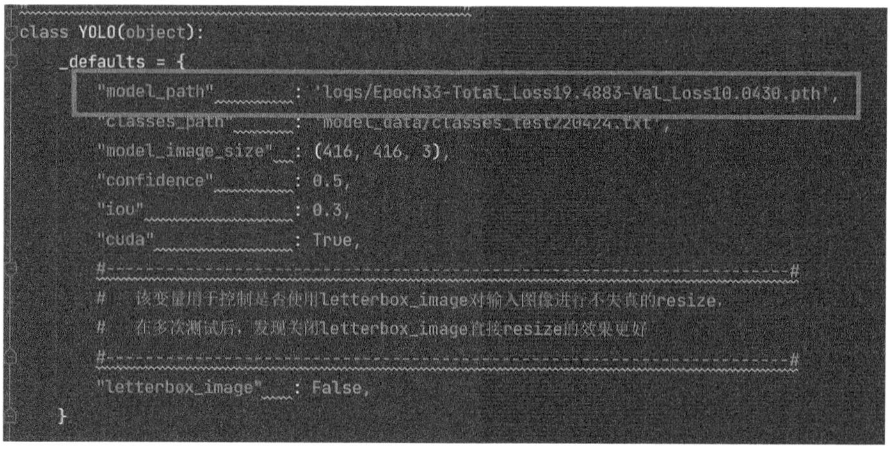

```
class YOLO(object):
    _defaults = {
        "model_path"        : 'logs/Epoch33-Total_Loss19.4883-Val_Loss10.0430.pth',
        "classes_path"      : 'model_data/classes_test220424.txt',
        "model_image_size"  : (416, 416, 3),
        "confidence"        : 0.5,
        "iou"               : 0.3,
        "cuda"              : True,
        #---------------------------------------------------------------#
        #   该变量用于控制是否使用letterbox_image对输入图像进行不失真的resize,
        #   在多次测试后，发现关闭letterbox_image直接resize的效果更好
        #---------------------------------------------------------------#
        "letterbox_image"   : False,
    }
```

图 10-9　模型路径和名称设置

在实际计算中，AP 值为模型 Precision-Recall 曲线所包括的面积。图像全部面积为 1，AP 值一般用百分比表示。Precision-Recall 曲线示意图见图 10-10。

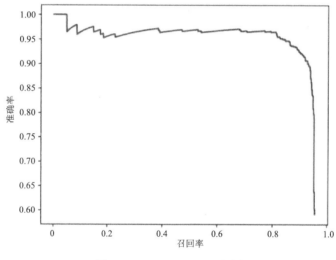

图 10-10　Precision-Recall 图

作物目标物检测效果较好，mAP 值（平均 AP 值）为 87.6％。作物果实检测 AP 值为 90.13％，模型能够准确检测果实位置。

（2）双目视觉算法

双目立体视觉（Binocular Stereo Vision）是机器视觉的一种重要形式，它是基于视差原理并利用成像设备从不同的位置获取被测物体的两幅图像，通过计算图像对应点间的位置偏差，来获取物体三维几何信息的方法。双目立体视觉测量方法具有效率高、精度合适、系统结构简单、成本低等优点，非常适合于制造现场的在线、非接触产品检测和质量控制。对运动物体（包括动物和人体形体）测量中，由于图像获取是在瞬间完成的，因此立体视觉方法是一种更有效的测量方法。双目立体视觉系统是计算机视觉的关键技术之一，获取空间三维场景的距离信息也是计算机视觉研究中最基础的内容。

双目立体视觉的开创性工作始于 20 世纪 60 年代中期。美国麻省理工学院(Massachusetts Institute of Technology,MIT)的 Roberts 通过从数字图像中提取立方体、楔形体和棱柱体等简单规则多面体的三维结构,并对物体的形状和空间关系进行描述,把过去的简单二维图像分析推广到了复杂的三维场景,标志着立体视觉技术的诞生。随着研究的深入,研究的范围从边缘、角点等特征的提取,线条、平面、曲面等几何要素的分析,直到对图像明暗、纹理、运动和成像几何等进行分析,并建立起各种数据结构和推理规则。特别是 20 世纪 80 年代初,Marr 首次将图像处理、心理物理学、神经生理学和临床精神病学的研究成果从信息处理的角度进行概括,创立了视觉计算理论框架。这一基本理论对立体视觉技术的发展产生了极大的推动作用,在这一领域已形成了从图像的获取到最终的三维场景可视表面重构的完整体系,使得立体视觉已成为计算机视觉中一个非常重要的分支。

　　两台处于同一垂直面的水平朝前放置的相机,拍摄同一个目标物体产生视差,由于不同距离的被摄物体在图像上的视差值不同,故可以依据视差计算被拍摄物的真实距离。算法原理见图 10-11。图中 $l1$ 表示目标物所在平面,$l2$ 表示成像面,$l3$ 表示两台相机所在面。A、B 表示两台参数一致的相机,相机朝正前方水平放置,光轴互相平行。$\angle CAE$ 表示相机 A 的视场,$\angle DBF$ 表示相机 B 的视场。KL、MN 分别表示相机 A、相机 B 获取的图像,J、I 分别为两台相机获取图像的中心位置。P 为目标物,P 必须处于 D、E 之间才能同时被 A、B 相机拍摄到。G、H 表示目标物 P 点在两台相机获取的图像中的位置(用横坐标表示)。则 KG 可以表示目标物 P 在 KL 图像中距离图像左边界的距离,MH 可以表示目标物 P 点在 MN 图像中距离图像左边界的距离。$KG\text{-}MH$ 就代表两幅图像目标物的视差值(目标物在两幅图像中的横坐标差异值)。由于 KJ 等于 MI,易证 $KG-MH=JG+HI$。则可以简化为图 10-12。

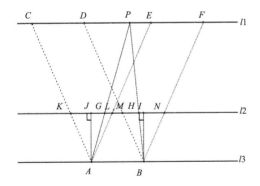

图 10-11　双目测距原理图

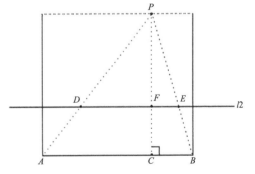

图 10-12　双目测距原理简化图

　　图 10-12 中 AB 表示两台相机的距离,即基线长度。FC 表示相机焦距 f,DE 的长度为 AB 的长度减去视差(视差为图 10-11 中的 $JG+HI$)。PC 即为目标物到两台相机平面的实际距离。设视差值为 parallax,目标物 P 到相机平面的距离 PC 为 Z,则由相似三角形原理可得式(10-4)。

$$\frac{AB-\text{parallax}}{AB}=\frac{Z-f}{Z} \tag{10-4}$$

　　实际计算中,首先需要进行相机的标定。利用 OpenCV 提供的函数进行。利用 stereo-Calibrate 函数标定双目相机参数。对相机的内参、外参、畸变参数进行标定。将标定得到的参数输入 OpenCV,对图像进行校正。校正后的效果见图 10-13,其中图 10-13a 为图像校正前,图 10-13b 为图像校正后,可见图像四周在校正后受到小幅压缩,图像四周边缘的线条形状在校正后恢复为直线。可见所用镜头畸变程度较小,但在对目标物距离和高度的精确测量中,仍然有必要对图像进行校正。

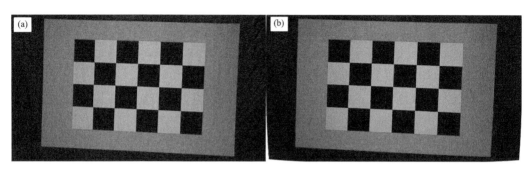

图 10-13　校正前图像(a)和校正后图像(b)效果

图像校正后,利用 OpenCV 提供的 SGBM 算法进行左右图像的匹配,利用 reprojectImageTo3D 函数进行深度计算,得到左右图像对应点的三维空间信息,从而得以计算图像中两个目标点的真实距离,即株高值。

(3)传统图像匹配算法

除了使用 OpenCV 提供的 SGBM 算法进行左右图像的匹配外,还可以使用传统图像特征匹配算法。利用式(10-5)—(10-7)对左右图像中的目标物进行匹配。

$$N(i,j) = \frac{\sum\limits_{m=1}^{M}\sum\limits_{n=1}^{N}\left[T(m,n)-\overline{A}(m,n)\right]\left[S^{i,j}(m,n)-\overline{S}^{i,j}(m,n)\right]}{\sqrt{\sum\limits_{m=1}^{M}\sum\limits_{n=1}^{N}\left[T(m,n)-T(m,n)\right]^2 \sum\limits_{m=1}^{M}\sum\limits_{n=1}^{N}\left[S^{i,j}(m,n)-\overline{S}^{i,j}(m,n)\right]^2}} \tag{10-5}$$

$$\overline{T}(m,n) = \frac{1}{M\times N}\sum\limits_{m=1}^{M}\sum\limits_{n=1}^{N}T(m,n) \tag{10-6}$$

$$\overline{S}^{i,j}(m,n) = \frac{1}{M\times N}\sum\limits_{m=1}^{M}\sum\limits_{n=1}^{N}S^{i,j}(m,n) \tag{10-7}$$

其中,模板图像为 $T(m,n)$,模板图像大小为 $M\times N$,$T(m,n)$ 为 $T(m,n)$ 上所有像素灰度的均值。在被匹配图像中,检测区域为 $S^{i,j}(m,n)$,(i,j) 为检测区域左上角坐标。$S^{i,j}(m,n)$ 为监测区域上所有像素的灰度值。模板图像与被检测图像的相似度越大,$N(i,j)$ 值的结果就越大。当模板图像和被匹配图像大小不一致时,通过抽取像素值的方式将较大的图像缩小到与较小图像一致的大小。

第二节　草莓生长发育监测

一、草莓物候期监测

物候期是指动植物的生长、发育、活动等规律与生物的变化对节候的反应,正在产生这种反应的时候叫物候期。通过观测和记录一年中植物的生长荣枯、动物的迁徙繁殖和环境的变化等,比较其时空分布的差异,探索动植物发育和活动过程的周期性规律及其对周围环境条件的依赖关系,进而了解气候的变化规律及其对动植物的影响。在德国,植物学家霍夫曼从19世纪90年代起建立了一个物候观测网。他选择34种植物作为中欧物候观测的对象,亲自观测了40年。其后,又由其学生伊内接替。在美国,森林昆虫学家霍普金斯于1918年提出了北美温带地区物候现象陆空间分布的生物气候定律。在中国,现代物候学研究的奠基者是竺可桢。他在1934年组织建立的物候观测网,是中国现代物候观测的开端。在他的领导下,1962年,又组织建立了全国性的物候观测网,进行系统的物候学研究。为了统一物候观测标准,1979年又出版了《中国物候观测方法》,并逐年汇编出版《中国动植物物候观测年报》。物候现象可以作为环境因素影响的指标,也可以用来评价环境因素对于植物影响的总体效果。

　　本书利用相机获得图像进行连续动态监测,草莓的开始生长期识别效果见图10-14。该生育期的草莓图像可以被模型准确识别,模型识别该物候期草莓图像的AP值为88.61%,识别较为准确。

图10-14　开始生长期识别效果

　　草莓的开花结果期识别效果见图10-15。该生育期的草莓图像可以被模型准确识别,模型识别该物候期草莓图像的AP值为91.08%,识别较为准确。

图10-15　开花结果期识别效果

　　草莓的营养生长期识别效果见图10-16。该生育期的草莓图像可以被模型准确识别,模型识别该物候期草莓图像的AP值为90.40%,识别较为准确。

图 10-16　营养生长期识别效果

草莓的休眠期识别效果见图 10-17,图像可以被模型准确识别,模型识别该物候期草莓图像的 AP 值为 87.92%,识别较为准确。

图 10-17　休眠期识别效果

二、草莓植株株高检测

(1)目标物距离计算效果

素材视频距离范围为 160～500 cm,间隔 20 cm 拍摄。目标物到相机的真实距离与计算距离对比见图 10-18。可见在目标物距离介于 160～300 cm 时,双目测距法得到的距离与真实距离一致,当真实距离超过 300 cm 后,计算距离误差增大,可见在 150～300 cm 范围内,计算距离与真实距离紧贴 1∶1 线,但在 300 cm 之后,数据点略微偏离 1∶1 线。计算距离与真实距离的拟合优度 R^2 为 0.99。计算距离与真实距离对比以及误差分析见表 10-3,计算距离与真实距离 RMSE 为 3.98 cm,平均绝对误差为 3.33 cm,平均相对误差为 1.01%,相关性为

0.99,相关性达到极显著水平($p<0.01$)。在对 300 cm 物距进行计算时的绝对误差最大,为 6.84 cm,对 180 cm 物距计算时相对误差最大,为 2.35%。可见在 160~500 cm 距离范围内,双目测距算法能够有效得到目标物距离相机的距离,尤其在 160~300 cm 范围内误差较小。

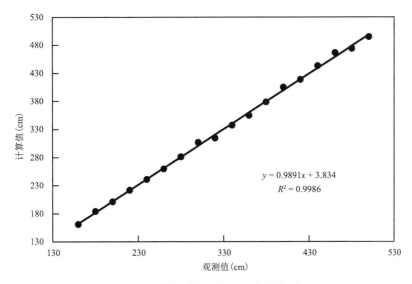

图 10-18　株高计算距离与真实距离对比

表 10-3　双目测距结果误差分析

真实距离(cm)	计算距离(cm)	绝对误差(cm)	相对误差(%)
160	161.12	1.12	0.70
180	184.22	4.22	2.35
200	201.24	1.24	0.62
220	221.83	1.83	0.83
240	240.89	0.89	0.37
260	259.66	0.34	0.13
280	281.36	1.36	0.48
300	306.84	6.84	2.28
320	314.43	5.57	1.74
340	337.38	2.62	0.77
360	354.67	5.33	1.48
380	378.64	1.36	0.36
400	405.16	5.16	1.29
420	418.80	1.20	0.29
440	443.12	3.12	0.71
460	466.33	6.33	1.38
480	473.82	6.18	1.29
500	494.76	5.24	1.05

（2）目标物高度计算结果

利用 YOLOv3 模型输出模型标记目标框的四个顶点坐标位置计算图像中的株高。为了检验在不同距离上对同一目标作物株高计算的准确性，在 150～500 cm 不同距离上多次对同一株高度为 66 cm 的葡萄盆栽进行株高计算。计算得到的株高与真实株高的误差见图 10-19。可见在 150～300 cm 内，株高计算误差较小，且误差变化稳定，变化幅度较小。当距离超过 300 cm 后，株高计算的误差上升，在距离目标物 500 cm 远处，株高计算误差达到 1.42 cm，相对误差达到 2.12%。可见随着距离增大，计算距离与真实距离间的误差呈增大趋势。

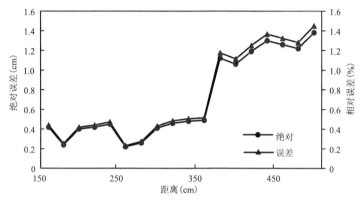

图 10-19　在不同距离对固定目标物测定高度的误差变化

为检程序在自动计算距离和株高的处理流程下，对不同高度的盆栽作物株高计算准确性，在距离和株高计算较为准确的 300 cm 距离位置上，对 26 盆葡萄、番茄进行株高测算。利用 YOLOv3 模型输出模型标记目标框的四个顶点坐标位置，计算图像中的目标高度，并利用（10-2）式计算作物株高，真实株高和计算株高接近，误差分布较随机，在 25～91 cm 株高范围内，绝对误差与株高没有明显关系。真实株高和计算株高拟合效果见图 10-20，真实株高和计算株高均匀分布在 1∶1 线两侧，真实株高与计算株高的拟合优度 R^2 为 0.99。计算株高和真实株高对比以及误差分析见表 10-4，可见计算株高与真实株高绝对误差介于 0.19～2.08 cm，平均绝对误差为 1.20 cm，计算株高与真实株高的 RMSE 为 1.31 cm，相关性为 0.99，相关性达到极显著水平（$p <$ 0.01）。计算株高与真实株高的相对误差介于 0.27%～3.57%，平均相对误差为 2.31%。

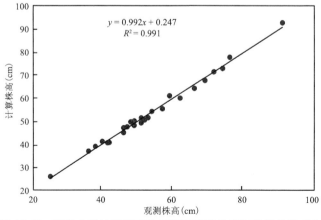

图 10-20　程序自动计算距离的前提下真实株高与计算株高对比

表 10-4　程序自动计算距离的前提下真实株高与计算株高对比及误差分析

真实株高(cm)	计算株高(cm)	绝对误差(cm)	相对误差(%)
25.00	25.86	0.86	3.44
36.00	36.87	0.87	2.42
38.00	38.94	0.94	2.47
40.00	41.11	1.11	2.78
41.50	40.63	0.87	2.10
42.00	40.64	1.36	3.24
46.00	47.04	1.04	2.26
46.00	44.93	1.07	2.33
47.00	47.41	0.41	0.87
48.00	49.61	1.61	3.35
49.00	48.04	0.96	1.96
49.00	50.04	1.04	2.12
51.00	51.37	0.37	0.73
51.00	49.18	1.82	3.57
52.00	50.45	1.55	2.98
53.00	51.42	1.58	2.98
54.00	54.15	0.15	0.28
57.00	55.33	1.67	2.93
59.00	60.90	1.90	3.22
62.00	59.92	2.08	3.35
66.00	64.13	1.87	2.83
69.00	67.49	1.51	2.19
71.50	71.31	0.19	0.27
74.00	72.84	1.16	1.57
76.00	77.61	1.61	2.12
91.00	92.56	1.56	1.71

三、草莓叶面积监测

叶片是作物进行光合作用、蒸腾作用和合成有机物的主要器官,叶片大小对光能利用、水分蒸发、干物质积累、产量与品质都有显著影响,快速监测叶面积对合理作物密度、精准施肥灌溉管理具有重要意义。随计算机图像处理技术的提供,图像处理技术在叶面积监测中得到应用,通过各种图像传感器获取图像,利用计算机图像处理技术,统计叶面所占的像素乘以每个像素所代表的面积,得到真实的叶面积。根据作物叶片扫描图像点的分布特征及灰度值的直方图来确定灰度值的判读指标,应用扫描图像 RGB 三原色的灰度值分离理论,通过叶片像素点分布比例提出计算叶片面积大小的算法,开发出叶面积计算软件。本研究首先利用 YOLOv3 模型初步识别草莓叶片,效果见图 10-21。

图 10-21　叶片初步识别效果

　　然后根据模型识别结果,将叶片区域裁切。得到效果图见图 10-22。可见草莓叶片被完整裁切出来。单独裁切草莓叶片可以避免在后续处理中背景物的干扰。

图 10-22　草莓叶片裁切结果

　　利用图像的 RGB 值特征提取叶片区域,将 G>R 且 G>B 的区域单独提取,效果见图 10-23。可见草莓的叶片区域得到了有效提取。

图 10-23　草莓叶片提取结果

根据双目测距原理计算单个像素代表的真实投影面积,统计叶片区域像素个数,并计算叶片的真实面积。结果见图 10-24。可见草莓叶面积计算值与观测值接近,平均绝对误差为 1.48 cm²,平均相对误差为 9.38%,RMSE 为 1.72 cm²。模型对叶面积计算精度较高,满足应用需求。

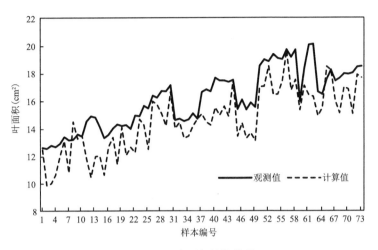

图 10-24　叶面积计算结果

第三节　草莓叶绿素监测

一、叶绿素及反射光谱测定

1. 草莓叶绿素含量的测定

利用第六章草莓低温试验,试验取新鲜草莓功能叶片,擦净组织表面污物,去除中脉剪碎,称取剪碎的新鲜叶片 0.5 g,放入研钵中研磨,同时加入 2 mL 80% 冷却丙酮,研磨成均浆。把均浆倒入离心管中,离心除去颗粒,再用 80% 丙酮将上清液稀释并定容到体积为 10 ml,然后在 25 ℃ 的室温里黑暗提取 48 h,直到叶子中的色素被完全提取出来。最后使用紫外分光光度计(UV-1800,岛津)测量在波长分别为 645 nm、663 nm 和 652 nm 下吸光度值(徐若涵 等,2022)。Chla 和 Chlb 的浓度根据以下公式计算:

$$C_a = (12.72A_{663} - 2.59A_{645}) \times V/(1000W) \tag{10-8}$$

$$C_b = (22.88A_{645} - 4.67A_{663}) \times V/(1000W) \tag{10-9}$$

$$C_{a+b} = 34.5 \times A_{652} \times 1000 \tag{10-10}$$

式中,C 代表叶绿素的浓度(mg·g⁻¹);A_{663}、A_{645} 和 A_{652} 分别代表在波长为 663 nm、645 nm 和 652 nm 处的吸光度值;V 代表提取液体的总体积(mL);W 代表取样的鲜重(g);34.5 为 Chla 和 Chlb 波长在 652 nm 处的吸光系数。

2. 高光谱的测定

叶片光谱采用高光谱成像仪(SOC710,USA)测定,通过 SOC710-VP 数据采集软件控制光谱成像系统。每个处理扫描 5 个成熟健康叶片,然后取平均值作为该组处理光谱反射率数据,测量过程中用标准灰板进行校正。

3. 光谱转换方法

根据已有的研究基础,对低温胁迫下草莓冠层叶片的光谱数据进行 15 种典型形式的转换(张雪茹 等,2017),具体的转化形式如表 10-5。

表 10-5 光谱数据的 15 种典型的转换方程

简写	转换方程	简写	转换方程	简写	转换方程	简写	转换方程
T0	R	T4	$\sqrt{R}$	T8	$(\sqrt{R})''$	T12	$(\lg R)'$
T1	$1/R$	T5	$(1/R)'$	T9	R'	T13	$R2$
T2	$\lg R$	T6	$(\lg R)'$	T10	$(1/1 \lg R)''$	T14	$R3$
T3	$1/\lg R$	T7	$(1/\lg R)'$	T11	$(\sqrt{R})''$	T15	R''

注:R 是指在波段 λ 处的反射率。

4. 数据处理和分析

使用丙酮法共测定叶绿素含量样本量为 100 份,删除异常值 4 份,然后把剩下的 96 份样本按照 2∶1 分组,即 64 份用于模型的构建,剩余 36 份用于模型的验证。

二、叶绿素与反射光谱特征

1. 草莓叶片的叶绿素变化趋势

利用低温试验获得的叶绿素含量如表 10-6 所示。由图可知,同一低温胁迫下,Chla 含量随着胁迫时间的增加而减少。21/11 ℃和 18/8 ℃低温下的 Chla 含量在 12 d 时显著下降,分别下降了 5.5%和 15.7%,而 15/5 ℃和 12/2 ℃低温下的 Chla 含量在 6 d 时就已经显著下降,分别下降了 19.4%和 28.5%。低温胁迫下 Chlb 和 Chl(a+b)含量的变化趋势类似于 Chla。低温胁迫显著抑制细胞色素的合成,温度越低,胁迫时间越长,草莓叶片叶绿素含量下降越明显。

表 10-6 低温胁迫对草莓叶片叶绿素含量的影响

低温处理	胁迫天数(d)	Chla 的含量 [mg·g^{-1}(FM)]	Chlb 的含量 [mg·g^{-1}(FM)]	Chl(a+b)含量 [mg·g^{-1}(FM)]
CK	3	8.61±0.07 a	5.56±0.03 a	14.58±0.10 a
	6	8.59±0.30 a	5.53±0.15 a	14.68±0.52 a
	9	8.70±0.01 a	5.62±0.03 a	14.71±0.03 a
	12	8.65±0.01 a	5.68±0.01 a	14.56±0.03 a
21/11 ℃	3	8.51±0.16 a	5.18±0.11 a	13.39±0.05 a
	6	8.48±0.04 a	5.14±0.02 a	13.03±0.01 a
	9	8.43±0.53 a	5.07±0.04 a	12.99±0.07 a
	12	8.17±0.04 b	5.03±0.04 b	10.71±0.05 c
18/8 ℃	3	8.33±0.09 a	5.07±0.05 a	13.11±0.04 a
	6	8.18±0.02 a	4.86±0.01 a	12.98±0.06 a
	9	7.93±0.13 a	4.82±0.02 a	12.82±0.03 a
	12	7.29±0.04 b	4.56±0.02 b	10.27±0.04 c

续表

低温处理	胁迫天数(d)	Chla 的含量 [mg·g⁻¹(FM)]	Chlb 的含量 [mg·g⁻¹(FM)]	Chl(a+b)含量 [mg·g⁻¹(FM)]
15/5 ℃	3	7.74±0.04 a	5.07±0.02 a	13.01±0.05 a
	6	6.92±0.06 b	4.52±0.03 b	11.34±0.01 b
	9	6.67±0.10 c	4.40±0.06 b	11.32±0.02 b
	12	5.93±0.10 d	4.34±0.05 c	10.65±0.04 c
12/2 ℃	3	6.80±0.04 a	4.52±0.02 a	11.82±0.09 a
	6	6.14±0.12 b	4.40±0.04 a	11.12±0.02 b
	9	5.53±0.11 c	3.56±0.06 b	10.22±0.06 c
	12	4.54±0.08 d	3.18±0.02 c	7.78±0.03 d

注:每个值代表三次重复的平均值±标准误差。在相同的温度下,a、b、c、d字母表示 Duncan 检验在 0.05 水平上显著差异。

2. 低温胁迫对草莓叶片原始光谱反射率的影响

低温胁迫下草莓冠层光谱的影响见图 10-25。由图可知,不同低温胁迫处理下'红颜'草莓苗期叶片冠层光谱反射率变化规律大致相同。随着低温胁迫持续时间的增加,草莓叶片光谱反射率变化差异表现出一定的规律性。可见光区域内绿光范围(492~577 nm)内原始光谱呈波峰状称为绿峰;红光范围(622~760 nm)内原始光谱较小呈波谷状称为红谷。21/11 ℃ 胁迫下,随着低温胁迫持续时间的增加,叶绿素含量随之减少,可见光光谱变化平缓,红谷没有明显变化,绿峰的趋势也被削弱,绿峰、红谷变化最显著是在低温胁迫处理 9 d 时。12/2 ℃胁迫

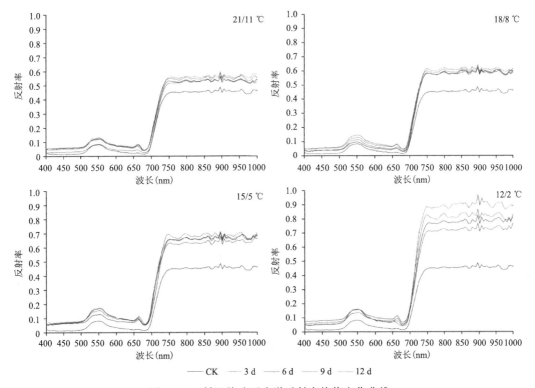

图 10-25　低温胁迫下光谱反射率均值变化曲线

下,随着低温胁迫时间的增加,叶绿素含量随之减少,使得可见光光谱反射率不同程度的升高,绿峰最高是在低温胁迫处理12 d时,红谷最低是在低温胁迫处理6 d时,可见光光谱反射率升高,在近红外区域处各组间表现出明显差异,光谱反射率最高是在低温胁迫处理12 d时为0.97。低温胁迫下光谱反射率的变化趋势相近,但随着低温胁迫程度的增加,各波段的叶片光谱反射率均高于CK。

3. 光谱数据变换后的光谱反射率

低温胁迫下'红颜'草莓苗期叶片叶绿素光谱变化幅度各不相同,但与对照的光谱变化趋势一致,因此本书以CK原始光谱数据为例。为了更好分析反射光谱与叶绿素含量的关系,将CK原始光谱反射率按表10-5中的15种变换方法进行转换,特征曲线如图10-26。由该图可知,相比于原始光谱数据T_0,光谱变换后的T_3、T_4、T_{13}和T_{14}没有明显的变化,但T_1和T_2变化明显,而T_5、T_6、T_7、T_8、T_9、T_{10}、T_{11}、T_{12}、T_{15}等数据变换明显提高信噪比(将信号接近饱和时候的值作为信号,将没有信号输入时的值作为噪声,二者相除就是信噪比),并且显著细化光谱信息。因此微分变换光谱消除了接近线性噪声的影响,甚至消除了线性噪声的影响,更直观地表现出光谱特征信息。

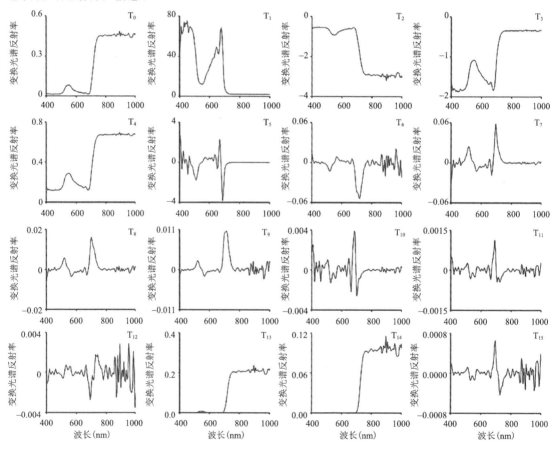

图10-26　'红颜'草莓苗期叶片的15种变换光谱反射率

(T_0为原始光谱反射率,T_1、T_2、T_3、T_4、T_5、T_6、T_7、T_8、T_9、T_{10}、T_{11}、T_{12}、T_{13}、T_{14}和T_{15}

为利用表10-5中的15种变换方法后的光谱反射率)

将'红颜'草莓苗期叶片变换光谱与叶绿素含量相关性分析(图10-27),相比于原始光谱 T_0、T_1、T_2、T_3、T_4、T_{13} 和 T_{14} 变换光谱与叶绿素含量的提高两者并没有相关性,而 T_5、T_6、T_7、T_8、T_9、T_{10}、T_{11}、T_{12} 和 T_{15} 的转换光谱与叶绿素含量则明显提高两者相关性,以上相关性都达0.5以上。光谱数据变化幅度与叶绿素含量的相关性变化幅度成正比,两者越大,相关系数也越大,微分变换效果也越好。因此,想要提高光谱反射率与叶绿素含量的相关性,可以对原始光谱数据进行微分变换。按照曲线变化,可将15种光谱值与草莓叶片叶绿素含量可分为三种相关关系:一是 T_0、T_2、T_4、T_{13}、T_{14} 与草莓叶片叶绿素含量的相关关系较为一致;二是 T_1、T_3 与草莓叶片叶绿素含量的相关关系较为一致;三是 T_5、T_6、T_7、T_8、T_9、T_{10}、T_{11}、T_{12}、T_{15} 与草莓叶片叶绿素含量的相关关系较为一致。T_5、T_6、T_7、T_8、T_9、T_{10}、T_{11}、T_{12}、T_{15} 处理使得光谱值与草莓叶片叶绿素含量的相关关系在 $400\sim1000$ nm 波段范围内变化剧烈,相关性变化幅度较大,曲线连续性较弱,是因为该波段间光谱反射率存在差异;但在低温胁迫处理下某些波段相关性显著提高,能够提取其微弱变化,更利于筛选出敏感波段;但在 T_5、T_6、T_7、T_8、T_9、T_{10}、T_{11}、T_{12}、T_{15} 之间对于提高某些波段的相关度也不尽相同。与 T_0 和草莓叶片叶绿素含量的负相关关系相比,T_1 变换使得光谱值与草莓叶片叶绿素含量在 $400\sim1000$ nm 波段范围内正相关,二者均在 $721\sim928$ nm 波段范围内达到高度相关关系;与呈负相关关系的 T_2 变换曲线,T_3 变换使得光谱值与草莓叶片叶绿素含量在 $400\sim1000$ nm 波段范围内正相关关系,但 T_3 在 $716\sim1000$ nm 波段范围内相关性显著增强,达到高度相关关系。

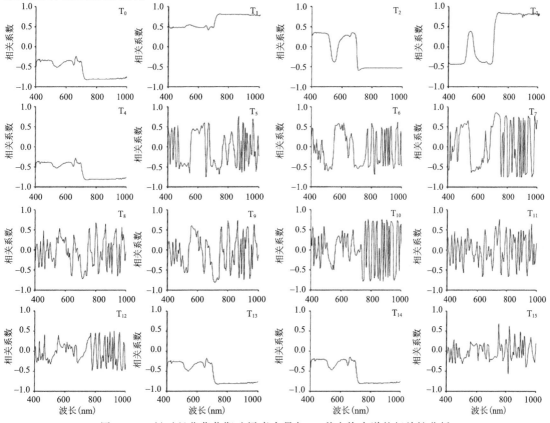

图10-27 '红颜'草莓苗期叶绿素含量与15种变换光谱的相关性分析

4. 叶绿素估算模型建立与验证

'红颜'草莓苗期叶绿素含量与原始光谱、变换光谱的相关性之间利用随机森林 RF 中的袋外数据集(Out of bag,OOB)重要性分析,结果如图 10-28 所示,袋外数据重要性依次为:T_{15}>T_9>T_5>T_6>T_7>T_8>T_{12}>T_{10}>T_{11}>T_{13}>T_0>T_1>T_2>T_3>T_4>T_{14}。

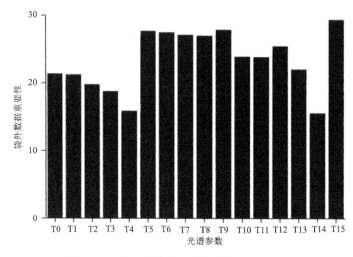

图 10-28　随机森林模型袋外数据重要性分析

根据带外样本重要性分析,其重要性越大则利用其光谱变换对'红颜'草莓苗期叶绿素含量诊断精度越高。利用 T_{15} 变换方法建立随机森林、偏最小二乘法、BP 神经网络、支持向量机叶绿素含量估算模型,并分析这四种模型的可靠性,进而判断光谱数据变换方法对草莓叶片叶绿素含量估算精度的影响。

不同数学变换方法叶绿素含量估算模型,结果如表 10-7 所示。将剩余 36 份草莓叶片叶绿素含量数据进行验证,模型预测值与实测值较为相近,结果如表所示。四种验证模型的 R^2 分别为 0.82、0.84、0.65 和 0.69,RMSE 分别 0.33 mg/dm²,0.31 mg/dm²,0.86 mg/dm² 和 1.17 mg/dm²,RE 分别为 1.05%、4.14%、2.25% 和 0.39%。随机森林 RF、偏最小二乘 PSL、BP 神经网络和支持向量机 SVM 回归 4 个估算模型和验证模型的 R^2 较高,RMSE 较小,RE 均小于 10%,拟合效果好,模型稳定性高,预测能力强。但是随机森林 RF 比偏最小二乘 PLS、BP 神经网络和支持向量机 SVM 的精度高,验证模型的稳定性也比 BP 神经网络和支持向量机 SVM 好,与偏最小二乘 PLS 相近。

表 10-7　不同方法叶绿素含量估算与验证

方法	建模				验证			
	样本数	决定系数	均方根误差 (mg/dm²)	相对误差 (%)	样本数	决定系数	均方根误差 (mg/dm²)	相对误差 (%)
随机森林法 RF	64	0.93	0.21	0.11	36	0.82	0.33	1.05
偏最小二乘法 PLS	64	0.55	0.28	0.07	36	0.84	0.31	4.14
BP 神经网络	64	0.91	0.60	0.23	36	0.65	0.86	2.25
支持向量机 SVM	64	0.53	0.36	0.80	36	0.69	1.17	0.39

利用检验样本数据集对基于上述不同植被指数建立的估算模型预测精度进行检验,其中 R_P^2 表示验证模型决定系数,$RMSE_P$ 表示验证均方根误差,RE_P 表示验证相对误差,各模型检验结果如表 10-8 所示。

表 10-8　植被指数与叶绿素含量的一元线性回归模型精度检验

植被指数	回归方程	验证系数	均方根误差	相对误差(%)
DVI	$y=-21.548x+19.417$	0.7676	5.832	9.26
MSAVI	$y=-18.16x+27.005$	0.7717	4.725	8.61
PVI	$y=31.218x+38.655$	0.7762	6.712	8.25
RDVI	$y=-37.993x+25.597$	0.6546	7.427	10.38
SAVI	$y=-47.173x+29.054$	0.5487	9.632	11.63
TSAVI	$y=-12.826x+31.439$	0.7978	3.172	7.15

通过比较发现,植被指数 TSAVI 与草莓冠层叶片叶绿素含量的估算模型的精度检验结果最优,由其得到的验证系数 R_P^2 为 0.7978,$RMSE_P$ 为 3.172,RE_P 为 7.15%。植被指数 SAVI 与草莓冠层叶片叶绿素含量的估算模型的 $RMSE_P$ 和 RE_P 均较高,说明其一元线性回归模型相对不稳定。通过比较这 6 个模型,综合分析模型建立和检验的 R^2、RMSE 和 RE 值,筛选出了基于植被指数建立的回归模型中拟合精度和预测精度综合最优的模型。基于植被指数 TSAVI 构建的一元线性回归模型建模和验模决定系数 R^2 均最大,验模均方根误差 $RMSE_P$ 和验模相对误差 RE_P 均最小,为草莓冠层叶片叶绿素含量的最佳一元线性回归估算模型。所有模型的实测值与估算值的 1∶1 图如图 10-29 所示。

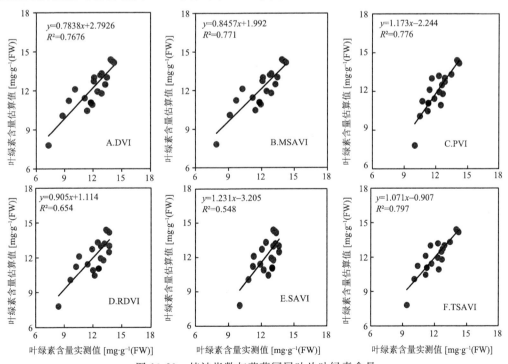

图 10-29　植被指数与草莓冠层叶片叶绿素含量
一元线性回归模型实测值与估算值 1∶1 图

第四节　设施环境监测预警及调控

设施环境因子(温度、光照、空气湿度、CO_2 浓度、土壤温度和水分)对设施作物生长发育和品质形成具有重要作用,设施环境监测也是灾害预警及环境优化调控的前提。近年来,物联网技术已经广泛应用于设施环境监测。物联网也被称为传感网络技术,可把各种传感器、信息处理器和无线网络融合成一个有机整体,对目标进行智能识别和精准管理。物联网将远程感知、传输、智能决策和控制功能集于一身,是互联网延伸出的网络系统。物联网的基本构架包括 3 个层次:一是信息感知层,由传感器节点感知目标因子,转换为数字信息发送到互联网上;二是应用管理层,可以接受、存储和分析信息感知层获取的数据,并发出操作指令,实现远程控制;三是信息传输层,以互联网作为桥梁将上述两个层次链接起来实现信息的互通。

本书的设施环境监测及调控系统采用 B/S 开发模式,在逻辑上采用三层架构,在前台和后台数据库之间添加了一个中间层,所有的应用程序模块都可在上面直接部署,前台只需一个通用的浏览器即可。系统通过应用服务层去构建平台的业务逻辑,通过支撑平台层去处理相关的数据业务,用户直接访问数据门户、移动门户、可视化大屏去操作系统。应用服务层利用 J2EE 开发环境,采用 MVC 模式完成各模块界面设计和业务逻辑设计,业务逻辑设计包括数据库设计、多种气象要素逻辑计算和气象信息空间可视化、在线可视化预报、农业气象数据多样化展示、各类设施农业气象服务数值模型应用、农气预报等。

一、系统设计

(1)基于 Java 主流架构搭建系统。系统核心框架采用 Spring Boot,安全模块采用 Apache Shiro,模板引擎采用 Thymeleaf,持久层框架采用 Mybatis,定时任务采用 Quartz,数据库连接池采用 Druid,数据库采用 Oracle11g。

(2)开发系统监控模块:在线用户、定时任务、服务监控、数据监控。

(3)开发系统管理模块:用户管理、角色管理、菜单管理、部门管理、字典管理、参数设置、通知公告、日志管理。

(4)迁移重构气象监测、小气候预报、灾害预警、风险评估、农气预报、气象要素查询等模块。将混合架构运行模式重构为前后分离的多屏自适应系统运行模式。

二、气象要素监测

气象要素监测模块通过物联网技术实时连接室外气象要素传感器,获取数据并在地图上实时动态显示。显示信息包括:平均气温、日照时数、日最高气温、日最低气温、水汽压、风速、相对湿度、降雨量、降雪量等。地图支持放大、缩小和漫游功能。

三、设施小气候预报

小气候预报支持两种预报模型即神经网络预报模型和逐步回归预报模型。系统每天定时根据模型参数和室外数据自动生成两种小气候预报数据。用户只需要在界面直接查询后台已经计算好的结果数据即可。

四、气象灾害预警

系统每天定时根据灾害预警指标参数和室内数据自动生成灾害预警数据。用户只需要在界面直接查询后台已经计算好的结果数据即可。灾害预警展示支持以 GIS 方式动态实时展示灾害预警信息。用户选择时间、灾害类型、作物类型,地图能自动加载所在地区所选日期的所有站点灾害预警信息,点击某个站点,能显示站点预警详情。界面展示如图 10-30 所示。

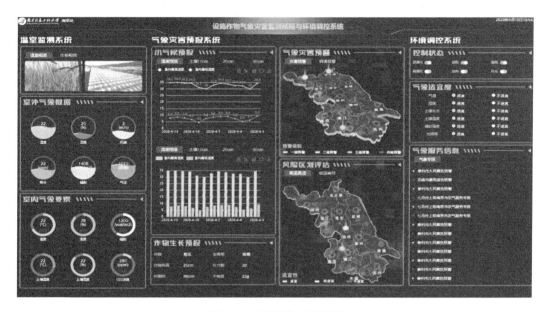

图 10-30 可视化大屏界面

五、环境调控系统

图 10-31 为目前系统的整体框架图,由管理信息系统服务器和智能控制服务器组成服务器模块;由控制端 PC 和智能控制柜和控制执行机构组成控制执行系统。

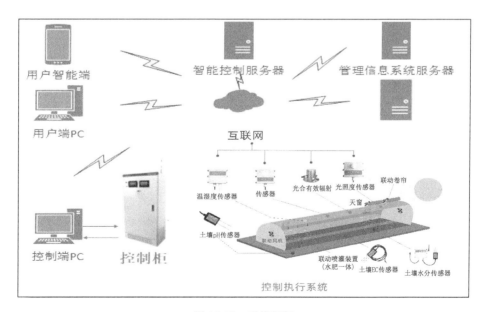

图 10-31 系统框架

　　通过监测温室内的环境温度、环境湿度、光照度、二氧化碳的浓度等来自动控制天窗、侧窗、内遮阳、外遮阳、风机、外翻窗、加温设备等的目标值和设备的开启/关闭时间等,通过监测土壤的水分、土壤的温度、电导率等参数来自动控制电磁阀和水泵、施肥系统设备的开启/停止等目标值、病虫害识别系统、作物生长监测系统,设施农业环境调控决策支持及远程查询控制系统。图 10-32 是管理控制端 PC 的界面,可实现环境数据监测数据传输和环境控制工作。

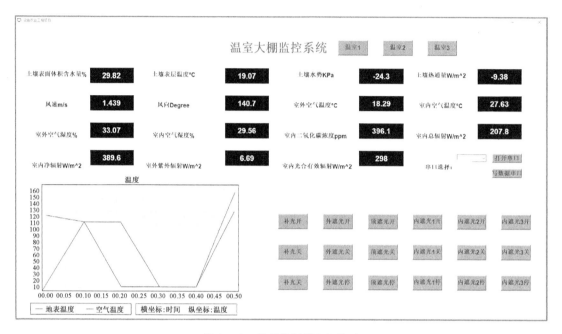

图 10-32　管理控制端 PC 界面

参考文献

程云清,刘剑锋,倪福太,等,2011.不同草莓品种对温度的光合响应研究[J].中国农学通报,27(16):233-239.

储长树,朱军,1992.塑料大棚内空气温、湿度变化规律及通风效应[J].中国农业气象(3):32-35.

崔庆梅,吴利荣,陈斐,等,2021.高温胁迫对黄瓜幼苗生理生化及光合作用的影响[J].延安大学学报(自然科学版),40(01):23-26,31.

丁启朔,李海康,孙克润,等,2020.基于机器视觉的稻茬麦单茎穗高通量表型分析[J].中国农业科学,53(1):42-54.

傅隆生,宋珍珍,Zhang Xin,等,2020.深度学习方法在农业信息中的研究进展与应用现状[J].中国农业大学学报,25(2):105-120.

高冠,2017.低温寡照胁迫对设施番茄光合及衰老特性的影响[D].南京:南京信息工程大学.

郭松,常庆瑞,崔小涛,等,2021.基于光谱变换与SPA-SVR的玉米SPAD值高光谱估测[J].东北农业大学学报,52(8):79-88.

何文,余玲,姚月锋,2022.基于光谱指数的喀斯特植物叶片叶绿素含量定量估算[J].广西植物(5):1-16.

何宇航,周贤锋,张竞成,等,2021.植被指数方法估算冬小麦冠层叶绿素含量的角度效应研究[J].地理与地理信息科学,37(4):28-36.

霍治国,李世奎,王素艳,等,2003.主要农业气象灾害风险评估技术及其应用研究[J].自然资源学报(6):692-703.

李岚涛,申凤敏,马文连,等,2020.镉胁迫下菊苣叶片原位高光谱响应特征与定量监测研究[J].农业机械学报,51(3):146-155.

李良晨,1991.保护地设施内热湿状态的计算方法[J].西北农林科技大学学报(自然科学版)(4):25-32.

李香颜,刘忠阳,李彤霄,2011.淹水对夏玉米性状及产量的影响试验研究[J].气象科学,31(1):79-82.

李元哲,吴德让,于竹,1994.日光温室微气候的模拟与实验研究[J].农业工程学报(1):130-136.

刘克长,任中兴,张继祥,等,1999.山东日光温室温光性能的实验研究[J].中国农业气象(4):35-38.

Shatu0123,2018.2017年世界草莓种植面积、产销量及市场贸易发展分析[EB/OL].(2018-10-08)[2022-02-18].http://www.360doc.com/content/18/1008/12/50692702_792932674.shtml.

史培军,2002.三论灾害研究的理论与实践[J].自然灾害学报(3):1-9.

苏李君,刘云鹤,王全九,2020.基于有效积温的中国水稻生长模型的构建[J].农业工程学报,36(1):162-174.

孙欧文,杨倩倩,章毅,等,2019.四个绣球品种对高温干旱复合胁迫的生理响应机制[J].植物生理学报,55(10):1531-1544.

孙扬越,申双和,2019.作物生长模型的应用研究进展[J].中国农业气象,40(7):444-459.

汤庆,伍德林,朱世东,等,2012.双层拱架结构塑料大棚透光率及稳定性分析[J].农机化研究,34(8):34-37,41.

陶法,马舒庆,秦勇,等,2013.基于双目成像云底高度测量方法[J].应用气象学报,24(3):323-331.

王建利,李婷,王典,等,2013.基于光学三角形法与图像处理的立木胸径测量方法[J].农业机械学报,44(7):241-245.

王晓峰,张园,冯晓明,等,2017.基于游程理论和Copula函数的干旱特征分析及应用[J].农业工程学报,33(10):206-214.

王永健,张海英,张峰,等,2001.低温弱光对不同黄瓜品种幼苗光合作用的影响[J].园艺学报(3):230-234.

韦婷婷,杨再强,王琳,等,2018.玻璃温室和塑料大棚内逐时气温模拟模型[J].中国农业气象,39(10):
　644-655.

韦婷婷,杨再强,王明田,等,2019.高温与空气湿度交互对花期番茄植株水分生理的影响[J].中国农业气象,
　40(5):317-326.

温室 G 商城.世界草莓生产及贸易现状[EB/OL].(2021-03-24)[2022-02-18].https://xw.qq.com/partner/
　vivoscreen/20210324A03IJK00.

许大全,1997.光合作用气孔限制分析中的一些问题[J].植物生理学通讯,33(4):241-244.

徐超,申梦吟,王明田,等,2021.苗期短时高温条件下草莓干物质积累模型的修订[J].中国农业气象,42(7):
　572-582.

徐融,2020.基于 YOLOv3 的小目标检测算法研究[D].南京:南京邮电大学.

徐若涵,杨再强,申梦吟,等,2022.苗期低温胁迫对'红颜'草莓叶绿素含量及冠层高光谱的影响[J].中国农业
　气象,43(2):148-158.

姚付启,2009.植被叶绿素含量高光谱反演及其环境胁迫响应研究:以落叶阔叶树法国梧桐:毛白杨为例[D].
　烟台:鲁东大学.

尹圆圆,王静爱,赵金涛,等,2012.棉花冰雹灾害风险评价——以安徽省为例[J].安徽农业科学,40(25):
　12506-12509.

章国材,2010.气象灾害风险评估与区划方法[M].北京:气象出版社.

张广华,2004.弱光、低温胁迫对草莓(Fragaria ananassa Duch.)光合作用的影响[D].保定:河北农业大学.

张继权,李宁,2007.主要气象灾害风险评价与管理的数量化方法及其应用[M].北京:北京师范大学出版社.

张岁岐,山仑,2002.植物水分利用效率及其研究进展[J].干旱地区农业研究,20(4):1-5.

张雪茹,冯美臣,杨武德,等,2017.基于光谱变换的低温胁迫下冬小麦叶绿素含量估测研究[J].中国生态农业
　学报,25(9):1351-1359.

朱艳,汤亮,刘蕾蕾,等,2020.作物生长模型(CropGrow)研究进展[J].中国农业科学,53(16):3235-3256.

邹雨伽,2017.低温寡照对苗期设施番茄生长和果实的影响及模拟[D].南京:南京信息工程大学.

ALLEN D J,ORT D R,2001.Impacts of chilling temperatures on photosynthesis in warm-climate plants[J].
　Trends in Plant Science,6(1):42.

ÅNGSTRÖM A,1924.Solar and terrestrial radiation[J].Quart J Roy Met Soc,50(210):121-126.

ASSENG S,EWERT F,MARTRE P,et al,2015.Rising temperatures reduce global wheat production[J].
　Nature Climate Change,5(2):143-147.

BJÖRKMAN O,DEMMIG B,1987.Photon yield of O2 evolution and chlorophyll fluorescence characteristics
　at 77 K among vascular plants of diverse origins[J].Planta,170(4):489-504.

BONAN G B,WILLIAMS M,FISHER A R,et al,2014.Modeling stomatal conductance in the earth sys-
　tem:linking leaf water-use efficiency and water transport along the soil-plant-atmosphere continuum [J].
　Geoscientific Model Development,7(5):2193-2222.

BOSCAIU M,LULL C,LIDON A,et al,2008.Plant responses to abiotic stress in their natural habitats[J].
　Bulletin of university of agricultural sciences and veterinary medicine Cluj-Napoca.Horticulture,65(1):53-
　58.

BUSINGER J A,1963.The glasshouse(greenhouse)climate[M].Amsterdam:Physics of Plant Environment.

CURRAN P J,WINDHAM W R,GHOLZ H L,1995.Exploring the relationship between reflectance red
　edge and chlorophyll concentration in slash pine leaves [J].Tree Physiology,15(3):203-206.

GARG N,MANCHANDA G,2009.ROS generation in plants:boon or bane?[J].Plant Biosystems,143
　(1):81-96.

GILL S S,TUTEJA N,2010.Reactive oxygen species and antioxidant machinery in abiotic stress tolerance in crop plants [J]. Plant Physiology and Biochemistry. 48(12): 909-930.

HINTON G E, SALAKHUTDINOV R R, 2006. Reducing the Dimensionality of Data with Neural Networks [J]. Science, 313(5786): 504-507.

KADER A A, 1991. Quality and its maintenance in relation to the postharvest physiology of strawberry[M]. Portland: Timber Press.

KALAJI H M, SCHANSKER G, LADLE R J, et al, 2014. Frequently asked questions about in vivo chlorophyll fluorescence: practical issues [J]. Photosynthesis Research, 122(2): 121-158.

KALAJI H M, BABA W, GEDIGA K, et al, 2018. Chlorophyll fluorescenceas a tool for nutrient status identification in rapeseed plants [J]. Photosynth. Res. 136(3): 329-343.

KONDO N, NISHITSUJI Y, LING P P, et al, 1996. Visual Feedback Guided Robotic Cherry Tomato Harvesting[J]. Transactions of the ASAE, 39(6): 2331-2338.

KRIZHEVSKY A, SUTSKEVER I, HINTON G, 2012. Image Net Classification with Deep Convolutional Neural Networks[C]// Advances in neural information processing systems. Curran Associates Inc.

KRUGER E, JOSUTTIS M, NESTBY R, et al, 2012. Influence of growing conditions at different latitudes of Europe on strawberry growth performance, yield and quality[J]. Journal of Berry Research, 2(3): 143-157.

LI M F, TANG X P, WU W, et al, 2013. General models for estimating daily global solar radiation for different solar radiation zones in mainland China[J]. Energy Convers. Manage. 70: 139-148.

MAREČKOVÁ M, BARTÁK M, HÁJEK J, 2019. Temperature effects on photosynthetic performance of Antarctic lichen dermatocarpon polyphyllizum: a chlorophyll fluorescence study[J]. Polar Biology, 42(4): 685-701.

MISRA A N, MISRA M, SINGH R, 2012. Chlorophyll fluorescence in plant biology [J]. Biophysics, 7: 171-192.

NOCTOR G, FOYER C H, 1998. Ascorbate and glutathione: keeping active oxygen under control[J]. Annual Review of Plant Biology, 49(1): 249-279.

PAPALIA T, PANUCCIO M R, SIDARI M, et al, 2018. Reactive oxygen species and antioxidant enzymatic systems in plants: role and methods[M]. Cham: Springer.

RALPH P J, GADEMANN R, 2005. Rapid light curves: a powerful tool to assess photosynthetic activity[J]. Aquatic Botany, 82(3): 222-237.

REIS M, RIBEIRO A, 2020. Conversion factors and general equations applied in agricultural and forest meteorology[J]. Agrometeoros Passo Fundo, 27(2): 227-258.

RINGNÉR M, 2008. What is principal component analysis? [J]. Nature Biotechnology, 26(3): 303-304.

SERÔDIO J, EZEQUIEL J, FROMMLET J, et al, 2013. A method for the rapid generation of nonsequential light-response curves of chlorophyll fluorescence [J]. Plant Physiology, 163(3): 1089-1102.

SHIGEHIKO H, KATSUNOBU G, YUKITSUGU I, et al, 2002. Robotic Harvesting System for Eggplants [J]. Japan Agricultural Research Quarterly: JARQ, 36(3): 163-168.

STRASSER R J, TSIMILLI M M, SRIVASTAVA A, 2004. Analysis of the chlorophyll a fluorescence transient[J]. Springer, 321-362.

STRASSERF R J, SRIVASTAVA A, 1995. Polyphasic chlorophyll a fluorescence transient in plants and cyanobacteria[J]. Photochemistry and Photobiology, 61(1): 32-42.

STIRBET A, STRASSER B J, STRASSER R J, 1998. Chlorophyll a Fluorescence induction in higher plants: modelling and numerical simulation[J]. Journal of Theoretical Biology, 193(1): 131-151.

TIMBERLAKE C F, BRIDLE P, 1982. Distribution of anthocyanins in food plant[M]. New York: Academic

Press.

WANG S Y, CAMP M J,2000. Temperatures after bloom affect plant growth and fruit quality of strawberry [J]. SCI HORTIC-AMSTERDAM, 85(3): 183-199.

WILD M, GILGEN H, ROESCH A, et al,2005. From Dimming to Brightening: Decadal Changes in Solar Radiation at Earth's Surface[J]. Science, 308(5723): 847-850.

XU J Z, YU Y M, PENG S Z, et al,2014. A modified nonrectangular hyperbola equation for photosynthetic light-response curves of leaves with different nitrogen status[J]. Photosynthetica, 52(1): 117-123.

YE Z P, SUGGETT D J, ROBAKOWSKI P, et al,2013. A mechanistic model for the photosynthesis-light response based on the photosynthetic electron transport of photosystem II in C3 and C4 species[J]. New Phytologist, 199(1): 110-120.